JN021467

新・数理/工学
ライブラリ [理工基礎数学] ＝ 1

ステップ＆チェック
線形代数

畑上　到 著

数理工学社

サイエンス社・数理工学社のホームページのご案内
https://www.saiensu.co.jp
ご意見・ご要望は　suuri@saiensu.co.jp　まで.

まえがき

　本書は，理工系の学部学生向けの線形代数の入門的な教科書（自習書）である．線形代数は（抽象的なものも含め）ベクトルと行列を扱う数学の講義として，大学初年度で微分積分学と同様に履修することが多い．線形代数の基礎である座標平面上や座標空間内のベクトルについてはその幾何的な意味や内積について高校数学ですでに学習しているが，行列についてはその意味も含め高等学校ではあまり深く学習していないのではないかと思われる．一方線形代数の重要な項目の1つである連立1次方程式については，中学校から慣れ親しんできて未知数が2個あるいは3個の場合等の比較的簡単なものは解けるようになっていると思われるが，一般的な連立1次方程式の数学的な理解については深くないかも知れない．

　本書の第一目標はまずベクトルと行列を用いた表現と計算法を習得し，これにより連立1次方程式の解の構造を深く理解できるようになることである．こうして唯一つの解もしくは無限個の解が得られる場合とは連立1次方程式の係数行列がどのような場合であるかを理解することや，無限個の解を有限個のベクトルの式で表現する方法を習得することは，単に計算問題として解く意味だけでなく，1次結合や1次独立，1次従属等の概念につながるよい動機付けになる．

　さて線形代数を学ぶことの意義については，数多くの先達がいろいろな立場からいわれている通りであり，その繰り返しになるかも知れないが筆者の経験からこれについて2点ほど述べたい．まず1点目は概念としてのあらゆる分野への拡がりの可能性である．抽象的な線形空間や線形写像（変換）等は，関数空間への展開において必要不可欠の概念であり，理工学系の学生諸君が線形代数の後に履修するであろう微分方程式やフーリエ解析等を学ぶ上で重要である．つまり現実の物理学や工学等の分野における「ものの見方」，「数学表現の仕方」の基礎である．その意味では非線形現象へのアプローチにおいても，まず線形性との差異を見出す上での1つの指針を与える有力な武器となることは間違いない．もう1点は現在の計算機利用や分析ツールとして不可欠であるということである．大規模なシミュレーション計算や主成分分析等における行列計算や固有値問題等では，具体的にベクトル，行列が利用されており，新たな科学技術の開発のためには，是非習得しておくべき内容であろう．

　以上のことをふまえ，本書ではまず 1 章で行列とベクトルの具体的な扱い方について基本的に理解し計算を習得できるようにした．次に 2 章で連立 1 次方程式について，これまで学んできた基本的な解き方と比較しながら行列で表現することに重点をおいて説明した．その際基本変形で解を求めることを習得，理解すれば数学的には問題ないのであるが，本書では連立 1 次方程式の構造や正則行列等の性質について，あくまで基本変形を行列の演算で表現するという立場から捉えることにした．また 2 章の最後に列ベクトルに限定して先に 1 次結合，1 次独立，1 次従属等の概念を具体的に理解できるようにした．3 章の行列式は線形代数に限らず微分積分学のヤコビアンや線形微分方程式のロンスキアン等，解析学においても必要不可欠である．4 章はより抽象的なベクトル空間や線形写像（変換）の内容であるので，2 章の具体的な部分が理解の助けになるであろう．5 章と 6 章は 4 章までを基礎として，物理学や工学の分野で計算機を利用したり分析ツールを開発したりしていこうとする諸君には不可欠であろう．

　本書では学習を効果的に進められるように，各単元の冒頭に学ぶ内容と注意点等をまとめた．説明は「ステップ」を明示して，各概念等の「キーポイント」や「定理」等へ到る流れを一目で認識できるようにした．その論理の展開を把握した後で，その流れを反芻するように「例題」と「チェック問題」を解けば，無理なく考察の流れに沿って計算法が習得でき，線形代数の各概念をより深く理解できるようになると思う．さらに復習する際に，強調した項目の部分に沿って流れを追うことにより考え方を再確認できるので，それができれば別の問題に対してもスムーズに解答できる力がついていると期待できる．なお各章の章末に演習問題をつけてあるが，ここには例題の類題以外に，本文中の内容を発展させた内容について紹介した問題も含めた．チェック問題と章末の演習問題の解答についてはページ数の制限もあって，紙面上では略解のみとしている．すべての問題の詳細な解答については，数理工学社のご厚意でホームページ（https://www.saiensu.co.jp）に公開させていただいているので参照されたい．

　本書が読者にとって理解しやすい本であることを望んでいるが，そうでない場合には是非巻末の参考文献を参考に自分に合った参考書を選んでいただきたいと思う．なお，本書の内容に対して忌憚ないご意見，ご批判をよせていただければ幸いである．

　本書の出版にあたって，数理工学社編集部の田島伸彦氏，鈴木綾子氏，西川遣治氏および仁平貴大氏には，筆者の遅筆のために大変なご迷惑をおかけしてしまった．ここに心よりお詫び申し上げ，皆様方の忍耐強い励ましに心より感謝申し上げる．

2023 年 7 月　　　　　　　　　　　　　　　　　　　　　　　　　　　　畑上到

目　　　次

第 1 章

行列とその演算

　本章ではまず行列を定義し，行列の演算（和と差，スカラー倍，積）について説明する．行列は行と列によって表される長方形の数の配列であるが，これは「表」を抽象化して表したものとも考えられる．行列はその形によって特別な名前で分類されるが，それらは次章以降よく現れるので，きちんと理解しておく必要がある．中でも数ベクトルは行列の特別な場合であるが，高校数学で学んだベクトルの幾何的な性質とは別に行列としての抽象的な性質についてもきちんと理解してほしい．特に具体的な成分を用いた数値的な計算ができるようになるだけでなく，行列とベクトルの複雑な演算や性質を，成分を用いない抽象的な記号のみによる演算によって表現することができるようになることも肝要である．

1.1 行列とは
—行列の表現方法を習得する

═══ **行列とベクトル** ═══

　本節では長方形の数の配列である行列の表現について学ぶ．行列の特別な形であるベクトルも含めいくつかの表記法やその特別な形の行列についてきちんと区別してそれらの名称を覚え使えるようにすることが肝要である．また行列とは何かを理解する上で具体的なイメージをもつことは有効であるので，例を参考にしながら理解を深めてほしい．

(I) 行列とは

ステップ１：キーポイント 　行列の定義

縦に m 個，横に n 個の数字を長方形に配列して括弧 ( ) もしくは [ ] で囲んだものを，$m \times n$ 型行列，m 行 n 列行列，(m, n) 行列等といい，以下のようにかく[1]．

$$A = \begin{pmatrix} a_{11} & \cdots & a_{1j} & \cdots & a_{1n} \\ a_{21} & \cdots & a_{2j} & \cdots & a_{2n} \\ \vdots & & \vdots & & \vdots \\ a_{i1} & \cdots & a_{ij} & \cdots & a_{in} \\ \vdots & & \vdots & & \vdots \\ a_{m1} & \cdots & a_{mj} & \cdots & a_{mn} \end{pmatrix} \begin{matrix} 第1行 \\ 第2行 \\ \vdots \\ 第i行 \\ \vdots \\ 第m行 \end{matrix} \tag{1.1}$$

第 1 列 $\cdots$ 第 j 列 $\cdots$ 第 n 列

　(1.1) 式の数 a_{ij} を行列 A の (i, j) **成分**（もしくは**要素**）といい，成分がすべて実数の行列を**実行列**という[2]．(1.1) 式中に示すように横に並んだ n 個の成分の並びを**行**（それぞれ上から第 1 行，第 2 行，$\cdots$，第 m 行），縦に並んだ m 個の成分の並びを**列**（それぞれ左から第 1 列，第 2 列，$\cdots$，第 n 列）という．特に 1 つの

---

[1] 本書では表記においては括弧 ( ) を用い，主に $m \times n$ 型行列という言い方を用いることにする．また行列は大文字のイタリック体を用いる．

[2] 本書では成分に統一する．また数の集合においてその中で四則演算が行えるものを**体**という．例えば実数全体の集合は体であり**実数体**といい，これを R とかく．また複素数全体の集合も体であり**複素数体**といい，これを C とかく．本書では主に実数体を扱うが，一部複素数体を扱うこともある．成分が複素数である行列は**複素行列**という．

列のみの行列，すなわち $m \times 1$ 型行列

$$\boldsymbol{a} = \begin{pmatrix} a_1 \\ \vdots \\ a_i \\ \vdots \\ a_m \end{pmatrix}$$

を m 次列ベクトルもしくは m 次縦ベクトルという[3]．上式の行列はベクトルであるので特に小文字のボールド体を用いて $\boldsymbol{a}$ 等とかく．m 次列ベクトルは m 個の実数を成分としてもつので m 次列ベクトル全体の集合を

$$\boldsymbol{R}^m = \left\{ \boldsymbol{a} = \begin{pmatrix} a_1 \\ a_2 \\ \vdots \\ a_m \end{pmatrix} \middle| a_i \in \boldsymbol{R} \ (i = 1, 2, \ldots, m) \right\}$$

と表す．$\boldsymbol{R}^m$ の 1 つの成分が 1 で他の成分がすべて 0 である m 個のベクトルを

$$\boldsymbol{e}_1 = \begin{pmatrix} 1 \\ 0 \\ 0 \\ \vdots \\ 0 \end{pmatrix}, \quad \boldsymbol{e}_2 = \begin{pmatrix} 0 \\ 1 \\ 0 \\ \vdots \\ 0 \end{pmatrix}, \quad \ldots, \quad \boldsymbol{e}_m = \begin{pmatrix} 0 \\ 0 \\ \vdots \\ 0 \\ 1 \end{pmatrix} \tag{1.2}$$

とかくことにし，これを $\boldsymbol{R}^m$ の**基本ベクトル**とよぶ[4]．

一方 1 つの行のみの行列，すなわち $1 \times n$ 型行列

$$\boldsymbol{b} = \begin{pmatrix} b_1 & \cdots & b_j & \cdots & b_n \end{pmatrix}$$

を n 次行ベクトルもしくは n 次横ベクトルという[5]．上式の行列もベクトルであるので特に小文字のボールド体を用いて $\boldsymbol{b}$ 等とかかれる．n 次行ベクトルは n 個の実数を成分としてもつので n 次行ベクトル全体の集合を

$$\boldsymbol{R}_n = \left\{ \boldsymbol{b} = \begin{pmatrix} b_1 & b_2 & \cdots & b_n \end{pmatrix} \middle| b_j \in \boldsymbol{R} \ (j = 1, 2, \ldots, n) \right\}$$

---

[3] 本書では列ベクトルに統一する．行列の各列の成分の並びの列ベクトルを左から順に第 1，第 2，$\cdots$，第 n 列ベクトルという．

[4] 4 章で標準基底であることを学ぶ．

[5] 本書では行ベクトルに統一する．行列の各行の成分の並びの行ベクトルを上から順に第 1，第 2，$\cdots$，第 m 行ベクトルという．

と表す. また $\boldsymbol{R}_n$ についても 1 つの成分が 1 で他の成分がすべて 0 である n 個の
ベクトルを次のようにかくことにする.

$$
\begin{aligned}
\boldsymbol{e}_1' &= \begin{pmatrix} 1 & 0 & 0 & \cdots & 0 \end{pmatrix}, \\
\boldsymbol{e}_2' &= \begin{pmatrix} 0 & 1 & 0 & \cdots & 0 \end{pmatrix}, \\
&\cdots, \\
\boldsymbol{e}_n' &= \begin{pmatrix} 0 & 0 & \cdots & 0 & 1 \end{pmatrix}.
\end{aligned} \tag{1.3}
$$

　行ベクトルと列ベクトルをあわせて**数ベクトル**という. なお 1×1 型行列である
$\begin{pmatrix} a \end{pmatrix}$ は a と同じものとする.

　行列は (1.1) 式を簡略化して

$$
A = \begin{pmatrix} a_{ij} \end{pmatrix}_{m \times n}
$$

もしくは $m \times n$ 型であることがわかっているときはより簡単に

$$
A = \begin{pmatrix} a_{ij} \end{pmatrix}
$$

とかくことがある.

　次に行列とその成分の意味を以下の具体的な例を用いて考えよう.

$\boxed{\text{例 1.1}}$ （行列とデータの表）　図 1.1 に示すように **1**, **2**, **3** の 3 個の容器にある物体
が入っている. 隣の容器との間は流出, 流入それぞれの 2 本ずつの別の管でつなが
れており, 同じ容器で流出してそのまま流入して戻る管も含め, 合計 9 本の管があ
る. これらの管の栓を同時に一定時間開くと以下のような割合で物体が各容器を流

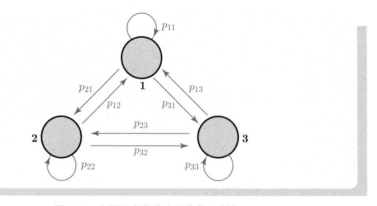

図 1.1　容器間を移動する物体の割合

出し移動する．例えば容器 **1** にあった物体は 1 回の開栓で p_{21} の割合で容器 **2** へ移動し，p_{31} の割合で容器 **3** へ移動する．また容器 **1** にあった物体がそのまま容器 **1** に戻る割合を p_{11} とする．（他の容器の流出割合の表記についても同様である．）1 つの容器から流出する割合を合計すると 1 であるので

$$p_{11} + p_{21} + p_{31} = p_{12} + p_{22} + p_{32} = p_{13} + p_{23} + p_{33} = 1$$

が成り立つ．また 1 回の開栓で移動する割合は，開栓する繰り返しの回数によらず変化しないとする．以上の各容器から流出する割合を表にすると表 1.1 (a) となる．また最初の時点で各容器にある物体の量をそれぞれ a_0, b_0, c_0 として表にすると表 1.1 (b) となる．（3 つの容器以外からの物体の流入，流出はなく，移動前後で 3 個の容器内の物体の総量 $a_0 + b_0 + c_0$ は保存されている．）これらの表から，表 1.1 (a)，表 1.1 (b) をそれぞれ行列 P と列ベクトル q_0 で表すと次のようになる．

$$P = \begin{pmatrix} p_{11} & p_{12} & p_{13} \\ p_{21} & p_{22} & p_{23} \\ p_{31} & p_{32} & p_{33} \end{pmatrix}, \quad q_0 = \begin{pmatrix} a_0 \\ b_0 \\ c_0 \end{pmatrix}.$$

表 1.1　容器間を移動する物体に関するデータ

(a)　開栓で物体の移動する割合

	容器 **1** 出	容器 **2** 出	容器 **3** 出
容器 **1** 入	p_{11}	p_{12}	p_{13}
容器 **2** 入	p_{21}	p_{22}	p_{23}
容器 **3** 入	p_{31}	p_{32}	p_{33}

(b)　最初の時点での物体の量

	物体の量
容器 **1**	a_0
容器 **2**	b_0
容器 **3**	c_0

$\square$

　この例からわかるように行列とは，データをまとめた表を抽象的な数の配列として表したものとして与えられるが，表を行列で表現することによって例えばある移動回数後の各容器の物体の量を同時に求めることができる[6]．また過去の各容器の物体の量ばかりか無限の移動回数後の状態が求められる等，数学的に応用していくことも可能になる．さらに線形代数においては，行列にいちいち具体的な意味を与えるのではなく抽象的な概念として数学的に取り扱い，これを用いて写像や空間という抽象的なより広い概念を導いていくのである[7]．

---

　[6] 行列の積によって説明するが，表の縦横のどちらを行列の行，列に選んで表現するかについては注意を要する．

　[7] 例えば成分が関数である場合を考えると，線形微分方程式の分野等において重要な解析手法となる．

┌───**例題 1.1**───────────────────
│ 行列 $A = \begin{pmatrix} 1 & -1 & 0 & 4 \\ 0 & 3 & -2 & 1 \end{pmatrix}$ について次の問に答えよ.
│
│ (1) A の型を答えよ.
│
│ (2) A の $(2, 3)$ 成分は何か.
│
│ (3) 第 2 行ベクトルを答えよ.
│
│ (4) 第 4 列ベクトルを答えよ.
└────────────────────────────

解答 (1) 2×4 型行列. (2) -2.

(3) $\begin{pmatrix} 0 & 3 & -2 & 1 \end{pmatrix}$. (4) $\begin{pmatrix} 4 \\ 1 \end{pmatrix}$. □

(II) 特別な形の行列

◆ 零行列 すべての成分が 0 である $m \times n$ 型行列を**零行列**といい, O あるいは $O_{m,n}$ とかく[8]. すなわち

$$O = O_{m,n} = \begin{pmatrix} 0 & \cdots & 0 & \cdots & 0 \\ \vdots & & \vdots & & \vdots \\ 0 & \cdots & 0 & \cdots & 0 \\ \vdots & & \vdots & & \vdots \\ 0 & \cdots & 0 & \cdots & 0 \end{pmatrix}$$

である. 特に列ベクトル, 行ベクトルの成分がすべて 0 であるとき, **零ベクトル**といい,

$$\mathbf{0} = \begin{pmatrix} 0 \\ \vdots \\ 0 \\ \vdots \\ 0 \end{pmatrix},$$

もしくは

$$\mathbf{0} = \begin{pmatrix} 0 & \cdots & 0 & \cdots & 0 \end{pmatrix}$$

とかく.

─────────────────

[8] 特に行列の型が明らかな場合には本書では単に O とかくことにする.

◆**正方行列**　行の数と列の数が同じ，すなわち $m = n$ である行列を n 次**正方行列**もしくは単に n 次行列という．正方行列 A の (i, i) 成分 $(i = 1, 2, \ldots, n)$ を A の**対角成分**といい，(i, j) 成分 $(i \neq j)$ を A の**非対角成分**という．正方行列の非対角成分がすべて 0 である行列を**対角行列**という．また対角行列の対角成分がすべて 1 である行列を**単位行列**といい

$$E = E_n = \begin{pmatrix} 1 & 0 & \cdots & 0 \\ 0 & 1 & \ddots & \vdots \\ \vdots & \ddots & \ddots & 0 \\ 0 & \cdots & 0 & 1 \end{pmatrix}$$

とかく．単位行列の成分については**クロネッカーのデルタ**

$$\delta_{ij} = \begin{cases} 1 & (i = j) \\ 0 & (i \neq j) \end{cases}$$

を用いて次のようにかけることに注意しよう．

$$E_n = \left(\delta_{ij} \right).$$

対角行列で対角成分がすべて等しい行列を**スカラー行列**という．単位行列はスカラー行列である．また正方行列の零行列もスカラー行列である．

n 次正方行列 $A = \left(a_{ij} \right)$ で対角成分より下側 $(i > j)$ の成分がすべて 0 である行列，すなわち

$$A = \begin{pmatrix} a_{11} & a_{12} & a_{13} & \cdots & a_{1n} \\ 0 & a_{22} & a_{23} & \cdots & a_{2n} \\ \vdots & 0 & a_{33} & \cdots & a_{3n} \\ \vdots & \vdots & \ddots & \ddots & \vdots \\ 0 & 0 & \cdots & 0 & a_{nn} \end{pmatrix} = \begin{pmatrix} a_{11} & & & \text{\Large *} \\ & a_{22} & & \\ & & \ddots & \\ \text{\Large 0} & & & \ddots \\ & & & & a_{nn} \end{pmatrix}$$

を**上三角行列**という．なお行列の成分を省略した表記として，任意の数が入る部分には「$*$」，0 である部分には「0」の大きな文字を使ってまとめて表現することがある．上式の上三角行列では，a_{ij} $(i < j)$ の部分については任意の数が入るので「$*$」を用い，a_{ij} $(i > j)$ の部分については成分がすべて 0 であるので大きな文字の「0」を用いて表している．一方対角成分より上側 $(i < j)$ の成分がすべて 0 である行列，すなわち

$$A = \begin{pmatrix} a_{11} & 0 & 0 & \cdots & 0 \\ a_{21} & a_{22} & 0 & \ddots & 0 \\ a_{31} & a_{32} & a_{33} & \ddots & \vdots \\ \vdots & \vdots & \vdots & \ddots & 0 \\ a_{n1} & a_{n2} & a_{n3} & \cdots & a_{nn} \end{pmatrix} = \begin{pmatrix} a_{11} & & & & \\ & a_{22} & & \text{\huge 0} & \\ & & \ddots & & \\ & \text{\huge *} & & \ddots & \\ & & & & a_{nn} \end{pmatrix}$$

を**下三角行列**という.

◆ 転置行列　(1.1) 式で表される $m \times n$ 型行列 A に対して, 行と列を入れ替えて
できる $n \times m$ 型行列を A の**転置行列**といい, ${}^t A$ や A^T とかく[9].

$$ {}^t A = {}^t\!\begin{pmatrix} a_{11} & a_{12} & \cdots & a_{1n} \\ a_{21} & a_{22} & \cdots & a_{2n} \\ \vdots & \vdots & & \vdots \\ a_{m1} & a_{m2} & \cdots & a_{mn} \end{pmatrix} = \begin{pmatrix} a_{11} & a_{21} & \cdots & a_{m1} \\ a_{12} & a_{22} & \cdots & a_{m2} \\ \vdots & \vdots & & \vdots \\ a_{1n} & a_{2n} & \cdots & a_{mn} \end{pmatrix}, $$

すなわち $A = \left(a_{ij} \right)_{m \times n}$ に対して ${}^t A = \left(\breve{a}_{ji} \right)_{n \times m}$ とかくと, $\breve{a}_{ji} = a_{ij}$ である.

例 1.2　行ベクトル $\boldsymbol{a}$ を転置すると以下の列ベクトル ${}^t\boldsymbol{a}$ となる.

$$ {}^t\boldsymbol{a} = {}^t\!\begin{pmatrix} a_1 & \cdots & a_j & \cdots & a_n \end{pmatrix} = \begin{pmatrix} a_1 \\ \vdots \\ a_j \\ \vdots \\ a_n \end{pmatrix}. \qquad \Box$$

例 1.3　行列 A の転置行列 ${}^t A$ の転置行列 ${}^t\!\left({}^t A\right)$ は A である.　　　□

例 1.4　n 次正方行列 A とその転置行列 ${}^t A$ について考える.

(1)　対称行列

　${}^t A = A$ すなわち $a_{ji} = a_{ij}$ $(i = 1, 2, \ldots, n; j = 1, 2, \ldots, n)$ が満たされる行
列を**対称行列**という.

(2)　交代行列

　${}^t A = -A$ すなわち $a_{ji} = -a_{ij}$ $(i = 1, 2, \ldots, n; j = 1, 2, \ldots, n)$ が満たされ
る行列を**交代行列**という.　　　□

---

[9] A^T は A の T 乗と混同するので, 本書では ${}^t A$ に統一する.

─例題 1.2─

正方行列

$$A = \begin{pmatrix} 3 & 2 & 1 & x-2 \\ x-y & -5 & 0 & 3 \\ z+w-1 & 0 & 1 & -y \\ y & w & x-z+1 & 2 \end{pmatrix}$$

について次の問に答えよ.

(1) A が上三角行列であるとき, x, y, z, w の値を求めよ.

(2) A の転置行列 ${}^tA$ を求めよ.

(3) A が対称行列であるとき, x, y, z, w の値を求めよ.

解答 $A = \left(a_{ij} \right)$ とする.

(1) 上三角行列では $a_{ij}\ (i > j)$ がすべて 0 であるので, $\begin{cases} x-y=0 \\ z+w-1=0 \\ y=0 \\ w=0 \\ x-z+1=0 \end{cases}$ を

解くと, $x=y=w=0,\ z=1$ が得られる.

(2) ${}^tA = \begin{pmatrix} 3 & x-y & z+w-1 & y \\ 2 & -5 & 0 & w \\ 1 & 0 & 1 & x-z+1 \\ x-2 & 3 & -y & 2 \end{pmatrix}$.

(3) ${}^tA = A$ より $\begin{cases} x-y=2 \\ z+w-1=1 \\ y=x-2 \\ w=3 \\ x-z+1=-y \end{cases}$ を解くと, $x=0,\ y=-2,\ z=-1,$

$w=3$ が得られる. □

● チェック問題 1.1 正方行列 $A = \begin{pmatrix} 0 & 0 & y-w & x+z-1 \\ x+y-1 & 0 & 0 & z+w \\ -1 & x+y+z-1 & 0 & -y+1 \\ 1 & 0 & x & 0 \end{pmatrix}$ につ

いて次の問に答えよ.

(1) A が下三角行列であるとき, x, y, z, w の値を求めよ.

(2) A の転置行列 ${}^tA$ を求めよ.

(3) A が交代行列であるとき, x, y, z, w の値を求めよ.

1.2　行列の演算
—行列の演算について習得する

行列の演算

　本節では行列の演算について学ぶ．具体的には行列の和と差，スカラー倍，積である．2 つの行列の型によってそれぞれの演算ができるかどうかの制限があるので注意する必要がある．また各演算において成立する性質があることも学ぶ．さらに前節で学んだ特別な形の行列の間での演算は次章以降でしばしば利用されるので，それについても理解し，できれば暗記しておくことが望ましい．

(I)　行列の相等

ステップ 2：キーポイント　行列の相等

2 つの行列 $A = \left(a_{ij} \right)_{m \times n}$ と $B = \left(b_{ij} \right)_{r \times s}$ が等しいとは

$$m = r, \quad n = s \quad かつ \quad a_{ij} = b_{ij} \quad (i = 1, 2, \ldots, m; \, j = 1, 2, \ldots, n)$$

が成立するときである．すなわち行列の型が同じで成分がすべて等しいときである．

(II)　行列の和と差

ステップ 3：法則　行列の和，行列の差とその性質

2 つの行列の和と差は行列の型が同じ場合に定義され，$A = \left(a_{ij} \right)_{m \times n}$ と $B = \left(b_{ij} \right)_{m \times n}$ の 2 つの行列に対して

$$A \pm B = \begin{pmatrix} a_{11} \pm b_{11} & \cdots & a_{1j} \pm b_{1j} & \cdots & a_{1n} \pm b_{1n} \\ \vdots & & \vdots & & \vdots \\ a_{i1} \pm b_{i1} & \cdots & a_{ij} \pm b_{ij} & \cdots & a_{in} \pm b_{in} \\ \vdots & & \vdots & & \vdots \\ a_{m1} \pm b_{m1} & \cdots & a_{mj} \pm b_{mj} & \cdots & a_{mn} \pm b_{mn} \end{pmatrix}$$

$$= \left(a_{ij} \pm b_{ij} \right)_{m \times n} \quad （複号同順）$$

である．行列の和は同じ行と列の成分同士の数の和であるので，数の和におい
て成立する以下の性質が成立する．

- 交換法則：$A + B = B + A$
- 零行列との和：$A + O = O + A = A$ （O は零行列）
- 結合法則：$(A + B) + C = A + (B + C)$

例 1.5 行列 $A = \left(a_{ij} \right)_{m \times n}$ と $B = \left(b_{ij} \right)_{m \times n}$ の和と差について

$$^t(A \pm B) = {}^tA \pm {}^tB$$

が成立する． □

──例題 1.3──

行列 $A = \begin{pmatrix} -1 & 0 & -2 & 2 \\ 4 & 2 & -1 & 1 \\ 3 & -1 & 5 & 3 \end{pmatrix}$ と $B = \begin{pmatrix} 3 & -2 & 3 & 1 \\ 0 & 4 & 2 & -1 \\ 1 & 2 & 7 & 3 \end{pmatrix}$ について和 $A + B$ と差 $A - B$ を求めよ．

解答

$$A + B = \begin{pmatrix} 2 & -2 & 1 & 3 \\ 4 & 6 & 1 & 0 \\ 4 & 1 & 12 & 6 \end{pmatrix}, \quad A - B = \begin{pmatrix} -4 & 2 & -5 & 1 \\ 4 & -2 & -3 & 2 \\ 2 & -3 & -2 & 0 \end{pmatrix}. \quad □$$

(III) 行列のスカラー倍（実数倍）

ステップ4：キーポイント　行列のスカラー倍とその性質

行列 $A = \left(a_{ij} \right)_{m \times n}$ と実数 k （スカラー）に対して

$$kA = \begin{pmatrix} ka_{11} & \cdots & ka_{1j} & \cdots & ka_{1n} \\ \vdots & & \vdots & & \vdots \\ ka_{i1} & \cdots & ka_{ij} & \cdots & ka_{in} \\ \vdots & & \vdots & & \vdots \\ ka_{m1} & \cdots & ka_{mj} & \cdots & ka_{mn} \end{pmatrix} = \left(ka_{ij} \right)_{m \times n}$$

を行列 A の k 倍という．**スカラー倍**はすべての型の行列に対して定義される[10]．行列 $A = \left(a_{ij} \right)_{m \times n}$ と $B = \left(b_{ij} \right)_{m \times n}$，実数 k, h に対して以下の

---

[10] スカラーが複素数の場合にも同様に定義される．

性質が成立する.

- 結合法則：$k(hA) = (kh)A \;(= h(kA))$
- 1 倍，0 倍，零行列の k 倍：$1A = A,\; 0A = O,\; kO = O$　（O は零行列）
- 分配法則：$k(A + B) = kA + kB,\; (k + h)A = kA + hA$

また $k = -1$ のとき

$$(-1)A = -A$$

とかく．従って行列の差は

$$A - B = A + \{(-1)B\}$$

である.

例 1.6　n 次のスカラー行列 A はスカラー倍を用いて次のようにかける.

$$A = \begin{pmatrix} k & 0 & \cdots & 0 \\ 0 & k & \ddots & \vdots \\ \vdots & \ddots & \ddots & 0 \\ 0 & \cdots & 0 & k \end{pmatrix} = k \begin{pmatrix} 1 & 0 & \cdots & 0 \\ 0 & 1 & \ddots & \vdots \\ \vdots & \ddots & \ddots & 0 \\ 0 & \cdots & 0 & 1 \end{pmatrix} = kE_n. \qquad \square$$

例 1.7　行列 A の k 倍の転置行列 ${}^t(kA)$ は $k\,{}^tA$ である. $\qquad \square$

──例題 1.4──
$$a\begin{pmatrix} 1 & 0 \\ 1 & -1 \end{pmatrix} + b\begin{pmatrix} -1 & 1 \\ 0 & 1 \end{pmatrix} + c\begin{pmatrix} 0 & -2 \\ 2 & 2 \end{pmatrix} + d\begin{pmatrix} 2 & -4 \\ 1 & 0 \end{pmatrix} = E_2$$

を満たす a, b, c, d の値を求めよ.

解答

$$a\begin{pmatrix} 1 & 0 \\ 1 & -1 \end{pmatrix} + b\begin{pmatrix} -1 & 1 \\ 0 & 1 \end{pmatrix} + c\begin{pmatrix} 0 & -2 \\ 2 & 2 \end{pmatrix} + d\begin{pmatrix} 2 & -4 \\ 1 & 0 \end{pmatrix}$$

$$= \begin{pmatrix} a - b + 2d & b - 2c - 4d \\ a + 2c + d & -a + b + 2c \end{pmatrix} = \begin{pmatrix} 1 & 0 \\ 0 & 1 \end{pmatrix}$$

より $\begin{cases} a - b + 2d = 1 \\ b - 2c - 4d = 0 \\ a + 2c + d = 0 \\ -a + b + 2c = 1 \end{cases}$ を解くと，$a = 3,\; b = 12,\; c = -4,\; d = 5$ が得られる. $\square$

✅ **チェック問題 1.2** 　行列 $A = \begin{pmatrix} 0 & 2 & 1 \\ 1 & -2 & 1 \\ 3 & 1 & 3 \end{pmatrix}$, $B = \begin{pmatrix} 0 & 1 & 1 \\ 0 & 1 & -1 \\ 1 & 1 & 2 \end{pmatrix}$, $C = \begin{pmatrix} 1 & 4 & -1 \\ 2 & 0 & 1 \\ 0 & 1 & -1 \end{pmatrix}$ とす

る．次の行列の計算をせよ．

(1)　$A - 2B$　　(2)　$2A - B + C$　　(3)　$C + 2(B - A)$

(IV)　行列の積

ステップ 5：キーポイント　　**行列の積とその性質**

2 つの行列 A, B の積 $C = AB$ は行列の型が $A = \left(a_{ik} \right)_{m \times l}$ と $B = \left(b_{kj} \right)_{l \times n}$

の場合，すなわち左側の行列の列の個数と右側の行列の行の個数が等しいとき
に定義される．このとき C は $m \times n$ 型の行列であり，その成分 c_{ij} は

$$c_{ij} = a_{i1}b_{1j} + a_{i2}b_{2j} + \cdots + a_{1l}b_{lj}$$

$$= \sum_{k=1}^{l} a_{ik}b_{kj} \quad (i = 1, 2, \ldots, m; j = 1, 2, \ldots, n)$$

で与えられる．実数同士の積とは異なり，AB が定義されるときでも BA はい
つでも定義されるわけではなく，$m = n$ の場合にのみ定義される．行列

$$A = \left(a_{ik} \right)_{m \times q}, \quad B = \left(b_{kl} \right)_{q \times r}, \quad C = \left(c_{lj} \right)_{r \times s},$$

$$F = \left(f_{kl} \right)_{q \times r}, \quad G = \left(g_{ik} \right)_{m \times q}$$

に対して以下の性質が成立する．

・結合法則：$(AB)C = A(BC)$

・単位行列，零行列との積：

$$E_m A = A, \quad AE_q = A, \quad O_{t,m}A = O_{t,q}, \quad AO_{q,t} = O_{m,t}$$

・分配法則：$A(B + F) = AB + AF$, $(A + G)B = AB + GB$

　　結合法則が成り立つことを示そう．成分の計算を行うと，左辺の

$$AB = X = \left(x_{il} \right)_{m \times r}$$

とすると

$$x_{il} = \sum_{k=1}^{q} a_{ik}b_{kl} \quad (i = 1, 2, \ldots, m; l = 1, 2, \ldots, r)$$

である．よって $(AB)C = XC = Y = \left(y_{ij} \right)_{m \times s}$ とすれば

$$y_{ij} = \sum_{l=1}^{r} x_{il}c_{lj} = \sum_{l=1}^{r} \left\{ \left(\sum_{k=1}^{q} a_{ik}b_{kl} \right) c_{lj} \right\} \quad (i = 1, 2, \ldots, m; j = 1, 2, \ldots, s)$$

である．一方右辺の $BC = Z = \Big(z_{kj} \Big)_{q \times s}$ とすると

$$z_{kj} = \sum_{l=1}^{r} b_{kl}c_{lj} \quad (k = 1, 2, \ldots, q; j = 1, 2, \ldots, s)$$

である．よって $A(BC) = AZ = W = \Big(w_{ij} \Big)_{m \times s}$ とすれば

$$w_{ij} = \sum_{k=1}^{q} a_{ik}z_{kj} = \sum_{k=1}^{q} a_{ik} \left(\sum_{l=1}^{r} b_{kl}c_{lj} \right) \quad (i = 1, 2, \ldots, m; j = 1, 2, \ldots, s)$$

である．y_{ij} と w_{ij} について成分をすべて書いてみると

$$
\begin{aligned}
y_{ij} &= \sum_{l=1}^{r} \left\{ (a_{i1}b_{1l} + a_{i2}b_{2l} + \cdots + a_{iq}b_{ql}) c_{lj} \right\} \\
&= (a_{i1}b_{11} + a_{i2}b_{21} + \cdots + a_{iq}b_{q1}) c_{1j} + (a_{i1}b_{12} + a_{i2}b_{22} + \cdots + a_{iq}b_{q2}) c_{2j} \\
&\quad + \cdots + (a_{i1}b_{1r} + a_{i2}b_{2r} + \cdots + a_{iq}b_{qr}) c_{rj} \\
&= a_{i1} (b_{11}c_{1j} + b_{12}c_{2j} + \cdots + b_{1r}c_{rj}) + a_{i2} (b_{21}c_{1j} + b_{22}c_{2j} + \cdots + b_{2r}c_{rj}) \\
&\quad + \cdots + a_{iq} (b_{q1}c_{1j} + b_{q2}c_{2j} + \cdots + b_{qr}c_{rj}) \\
&= \sum_{k=1}^{q} \left\{ a_{ik} (b_{k1}c_{1j} + b_{k2}c_{2j} + \cdots + b_{kr}c_{rj}) \right\} \\
&= \sum_{k=1}^{q} a_{ik} \left(\sum_{l=1}^{r} b_{kl}c_{lj} \right) = w_{ij}
\end{aligned}
$$

である[11]．

━━例題 1.5━━

行列 $A = \begin{pmatrix} 1 & 0 & 3 \\ 0 & 1 & -1 \end{pmatrix}$, $B = \begin{pmatrix} -2 & 1 \\ 4 & 3 \end{pmatrix}$, $C = (-3 \ \ 1 \ \ 2)$, $D = \begin{pmatrix} 0 \\ 1 \\ -2 \end{pmatrix}$ とする．

これらから 2 つの行列を選んだとき，積が定義される場合についてすべて計算せよ．

---

[11] 他の性質については各自証明せよ．

解答　$A:2\times3$ 型，$B:2\times2$ 型，$C:1\times3$ 型，$D:3\times1$ 型であるので，積が定義されるのは，AD, BA, CD, DC であり，それぞれ

$$AD = \begin{pmatrix} 1\times0+0\times1+3\times(-2) \\ 0\times0+1\times1+(-1)\times(-2) \end{pmatrix} = \begin{pmatrix} -6 \\ 3 \end{pmatrix},$$

$$BA = \begin{pmatrix} (-2)\times1+1\times0 & (-2)\times0+1\times1 & (-2)\times3+1\times(-1) \\ 4\times1+3\times0 & 4\times0+3\times1 & 4\times3+3\times(-1) \end{pmatrix}$$

$$= \begin{pmatrix} -2 & 1 & -7 \\ 4 & 3 & 9 \end{pmatrix},$$

$$CD = (-3)\times0+1\times1+2\times(-2) = -3,$$

$$DC = \begin{pmatrix} 0\times(-3) & 0\times1 & 0\times2 \\ 1\times(-3) & 1\times1 & 1\times2 \\ (-2)\times(-3) & (-2)\times1 & (-2)\times2 \end{pmatrix} = \begin{pmatrix} 0 & 0 & 0 \\ -3 & 1 & 2 \\ 6 & -2 & -4 \end{pmatrix}. \qquad \square$$

☑ **チェック問題 1.3**　行列 $A = \begin{pmatrix} 0 & -1 \\ -3 & 2 \\ 1 & 2 \end{pmatrix}$，$B = \begin{pmatrix} -2 & 1 & 3 \\ 0 & 1 & 0 \\ 1 & 0 & 2 \\ 0 & 2 & -1 \end{pmatrix}$，$C = \begin{pmatrix} 1 & 2 \end{pmatrix}$，

$D = \begin{pmatrix} 1 \\ 3 \\ 0 \end{pmatrix}$ とする．これらから 2 つの行列を選んだとき，積が定義される場合について
てすべて計算せよ．

　行列 A と B が n 次の正方行列であれば AB も BA も定義され，いずれも n 次の正方行列である．しかし，実数の積と異なり，$AB = BA$ が成立するとは限らない．

$AB = BA$ が成立するとき A と B は**可換**であるという．

──例題 1.6──

次の問に答えよ．

(1)　$A = \begin{pmatrix} 2 & 1 \\ -1 & 4 \end{pmatrix}$ と $B = \begin{pmatrix} 0 & -1 \\ 3 & 1 \end{pmatrix}$ について $AB \neq BA$ であることを確認せよ．

(2)　$C = \begin{pmatrix} 2 & 0 \\ 0 & 0 \end{pmatrix}$ と $D = \begin{pmatrix} 0 & 0 \\ 0 & -1 \end{pmatrix}$ について C と D は可換であることを確認せよ．

解答　(1)　$AB = \begin{pmatrix} 3 & -1 \\ 12 & 5 \end{pmatrix}$, $BA = \begin{pmatrix} 1 & -4 \\ 5 & 7 \end{pmatrix}$ より $AB \neq BA$ である．

(2)　$CD = DC = \begin{pmatrix} 0 & 0 \\ 0 & 0 \end{pmatrix}$ より C と D は可換である．　　$\square$

例 1.8　2 つの n 次対角行列

$$A = \begin{pmatrix} \lambda_1 & & & \\ & \lambda_2 & & \text{\huge 0} \\ & & \ddots & \\ \text{\huge 0} & & & \ddots \\ & & & & \lambda_n \end{pmatrix}, \quad B = \begin{pmatrix} \mu_1 & & & \\ & \mu_2 & & \text{\huge 0} \\ & & \ddots & \\ \text{\huge 0} & & & \ddots \\ & & & & \mu_n \end{pmatrix}$$

に対して,

$$AB = \begin{pmatrix} \lambda_1\mu_1 & & & \\ & \lambda_2\mu_2 & & \text{\huge 0} \\ & & \ddots & \\ \text{\huge 0} & & & \ddots \\ & & & & \lambda_n\mu_n \end{pmatrix} = \begin{pmatrix} \mu_1\lambda_1 & & & \\ & \mu_2\lambda_2 & & \text{\huge 0} \\ & & \ddots & \\ \text{\huge 0} & & & \ddots \\ & & & & \mu_n\lambda_n \end{pmatrix} = BA$$

であるから AB と BA は対角行列であり, A と B は可換である.　　　　□

例 1.9　行列 $A = \left(a_{ik} \right)_{m \times l}$ と $B = \left(b_{kj} \right)_{l \times n}$ の積 AB の転置行列 $^t(AB)$ について,

$$^tA = \left(\breve{a}_{ki} \right)_{l \times m}, \quad ^tB = \left(\breve{b}_{jk} \right)_{n \times l} \quad (\text{ただし } \breve{a}_{ki} = a_{ik}, \breve{b}_{jk} = b_{kj})$$

とし, $AB = X = \left(x_{ij} \right)_{m \times n}$ の転置行列を

$$^tX = \left(\breve{x}_{ji} \right)_{n \times m} \quad (\text{ただし } \breve{x}_{ji} = x_{ij})$$

とすると,

$$\breve{x}_{ji} = x_{ij} = \sum_{k=1}^{l} a_{ik} b_{kj} = \sum_{k=1}^{l} \breve{a}_{ki} \breve{b}_{jk} = \sum_{k=1}^{l} \breve{b}_{jk} \breve{a}_{ki}$$

となるので, 上式の最後の式は $^tB\,^tA$ の (j, i) 成分である. 従って次が成立する.

$$^t(AB) = {}^tB\,{}^tA. \tag{1.4}$$

□

─**例題 1.7**─

正方行列 A に対して ^tAA は対称行列であることを示せ.

解答 (1.4) 式と例 1.3 より

$$^t\left(^tAA\right) = {}^tA\,{}^t\left(^tA\right) = {}^tAA$$

であるので, ^tAA は対称行列である. □

✅ **チェック問題 1.4** 3 つの行列 A, B, C の積 ABC が定義されているとする. このとき次が成立することを示せ.

$$^t(ABC) = {}^tC\,{}^tB\,{}^tA.$$

A が n 次正方行列のときには 2 つの行列の積 AA を A^2 のように実数のべきと同じように指数記号を用いて表し, A の 2 乗という. さらに

$$A^3 = AAA, \quad \ldots, \quad A^k = \overbrace{AA\cdots A}^{k個}$$

をそれぞれ A の 3 乗, $\cdots$, A の k 乗という[12]. ただし, $A^0 = E_n$, $A^1 = A$ とする. このとき p, q を任意の 0 以上の整数として次が成立する.

$$A^p A^q = A^{p+q}, \quad (A^p)^q = A^{pq}.$$

例 1.10 単位行列 E_n, 任意の 0 以上の整数 k に対して $E_n^k = E_n$ である. また

対角行列 $D = \begin{pmatrix} \lambda_1 & & & \\ & \lambda_2 & & \text{\Large 0} \\ & & \ddots & \\ \text{\Large 0} & & & \ddots \\ & & & & \lambda_n \end{pmatrix}$ の k 乗は

$$D^k = \begin{pmatrix} \lambda_1^k & & & \\ & \lambda_2^k & & \text{\Large 0} \\ & & \ddots & \\ \text{\Large 0} & & & \ddots \\ & & & & \lambda_n^k \end{pmatrix}$$

である[13]. □

---

[12] これらを行列の**べき乗**という.

[13] 証明は数学的帰納法による. 各自やってみよ.

例 1.11　例 1.1 の 2 つの表から作成された行列の積 $P\boldsymbol{q}_0$ の意味を考えよう.

$$P\boldsymbol{q}_0 = \boldsymbol{q}_1 = \begin{pmatrix} a_1 \\ b_1 \\ c_1 \end{pmatrix}$$

とすると

$$P\boldsymbol{q}_0 = \begin{pmatrix} p_{11}a_0 + p_{12}b_0 + p_{13}c_0 \\ p_{21}a_0 + p_{22}b_0 + p_{23}c_0 \\ p_{31}a_0 + p_{32}b_0 + p_{33}c_0 \end{pmatrix} = \begin{pmatrix} a_1 \\ b_1 \\ c_1 \end{pmatrix}$$

となるが, $\boldsymbol{q}_1$ の第 1 行の成分 a_1 は 1 回の物体の移動後に容器 **1** に存在している物体の量である. また b_1, c_1 もそれぞれ 1 回の移動後の容器 **2** と **3** に存在している物体の量である. このとき 3 個の容器にある物体の総量は

$$a_1 + b_1 + c_1$$
$$= (p_{11}a_0 + p_{12}b_0 + p_{13}c_0) + (p_{21}a_0 + p_{22}b_0 + p_{23}c_0)$$
$$\quad + (p_{31}a_0 + p_{32}b_0 + p_{33}c_0)$$
$$= (p_{11} + p_{21} + p_{31})\,a_0 + (p_{12} + p_{22} + p_{32})\,b_0 + (p_{13} + p_{23} + p_{33})\,c_0$$
$$= a_0 + b_0 + c_0$$

であり保存される. さらに

$$P\boldsymbol{q}_1 = \boldsymbol{q}_2 = \begin{pmatrix} a_2 \\ b_2 \\ c_2 \end{pmatrix}$$

とすると, a_2, b_2, c_2 はそれぞれ次の 1 回の移動後, すなわち最初の状態から 2 回の移動後の容器 **1**, **2**, **3** に存在している物体の量であり, べき乗の表現を用いると

$$P\boldsymbol{q}_1 = P\left(P\boldsymbol{q}_0\right) = P^2\boldsymbol{q}_0 = \boldsymbol{q}_2$$

と表される. このように最初の状態から k 回の移動後の各容器内の物体の量を $\boldsymbol{q}_k = \begin{pmatrix} a_k \\ b_k \\ c_k \end{pmatrix}$ とすると

$$P^k\boldsymbol{q}_0 = \boldsymbol{q}_k$$

と表される[14].　　　　　　　　　　　　　　　□

---

[14] どの移動回数後でも 3 個の容器にある物体の総量は保存されていることに注意しよう.

───例題 1.8───

次の 3 次正方行列の k 乗（k は正の整数）を求めよ.

(1) $A = \begin{pmatrix} 0 & 0 & 0 \\ 1 & 0 & 0 \\ 1 & 1 & 0 \end{pmatrix}$　　(2) $B = \begin{pmatrix} 1 & 0 & 0 \\ 1 & 1 & 0 \\ 1 & 1 & 1 \end{pmatrix}$

解答 (1) $A^1 = A$ である. $k \geq 2$ については順に計算をしていくことにする.

$$A^2 = \begin{pmatrix} 0 & 0 & 0 \\ 0 & 0 & 0 \\ 1 & 0 & 0 \end{pmatrix}, \quad A^3 = \begin{pmatrix} 0 & 0 & 0 \\ 0 & 0 & 0 \\ 0 & 0 & 0 \end{pmatrix}$$

であるので, $k \geq 3$ では $A^k = O$ である.

(2) (1) と同様にして

$$B^2 = \begin{pmatrix} 1 & 0 & 0 \\ 2 & 1 & 0 \\ 3 & 2 & 1 \end{pmatrix}, \quad B^3 = \begin{pmatrix} 1 & 0 & 0 \\ 3 & 1 & 0 \\ 6 & 3 & 1 \end{pmatrix}, \quad B^4 = \begin{pmatrix} 1 & 0 & 0 \\ 4 & 1 & 0 \\ 10 & 4 & 1 \end{pmatrix}$$

であるので, $k \geq 1$ では

$$B^k = \begin{pmatrix} 1 & 0 & 0 \\ k & 1 & 0 \\ \frac{k(k+1)}{2} & k & 1 \end{pmatrix}$$

と予想する. 数学的帰納法で証明する.

(i) $k = 1$ で成り立つことは明らか.

(ii) $k = p$ で $B^p = \begin{pmatrix} 1 & 0 & 0 \\ p & 1 & 0 \\ \frac{p(p+1)}{2} & p & 1 \end{pmatrix}$ が成り立つと仮定する.

$$B^{p+1} = BB^p = \begin{pmatrix} 1 & 0 & 0 \\ 1 & 1 & 0 \\ 1 & 1 & 1 \end{pmatrix} \begin{pmatrix} 1 & 0 & 0 \\ p & 1 & 0 \\ \frac{p(p+1)}{2} & p & 1 \end{pmatrix} = \begin{pmatrix} 1 & 0 & 0 \\ p+1 & 1 & 0 \\ \frac{(p+1)(p+2)}{2} & p+1 & 1 \end{pmatrix}$$

となるので, $k = p + 1$ でも成立する.

(i), (ii) より $B^k = \begin{pmatrix} 1 & 0 & 0 \\ k & 1 & 0 \\ \frac{k(k+1)}{2} & k & 1 \end{pmatrix}$ である. □

● **チェック問題 1.5** 次の 3 次の正方行列の k 乗（k は正の整数）を求めよ.

(1) $A = \begin{pmatrix} 0 & -1 & 0 \\ 0 & 0 & -1 \\ 1 & 0 & 0 \end{pmatrix}$　　(2) $B = \begin{pmatrix} 2 & 1 & 0 \\ 0 & 2 & 1 \\ 0 & 0 & 2 \end{pmatrix}$

1.3 行列の分割
—行列を小さい型の行列に分割して演算を行う方法を習得する

==== 行列の分割 ====

　本節では行列を区画に分割して小さい型の行列で表現する方法について学ぶ. これにより特に分割したときに零行列や単位行列等が含まれる場合には, 計算がより簡単に行えるだけでなく, 行列の性質をわかりやすく表現することもできるようになる. さらにこの行列の分割は 3 章で学ぶ行列式の計算においても重要な意味をもつので, 本節で十分理解しておくことが望ましい.

ステップ6：キーポイント 　**行列の分割**

$m \times n$ 型の行列 A について, 次に示すように, $s-1$ 個の横線と $t-1$ 個の縦線によって st 個の区画に分けて, A よりも小さい型の行列（ブロック）A_{IJ} $(I = 1, 2, \ldots, s; J = 1, 2, \ldots, t)$ で表現することを**行列の分割**といい

$$A = \begin{pmatrix} A_{11} & A_{12} & \cdots & A_{1t} \\ A_{21} & A_{22} & \cdots & A_{2t} \\ \vdots & \vdots & & \vdots \\ A_{s1} & A_{s2} & \cdots & A_{st} \end{pmatrix}$$

のようにかく. また行列 A からいくつかの行と列を取り除いて作った行列を A の**小行列**という[15]. A_{IJ} は $m_I \times n_J$ 型の A の小行列であり,

$$m_1 + m_2 + \cdots + m_s = m, \quad n_1 + n_2 + \cdots + n_t = n$$

である.

例 1.12 　4×6 型の行列 A について

$$A = \begin{pmatrix} a_{11} & a_{12} & a_{13} & a_{14} & a_{15} & a_{16} \\ a_{21} & a_{22} & a_{23} & a_{24} & a_{25} & a_{26} \\ a_{31} & a_{32} & a_{33} & a_{34} & a_{35} & a_{36} \\ a_{41} & a_{42} & a_{43} & a_{44} & a_{45} & a_{46} \end{pmatrix} = \begin{pmatrix} A_{11} & A_{12} & A_{13} \\ A_{21} & A_{22} & A_{23} \end{pmatrix}$$

---

[15] A そのものも小行列の中に含める.

のように分割すると次のようになる.

$$A_{11} = \begin{pmatrix} a_{11} & a_{12} & a_{13} \\ a_{21} & a_{22} & a_{23} \end{pmatrix}, \quad A_{12} = \begin{pmatrix} a_{14} \\ a_{24} \end{pmatrix}, \quad A_{13} = \begin{pmatrix} a_{15} & a_{16} \\ a_{25} & a_{26} \end{pmatrix},$$

$$A_{21} = \begin{pmatrix} a_{31} & a_{32} & a_{33} \\ a_{41} & a_{42} & a_{43} \end{pmatrix}, \quad A_{22} = \begin{pmatrix} a_{34} \\ a_{44} \end{pmatrix}, \quad A_{23} = \begin{pmatrix} a_{35} & a_{36} \\ a_{45} & a_{46} \end{pmatrix}. \qquad \square$$

なお成分表示された行列に対して分割して表現する場合等を除いて,ブロック（小行列）が明らかな場合には境界の破線は省いて示すことにする.

次に行列の分割を用いた 2 つの行列 A と B の積の表現について考える.すなわち 2 つの行列の分割を,

$$A_{IJ}, \ B_{JK} \quad (I = 1, 2, \ldots, s; J = 1, 2, \ldots, t; K = 1, 2, \ldots, u)$$

とする.$C = AB$ を

$$AB = C = \begin{pmatrix} C_{11} & C_{12} & \cdots & C_{1u} \\ C_{21} & C_{22} & \cdots & C_{2u} \\ \vdots & \vdots & & \vdots \\ C_{s1} & C_{s2} & \cdots & C_{su} \end{pmatrix}$$

と分割するとき,A と B の小行列によって

$$C_{IK} = A_{I1}B_{1K} + A_{I2}B_{2K} + \cdots + A_{It}B_{tK}$$

$$= \sum_{J=1}^{t} A_{IJ}B_{JK} \quad (I = 1, 2, \ldots, s; K = 1, 2, \ldots, u)$$

となる.ただしそれぞれの小行列同士の積 $A_{IJ}B_{JK}$ $(J = 1, 2, \ldots, t)$ が与えられるためには,小行列 A_{IJ} が $m_I \times \underline{n_J}$ 型であり,B_{JK} が $\underline{n_J} \times l_K$ 型でなければならないことに注意しよう.

---**例題 1.9**---

4×5 型の行列 A と 5×4 型の行列 B について

$$A = \begin{pmatrix} 1 & 2 & -1 & 0 & 3 \\ 0 & 1 & 0 & -2 & 1 \\ \hline 3 & -1 & 0 & 2 & 0 \\ 1 & 0 & -2 & 1 & 1 \end{pmatrix}$$

$$= \begin{pmatrix} A_{11} & A_{12} \\ A_{21} & A_{22} \end{pmatrix},$$

$$B = \begin{pmatrix} 0 & 0 & 1 & 2 \\ -1 & 1 & 3 & 0 \\ 0 & 1 & -1 & 1 \\ 2 & 0 & 1 & 0 \\ 2 & 1 & -2 & 1 \end{pmatrix}$$

$$= \begin{pmatrix} B_{11} & B_{12} \\ B_{21} & B_{22} \end{pmatrix}$$

のように分割するとき，小行列の積による計算で AB を求め，分割しないで行列の積を計算した場合と結果が等しいことを確かめよ．

解答　$C = \begin{pmatrix} C_{11} & C_{12} \\ C_{21} & C_{22} \end{pmatrix}$ とすると，

$C_{11} = A_{11}B_{11} + A_{12}B_{21}$

$$= \begin{pmatrix} 1 & 2 & -1 \\ 0 & 1 & 0 \end{pmatrix} \begin{pmatrix} 0 & 0 \\ -1 & 1 \\ 0 & 1 \end{pmatrix} + \begin{pmatrix} 0 & 3 \\ -2 & 1 \end{pmatrix} \begin{pmatrix} 2 & 0 \\ 2 & 1 \end{pmatrix} = \begin{pmatrix} 4 & 4 \\ -3 & 2 \end{pmatrix},$$

$C_{12} = A_{11}B_{12} + A_{12}B_{22}$

$$= \begin{pmatrix} 1 & 2 & -1 \\ 0 & 1 & 0 \end{pmatrix} \begin{pmatrix} 1 & 2 \\ 3 & 0 \\ -1 & 1 \end{pmatrix} + \begin{pmatrix} 0 & 3 \\ -2 & 1 \end{pmatrix} \begin{pmatrix} 1 & 0 \\ -2 & 1 \end{pmatrix} = \begin{pmatrix} 2 & 4 \\ -1 & 1 \end{pmatrix},$$

$C_{21} = A_{21}B_{11} + A_{22}B_{21}$

$$= \begin{pmatrix} 3 & -1 & 0 \\ 1 & 0 & -2 \end{pmatrix} \begin{pmatrix} 0 & 0 \\ -1 & 1 \\ 0 & 1 \end{pmatrix} + \begin{pmatrix} 2 & 0 \\ 1 & 1 \end{pmatrix} \begin{pmatrix} 2 & 0 \\ 2 & 1 \end{pmatrix} = \begin{pmatrix} 5 & -1 \\ 4 & -1 \end{pmatrix},$$

$C_{22} = A_{21}B_{12} + A_{22}B_{22}$

$$= \begin{pmatrix} 3 & -1 & 0 \\ 1 & 0 & -2 \end{pmatrix} \begin{pmatrix} 1 & 2 \\ 3 & 0 \\ -1 & 1 \end{pmatrix} + \begin{pmatrix} 2 & 0 \\ 1 & 1 \end{pmatrix} \begin{pmatrix} 1 & 0 \\ -2 & 1 \end{pmatrix} = \begin{pmatrix} 2 & 6 \\ 2 & 1 \end{pmatrix}$$

であるので，分割した小行列の積による計算では

$$\begin{pmatrix} C_{11} & C_{12} \\ C_{21} & C_{22} \end{pmatrix} = \begin{pmatrix} 4 & 4 & 2 & 4 \\ -3 & 2 & -1 & 1 \\ 5 & -1 & 2 & 6 \\ 4 & -1 & 2 & 1 \end{pmatrix}$$

である．一方

$$AB = \begin{pmatrix} 1 & 2 & -1 & 0 & 3 \\ 0 & 1 & 0 & -2 & 1 \\ 3 & -1 & 0 & 2 & 0 \\ 1 & 0 & -2 & 1 & 1 \end{pmatrix} \begin{pmatrix} 0 & 0 & 1 & 2 \\ -1 & 1 & 3 & 0 \\ 0 & 1 & -1 & 1 \\ 2 & 0 & 1 & 0 \\ 2 & 1 & -2 & 1 \end{pmatrix}$$

$$= \begin{pmatrix} 4 & 4 & 2 & 4 \\ -3 & 2 & -1 & 1 \\ 5 & -1 & 2 & 6 \\ 4 & -1 & 2 & 1 \end{pmatrix}$$

であるので，2つの計算結果は等しい． □

✅ **チェック問題 1.6** $2n$ 次の正方行列 A が n 次の単位行列 E_n，n 次の正方零行列 $O_{n,n}$ および n 次の正方行列 B で

$$A = \begin{pmatrix} E_n & O_{n,n} \\ B & E_n \end{pmatrix}$$

と表されるとき，A の p 乗（p は正の整数）を求めよ．

行列 A の分割を

$$\begin{pmatrix} A_{11} & A_{12} & \cdots & A_{1t} \\ A_{21} & A_{22} & \cdots & A_{2t} \\ \vdots & \vdots & & \vdots \\ A_{s1} & A_{s2} & \cdots & A_{st} \end{pmatrix}$$

とするとき，A の転置行列 ${}^t A$ は小行列 A_{IJ} の転置行列を ${}^t A_{IJ}$ と表すと

$$ {}^t A = \begin{pmatrix} {}^t A_{11} & {}^t A_{21} & \cdots & {}^t A_{s1} \\ {}^t A_{12} & {}^t A_{22} & \cdots & {}^t A_{s2} \\ \vdots & \vdots & & \vdots \\ {}^t A_{1t} & {}^t A_{2t} & \cdots & {}^t A_{ts} \end{pmatrix}$$

となる．

例 1.13　$n \times m$ 型の行列

$$X = \left(x_{ij} \right)_{n \times m}$$

について，$j = 1, 2, \ldots, m$ の各列を列ベクトル

$$\boldsymbol{x}_j = \begin{pmatrix} x_{1j} \\ \vdots \\ x_{ij} \\ \vdots \\ x_{nj} \end{pmatrix}$$

として分割した表現を

$$X = \left(\boldsymbol{x}_1 \ \cdots \ \boldsymbol{x}_j \ \cdots \ \boldsymbol{x}_m \right)$$

のようにかく．このとき X の転置行列 ${}^t X$（$m \times n$ 型）は

$$ {}^t X = \begin{pmatrix} {}^t\boldsymbol{x}_1 \\ \vdots \\ {}^t\boldsymbol{x}_i \\ \vdots \\ {}^t\boldsymbol{x}_m \end{pmatrix}$$

であり，m 次正方行列 ${}^t X X = \left(\breve{x}_{ij} \right)$ に対して，その (i, j) 成分は

$$\breve{x}_{ij} = {}^t\boldsymbol{x}_i \boldsymbol{x}_j$$

である．また $m \times n$ 型の行列 A と X の積を

$$AX = A \left(\boldsymbol{x}_1 \ \cdots \ \boldsymbol{x}_j \ \cdots \ \boldsymbol{x}_m \right) = \left(A\boldsymbol{x}_1 \ \cdots \ A\boldsymbol{x}_j \ \cdots \ A\boldsymbol{x}_m \right)$$

とかく．このとき AX の各列 $A\boldsymbol{x}_j$（$j = 1, 2, \ldots, m$）は m 次列ベクトルである．

□

1.4 正 則 行 列
—正則行列と逆行列について理解する

--- 正則行列と逆行列 ---

　本節では正則行列と逆行列を紹介する．正則行列は線形代数においては非常に重要な概念であり，次章以降頻繁に現れるのでその意味をきちんと理解しておこう．逆行列については，ここでは2次行列の場合の求め方を説明するにとどめ，（その一般的な求め方は次章で詳しく学ぶことになるが）むしろいろいろな種類の正則行列の逆行列の行列表現を中心に解説する．さらに正方行列を縦横に対称に分割した場合等について，小行列が正則行列であるときに成り立つ性質についても説明する．

ステップ7：キーポイント　正則行列と逆行列

n 次正方行列 A に対して，

$$AX = XA = E_n \tag{1.5}$$

の関係を満たす n 次正方行列 X を A の**逆行列**という．また A が逆行列をもつとき A は**正則**であるという[16]．このとき A を**正則行列**という．

　仮に2つの正方行列 X, Y が正則行列 A の逆行列であるとすると，X, Y は (1.5) 式を満たすから

$$X = E_n X = (YA) X$$
$$= Y (AX) = Y E_n$$
$$= Y$$

である．このことから逆行列は唯一つであることがわかり，A の逆行列を A^{-1} とかく．また

$$XA = E_n \quad もしくは \quad AX = E_n$$

のいずれかを満たす行列 X が存在すれば，A は正則行列で $X = A^{-1}$ であることが証明される．（証明は3章で行う．）

---

[16] n 次正方零行列はどんな n 次正方行列との積も零行列となるので正則ではない．

例 1.14 （**2 次の場合の逆行列**）　一般の n 次正方行列の場合は次章で説明するが，ここでは 2 次正方行列 $A = \begin{pmatrix} a & b \\ c & d \end{pmatrix}$ が正則である条件とそのときの逆行列 A^{-1} を求めてみよう．

$X = \begin{pmatrix} x & y \\ z & w \end{pmatrix}$ とすると

$$AX = \begin{pmatrix} a & b \\ c & d \end{pmatrix} \begin{pmatrix} x & y \\ z & w \end{pmatrix} = \begin{pmatrix} ax + bz & ay + bw \\ cx + dz & cy + dw \end{pmatrix} = \begin{pmatrix} 1 & 0 \\ 0 & 1 \end{pmatrix}$$

であり，連立 1 次方程式 $\begin{cases} ax + bz = 1 \\ cx + dz = 0 \\ ay + bw = 0 \\ cy + dw = 1 \end{cases}$ を解けばよい．よって $ad - bc \neq 0$ のとき

$$X = \begin{pmatrix} \frac{d}{ad-bc} & -\frac{b}{ad-bc} \\ -\frac{c}{ad-bc} & \frac{a}{ad-bc} \end{pmatrix} = \frac{1}{ad-bc} \begin{pmatrix} d & -b \\ -c & a \end{pmatrix}$$

が得られる．一方この X は $XA = E_n$ を満たすことも示されるので[17]，$ad - bc \neq 0$ のとき A は正則で，A の逆行列は次である．

$$A^{-1} = \frac{1}{ad-bc} \begin{pmatrix} d & -b \\ -c & a \end{pmatrix}. \qquad \square$$

例 1.15　n 次正則行列 A, B に対して

$$(AB)(B^{-1}A^{-1}) = A(BB^{-1})A^{-1} = AE_nA^{-1} = AA^{-1} = E_n,$$

$$(B^{-1}A^{-1})(AB) = B^{-1}(A^{-1}A)B = B^{-1}E_nB = B^{-1}B = E_n$$

より

$$(AB)^{-1} = B^{-1}A^{-1}. \qquad (1.6)$$

$$\square$$

例 1.16　n 次正則行列 A に対して，(1.5) 式の A を A^{-1}，X を A とみれば

$$A^{-1}A = AA^{-1} = E_n$$

より，A^{-1} も正則で

$$(A^{-1})^{-1} = A \qquad (1.7)$$

である．特に単位行列 E_n は正則であり，$E_n^{-1} = E_n$ である．　　　$\square$

---

[17] 各自確認せよ．

─例題 1.10─

n 次正方行列 A が正則ならば，${}^tA$ も正則行列であることを示せ．また ${}^tA$ の逆行列を求めよ．

解答　(1.5) 式より

$$A^{-1}A = E_n, \quad AA^{-1} = E_n$$

であるのでこれらの 2 式の両辺の転置行列を考えれば

$$第 1 式 : {}^t(A^{-1}A) = {}^tA\,{}^t(A^{-1}) = {}^tE_n = E_n,$$

$$第 2 式 : {}^t(AA^{-1}) = {}^t(A^{-1}){}^tA = {}^tE_n = E_n$$

であるので，${}^tA$ は正則であり，${}^tA$ の逆行列は ${}^t(A^{-1})$ である．　　□

✅ チェック問題 1.7　対角成分がすべて零でない対角行列 $D = \begin{pmatrix} \lambda_1 & & & \\ & \lambda_2 & & \text{\Large 0} \\ & & \ddots & \\ \text{\Large 0} & & & \ddots \\ & & & & \lambda_n \end{pmatrix}$

の逆行列は $\begin{pmatrix} \frac{1}{\lambda_1} & & & \\ & \frac{1}{\lambda_2} & & \text{\Large 0} \\ & & \ddots & \\ \text{\Large 0} & & & \ddots \\ & & & & \frac{1}{\lambda_n} \end{pmatrix}$ であることを示せ.

次にチェック問題 1.7 を参考にして行列を分割した場合に拡張しよう．n 次正方行列 A について，A_{II} （$I = 1, 2, \ldots, s$）が n_I 次正方行列となるように縦横を対称に分割した場合を考える.

$$A = \begin{pmatrix} A_{11} & A_{12} & \cdots & A_{1s} \\ A_{21} & A_{22} & \cdots & A_{2s} \\ \vdots & \vdots & \ddots & \vdots \\ A_{s1} & A_{s2} & \cdots & A_{ss} \end{pmatrix}. \tag{1.8}$$

（$I \neq J$ である小行列 A_{IJ} は $n_I \times n_J$ 型行列であり，

$$n_1 + n_2 + \cdots + n_s = n$$

である.）

例 **1.17** (1.8) 式の行列 A について小行列

$$A_{IJ} = O_{n_I, n_J} \quad (I \neq J)$$

である場合, A_{II} ($I = 1, 2, \ldots, s$) が正則であればそれぞれの逆行列 A_{II}^{-1} が存在するので（小行列の零行列の型の表示を省略して記述すると），

$$X = \begin{pmatrix} A_{11}^{-1} & O & \cdots & O \\ O & A_{22}^{-1} & \cdots & O \\ \vdots & \vdots & \ddots & \vdots \\ O & O & \cdots & A_{ss}^{-1} \end{pmatrix}$$

とすれば,

$$AX = XA$$
$$= \begin{pmatrix} E_{n_1} & O & \cdots & O \\ O & E_{n_2} & \cdots & O \\ \vdots & \vdots & \ddots & \vdots \\ O & O & \cdots & E_{n_s} \end{pmatrix}$$
$$= E_n$$

である. 従って A は正則行列である. 逆に A が正則行列であれば, A と同じように縦横を対称に分割した行列を

$$X = \begin{pmatrix} X_{11} & O & \cdots & O \\ O & X_{22} & \cdots & O \\ \vdots & \vdots & \ddots & \vdots \\ O & O & \cdots & X_{ss} \end{pmatrix}$$

とおくと,

$$AX = \begin{pmatrix} A_{11}X_{11} & O & \cdots & O \\ O & A_{22}X_{22} & \cdots & O \\ \vdots & \vdots & \ddots & \vdots \\ O & O & \cdots & A_{ss}X_{ss} \end{pmatrix}$$
$$= E_n = \begin{pmatrix} E_{n_1} & O & \cdots & O \\ O & E_{n_2} & \cdots & O \\ \vdots & \vdots & \ddots & \vdots \\ O & O & \cdots & E_{n_s} \end{pmatrix},$$

$$XA = \begin{pmatrix} X_{11}A_{11} & O & \cdots & O \\ O & X_{22}A_{22} & \cdots & O \\ \vdots & \vdots & \ddots & \vdots \\ O & O & \cdots & X_{ss}A_{ss} \end{pmatrix}$$

$$= E_n = \begin{pmatrix} E_{n_1} & O & \cdots & O \\ O & E_{n_2} & \cdots & O \\ \vdots & \vdots & \ddots & \vdots \\ O & O & \cdots & E_{n_s} \end{pmatrix}$$

より

$$A_{II}X_{II} = X_{II}A_{II} = E_{n_I} \quad (I = 1, 2, \ldots, s)$$

であるので，小行列 A_{II}（$I = 1, 2, \ldots, s$）はすべて正則であり，A の逆行列は

$$A^{-1} = \begin{pmatrix} A_{11}^{-1} & O & \cdots & O \\ O & A_{22}^{-1} & \cdots & O \\ \vdots & \vdots & \ddots & \vdots \\ O & O & \cdots & A_{ss}^{-1} \end{pmatrix}$$

である． □

1 章の演習問題

□ **1** X を n 次正方行列とし，

$$S = X + {}^tX, \quad A = X - {}^tX$$

とするとき，次の問に答えよ．

(1) S は対称行列，A は交代行列であることを示せ．

(2) X を S と A を用いて表せ．

(3) $X = \begin{pmatrix} 0 & 3 & -1 \\ 1 & 2 & 4 \\ -3 & -2 & 2 \end{pmatrix}$ を対称行列と交代行列の和で表せ．

□ **2**

$$A = \begin{pmatrix} 1 & a & -2 \\ b & 0 & -1 \\ c & -1 & 1 \end{pmatrix}, \quad \boldsymbol{x} = \begin{pmatrix} -1 & 0 \\ 1 & 2 \\ a & b \end{pmatrix}, \quad \boldsymbol{y} = \begin{pmatrix} 1 & 0 \\ 0 & -1 \\ -1 & 1 \end{pmatrix}$$

とする．$B = \boldsymbol{y}\,{}^t(A\boldsymbol{x})$ を計算せよ．また B が対称行列であるとき，a, b および c の値を求めよ．

□**3** p を正の整数とするとき次の問に答えよ.

(1) n 次正方行列 A は $A^k \neq O_{n,n}$ (k は $2p$ 以下の正の整数) であり,

$$(E_n + A)\left(E_n - A + A^2 + \cdots - A^{2p-1} + A^{2p}\right) = E_n$$

を満たすとする. このとき $A^{2p+1} = O_{n,n}$ であることを示せ[18].

(2) n 次正方行列 A は $A^k \neq E_n$ (k は p より小さい正の整数) であり,

$$(E_n - A)\left(E_n + A + A^2 + \cdots + A^{p-1}\right) = O_{n,n}$$

を満たすとする. このとき正の整数 l に対して

$$A^{pl+k} = A^k$$

であることを示せ.

□**4** m 次の対角成分が $a\ (\neq 0)$ のスカラー行列を A, n 次の対角成分が $b\ (\neq 0)$ のスカラー行列を B, C を $m \times n$ 型行列とする. $X = \begin{pmatrix} A & C \\ O_{n,m} & B \end{pmatrix}$ とするとき X^k (k は正の整数) を求めよ.

□**5** A_{11} を n_1 次正方行列, A_{22} を n_2 次正方行列, さらに A_{33} を n_3 次正方行列とし, $n\ (= n_1 + n_2 + n_3)$ 次正方行列 A は

$$A = \begin{pmatrix} A_{11} & O & O \\ O & A_{22} & A_{23} \\ O & O & A_{33} \end{pmatrix}$$

と縦横を対称に分割された行列とする. (小行列の零行列の型の表示は省略している.) 小行列 A_{11}, A_{22} および A_{33} が正則であるとき, A の逆行列は

$$\begin{pmatrix} A_{11}^{-1} & O & O \\ O & A_{22}^{-1} & -A_{22}^{-1} A_{23} A_{33}^{-1} \\ O & O & A_{33}^{-1} \end{pmatrix}$$

で与えられることを示せ.

---

[18] n 次正方行列 A に対して, ある正の整数 k が存在して, $A^k = O_{n,n}$ であるとき, A はべき零行列という.

第2章
連立1次方程式と行列の基本変形

　連立1次方程式は中学，高校ですでに学んでいる事項であるが，線形代数学のあらゆるところで必要となるものである．本章ではまず連立1次方程式を係数行列と未知数ベクトルの積と定数項ベクトルの等式として表現する．これにより連立1次方程式の式変形を行って解を求めてきた操作を，基本変形を表現する行列の積で表すことができる．連立1次方程式はその式と未知数の個数が同じである場合だけでなく，また解が1つに決まらない場合や解をもたない場合も存在する．どのような場合に解をもつのか，また無限個の解が存在する場合の解の表現について，基本操作の繰り返しで最終的に得られる簡単な行列を定義し，これを用いて説明する．さらに本章では連立1次方程式の解法の行列表現から，前章で学んだ逆行列や正則行列と連立1次方程式の関係や列ベクトルの1次独立，1次従属という重要な概念についても学ぶ．これらの事項は4章のベクトル空間の性質において非常に重要な意味をもつのできちんと理解しておくことが肝要である．

[2章の内容]

連立1次方程式の行列表現

行列の基本変形と簡約な行列

同次連立1次方程式と列ベクトルの1次独立，1次従属

2.1 連立 1 次方程式の行列表現
—連立 1 次方程式の行列による表現方法と解き方を習得する

=== 連立 1 次方程式の行列表現 ===

　本節では連立 1 次方程式を係数行列，未知数ベクトルおよび定数項ベクトルで表現する方法を学ぶ．次に連立 1 次方程式を解く典型的な手順に沿って行列表現が変形していく過程を具体的に示し，その最終的な形について言及する．

n 個の未知数[1] $x_1, x_2, \ldots, x_n$ に関する m 個の 1 次方程式から構成される連立 1 次方程式

$$\begin{cases} a_{11}x_1 + a_{12}x_2 + \cdots + a_{1n}x_n = b_1 \\ a_{21}x_1 + a_{22}x_2 + \cdots + a_{2n}x_n = b_2 \\ \qquad\cdots\cdots\cdots \\ a_{m1}x_1 + a_{m2}x_2 + \cdots + a_{mn}x_n = b_m \end{cases} \tag{2.1}$$

を考える[2]．ここで a_{ij} $(i = 1, 2, \ldots, m; j = 1, 2, \ldots, n)$ を連立 1 次方程式の係数といい，b_i $(i = 1, 2, \ldots, m)$ は定数である．(2.1) 式のそれぞれの 1 次式は

$$\sum_{j=1}^{n} a_{ij}x_j = b_i \quad (i = 1, 2, \ldots, m)$$

と書けるので

$$A = \begin{pmatrix} a_{11} & \cdots & a_{1j} & \cdots & a_{1n} \\ a_{21} & \cdots & a_{2j} & \cdots & a_{2n} \\ \vdots & & \vdots & & \vdots \\ a_{i1} & \cdots & a_{ij} & \cdots & a_{in} \\ \vdots & & \vdots & & \vdots \\ a_{m1} & \cdots & a_{mj} & \cdots & a_{mn} \end{pmatrix}, \quad \boldsymbol{x} = \begin{pmatrix} x_1 \\ \vdots \\ x_j \\ \vdots \\ x_n \end{pmatrix}, \quad \boldsymbol{b} = \begin{pmatrix} b_1 \\ \vdots \\ b_i \\ \vdots \\ b_m \end{pmatrix}$$

とおくと，(2.1) 式は

---

[1] 変数ともよばれるが，本書では未知数に統一する．

[2] 本書では (2.1) 式のように，連立 1 次方程式の各式において項の順序が必ず x_1 の項，x_2 の項，x_3 の項，$\cdots$ の順になるように与えることとする．後述の方針で解く場合に，方程式によっては項の順序を入れ替えればより簡単に解ける場合もあるが，決まった規則に従って解くことに重点をおくためにそのように設定する．

ステップ 1：キーポイント　連立 1 次方程式の行列表現

$$A\boldsymbol{x} = \boldsymbol{b} \tag{2.2}$$

と表され，$m \times n$ 型行列 $A = \left(a_{ij} \right)_{m \times n}$ を係数行列，n 次列ベクトル $\boldsymbol{x}$ を未知数ベクトル，m 次列ベクトル $\boldsymbol{b}$ を定数項ベクトルという．$\boldsymbol{b} = \boldsymbol{0}$ の場合を同次連立 1 次方程式，$\boldsymbol{b} \neq \boldsymbol{0}$ の場合を非同次連立 1 次方程式という．

次に未知数を x_1, x_2, x_3 とするいくつかの 3 元連立 1 次方程式を例として，実際に解く手順を考える．よく知られているように，連立 1 次方程式の解を求める手順は 1 通りではない．また解が唯一つ存在する場合もあれば，解がない場合や無限個の解が存在する場合もある．ここではいくつかの場合についてある方向性に沿った手順で解くことを考える．従って，方程式によっては他の手順で解けばより少ない手順回数で解ける場合もあるが，解を構成する上でより解析的に取り扱える方法を紹介することを目的として解説する．解く手順として注意することは以下の点である．

　変形の過程で式の順序は入れ替えてもよいが，消去していく未知数の順序は $x_1, x_2, x_3, \ldots$ の順とし，最終的な式において，基本的に上側の式からみていったときに，順に（係数が 1 である）$x_1, x_2, x_3, \ldots$ の項が最初に現れるように変形する．（ただし場合によっては，上側の式から順に下にみていったときに，最初に現れる項が未知数の順序のものが存在せず，それ以降の順序の未知数の項となっている場合もあることに注意．）

この方針のもとで，各手順については同時にいくつかの手順を複合するのではなく当面は必ず 1 つの手順に限定して進めていくことにする．

(i)　解が唯一つ存在する場合

例 2.1　$\begin{cases} x_1 + x_2 - 2x_3 = -4 \\ -2x_1 - x_2 + x_3 = 1 \\ 3x_1 + 2x_2 - x_3 = -1 \end{cases}$ を以下の手順で解く．（最後に手順の説明を示す．)

$$\begin{cases} x_1 + x_2 - 2x_3 = 4 \\ -2x_1 - x_2 + x_3 = 1 \\ 3x_1 + 2x_2 - x_3 = -1 \end{cases} \xrightarrow{\text{(i-1)}} \begin{cases} x_1 + x_2 - 2x_3 = -4 \\ x_2 - 3x_3 = -7 \\ 3x_1 + 2x_2 - x_3 = -1 \end{cases}$$

$$\xrightarrow{\text{(i-2)}} \begin{cases} x_1 + x_2 - 2x_3 = -4 \\ x_2 - 3x_3 = -7 \\ -x_2 + 5x_3 = 11 \end{cases} \xrightarrow{\text{(i-3)}} \begin{cases} x_1 + x_3 = 3 \\ x_2 - 3x_3 = -7 \\ -x_2 + 5x_3 = 11 \end{cases}$$

$$\xrightarrow{\text{(i-4)}} \begin{cases} x_1 \quad + \ x_3 = \ 3 \\ \quad x_2 - 3x_3 = -7 \\ \quad\quad 2x_3 = \ 4 \end{cases} \xrightarrow{\text{(i-5)}} \begin{cases} x_1 \quad + \ x_3 = \ 3 \\ \quad x_2 - 3x_3 = -7 \\ \quad\quad x_3 = \ 2 \end{cases}$$

$$\xrightarrow{\text{(i-6)}} \begin{cases} x_1 \quad\quad = \ 1 \\ \quad x_2 - 3x_3 = -7 \\ \quad\quad x_3 = \ 2 \end{cases} \xrightarrow{\text{(i-7)}} \begin{cases} x_1 \quad\quad = \ 1 \\ \quad x_2 \quad = -1 \\ \quad\quad x_3 = \ 2 \end{cases}.$$

この結果から，この連立 1 次方程式の解は $x_1 = 1$, $x_2 = -1$, $x_3 = 2$ の唯一つである．

【手順の説明】

(i-1) 与式の第 1 式を 2 倍して第 2 式に辺々加え，この式を新たに第 2 式とする[3]．（第 2 式から x_1 の項を消去する．）

(i-2) (i-1) で得た連立 1 次方程式について[4]，第 1 式を -3 倍して第 3 式に辺々加える．（第 3 式から x_1 の項を消去する．）

(i-3) 第 2 式を -1 倍して辺々第 1 式に加える．（第 1 式から x_2 の項を消去する．）

(i-4) 第 2 式を 1 倍して[5] 辺々第 3 式に加える．（第 3 式から x_2 の項を消去する．）

(i-5) 第 3 式を $\frac{1}{2}$ 倍する．

(i-6) 第 3 式を -1 倍して辺々第 1 式に加える．（第 1 式から x_3 の項を消去する．）

(i-7) 第 3 式を 3 倍して辺々第 2 式に加える．（第 2 式から x_3 の項を消去する．）　□

(ii) 解が存在しない場合

例 2.2 $\begin{cases} x_1 + \ x_2 - 2x_3 = -4 \\ -2x_1 - \ x_2 + \ x_3 = \ 1 \\ 3x_1 + 2x_2 - 3x_3 = -1 \end{cases}$ を以下の手順で解く．（最後に手順の説明を示す．）

$$\begin{cases} x_1 + \ x_2 - 2x_3 = -4 \\ -2x_1 - \ x_2 + \ x_3 = \ 1 \\ 3x_1 + 2x_2 - 3x_3 = -1 \end{cases} \xrightarrow{\text{(ii-1)}} \begin{cases} x_1 + \ x_2 - 2x_3 = -4 \\ \quad x_2 - 3x_3 = -7 \\ 3x_1 + 2x_2 - 3x_3 = -1 \end{cases}$$

$$\xrightarrow{\text{(ii-2)}} \begin{cases} x_1 + x_2 - 2x_3 = -4 \\ \quad x_2 - 3x_3 = -7 \\ \quad -x_2 + 3x_3 = \ 11 \end{cases} \xrightarrow{\text{(ii-3)}} \begin{cases} x_1 \quad + \ x_3 = \ 3 \\ \quad x_2 - 3x_3 = -7 \\ \quad -x_2 + 3x_3 = \ 11 \end{cases}$$

$$\xrightarrow{\text{(ii-4)}} \begin{cases} x_1 \quad + \ x_3 = \ 3 \\ \quad x_2 - 3x_3 = -7 \\ \quad\quad 0x_3 = \ 4 \end{cases}.$$

ここで最後の連立 1 次方程式の第 3 式から，この連立 1 次方程式の解は存在しない．

---

[3] 以降の説明では，変形した式の番号をそのまま新たな連立 1 次方程式の式番号とすることとし，この表現は省略する．

[4] 以降の説明では前ステップで得た連立 1 次方程式について説明することとし，この表現は省略する．

[5] 以降は，1 倍の場合にはこの部分の説明は省略する．

【手順の説明】

(ii-1) 与式の第1式を2倍して第2式に辺々加える．（第2式から x_1 の項を消去する．）

(ii-2) 第1式を -3 倍して第3式に辺々加える．（第3式から x_1 の項を消去する．）

(ii-3) 第2式を -1 倍して辺々第1式に加える．（第1式から x_2 の項を消去する．）

(ii-4) 第2式を辺々第3式に加える．（第3式から x_2 の項を消去する．）　　□

(iii)　無限個の解が存在する場合

例 2.3　$\begin{cases} x_1 + x_2 - 2x_3 = -4 \\ -2x_1 - x_2 + x_3 = 1 \\ 5x_1 + 4x_2 - 7x_3 = -13 \end{cases}$ を以下の手順で解く．（最後に手順の説明を

示す．）

$$\begin{cases} x_1 + x_2 - 2x_3 = -4 \\ -2x_1 - x_2 + x_3 = 1 \\ 5x_1 + 4x_2 - 7x_3 = -13 \end{cases} \xrightarrow{\text{(iii-1)}} \begin{cases} x_1 + x_2 - 2x_3 = -4 \\ x_2 - 3x_3 = -7 \\ 5x_1 + 4x_2 - 7x_3 = -13 \end{cases}$$

$$\xrightarrow{\text{(iii-2)}} \begin{cases} x_1 + x_2 - 2x_3 = -4 \\ x_2 - 3x_3 = -7 \\ -x_2 + 3x_3 = 7 \end{cases} \xrightarrow{\text{(iii-3)}} \begin{cases} x_1 + x_3 = 3 \\ x_2 - 3x_3 = -7 \\ -x_2 + 3x_3 = 7 \end{cases}$$

$$\xrightarrow{\text{(iii-4)}} \begin{cases} x_1 + x_3 = 3 \\ x_2 - 3x_3 = -7 . \\ 0x_3 = 0 \end{cases}$$

　ここで最後の連立1次方程式の第3式は x_3 は任意の値について成立するから，この連立1次方程式を満たす解は無限個存在する．この場合には，第1式から

$$x_1 = -x_3 + 3$$

が得られ，第2式から

$$x_2 = 3x_3 - 7$$

が得られるので，x_3 を任意定数 C とおけば，

$$x_1 = -C + 3,$$
$$x_2 = 3C - 7,$$
$$x_3 = C$$

と任意定数を用いて表現される解が得られる．

【手順の説明】

(iii-1) 与式の第1式を2倍して第2式に辺々加える．（第2式から x_1 の項を消去する．）

(iii-2) 第1式を -5 倍して第3式に辺々加える．（第3式から x_1 の項を消去する．）

(iii-3) 第2式を -1 倍して辺々第1式に加える．（第1式から x_2 の項を消去する．）

(iii-4) 第2式を辺々第3式に加える．（第3式から x_2 の項を消去する．）　　□

　次に行列を用いて式が変形される過程を表そう．(2.1) 式の連立 1 次方程式の行列を用いた表現式：(2.2) 式について，定数項ベクトル $\boldsymbol{b}$ を係数行列 A の成分の右側に並べた 1 つの $m \times (n+1)$ 型行列

$$A_{\boldsymbol{b}} = \left(A \,\middle|\, \boldsymbol{b} \right) = \begin{pmatrix} a_{11} & \cdots & a_{1j} & \cdots & a_{1n} & b_1 \\ a_{21} & \cdots & a_{2j} & \cdots & a_{2n} & b_2 \\ \vdots & & \vdots & & \vdots & \vdots \\ a_{m1} & \cdots & a_{mj} & \cdots & a_{mn} & b_m \end{pmatrix} \tag{2.3}$$

で省略して表現する．この行列を**拡大係数行列**という[6]．

　この拡大係数行列を用いて，例 2.1 の式変形についてその流れを矢印で示し，その内容を矢印の上に番号付けして手順を示したものは以下のようになる．

$$A_{\boldsymbol{b}} = \begin{pmatrix} 1 & 1 & -2 & -4 \\ -2 & -1 & 1 & 1 \\ 3 & 2 & -1 & -1 \end{pmatrix} \xrightarrow{\text{(i-1)}} \begin{pmatrix} 1 & 1 & -2 & -4 \\ 0 & 1 & -3 & -7 \\ 3 & 2 & -1 & -1 \end{pmatrix}$$

$$\xrightarrow{\text{(i-2)}} \begin{pmatrix} 1 & 1 & -2 & -4 \\ 0 & 1 & -3 & -7 \\ 0 & -1 & 5 & 11 \end{pmatrix} \xrightarrow{\text{(i-3)}} \begin{pmatrix} 1 & 0 & 1 & 3 \\ 0 & 1 & -3 & -7 \\ 0 & -1 & 5 & 11 \end{pmatrix}$$

$$\xrightarrow{\text{(i-4)}} \begin{pmatrix} 1 & 0 & 1 & 3 \\ 0 & 1 & -3 & -7 \\ 0 & 0 & 2 & 4 \end{pmatrix} \xrightarrow{\text{(i-5)}} \begin{pmatrix} 1 & 0 & 1 & 3 \\ 0 & 1 & -3 & -7 \\ 0 & 0 & 1 & 2 \end{pmatrix}$$

$$\xrightarrow{\text{(i-6)}} \begin{pmatrix} 1 & 0 & 0 & 1 \\ 0 & 1 & -3 & -7 \\ 0 & 0 & 1 & 2 \end{pmatrix} \xrightarrow{\text{(i-7)}} \begin{pmatrix} 1 & 0 & 0 & 1 \\ 0 & 1 & 0 & -1 \\ 0 & 0 & 1 & 2 \end{pmatrix}.$$

なお各変形については[7]

(i-1)　第 1 行を 2 倍して第 2 行に加える．

(i-2)　第 1 行を -3 倍して第 3 行に加える．

(i-3)　第 2 行を -1 倍して第 1 行に加える．

(i-4)　第 2 行を第 3 行に加える．

(i-5)　第 3 行を $\dfrac{1}{2}$ 倍する．

(i-6)　第 3 行を -1 倍して第 1 行に加える．

(i-7)　第 3 行を 3 倍して第 2 行に加える．

---

[6] 係数行列と定数項ベクトルの境界に縦線を入れて境界を明記している場合が多いので，本書でもそのように記述することにする．なおこの行列を用いた表現からもとの連立 1 次方程式に戻すときには，この縦線のところに未知数ベクトルがあるものと仮想して（$\left(A\boldsymbol{x} \,\middle|\, = \boldsymbol{b} \right)$ のように）行列の積を計算して縦線の左右の等式として導出すればよい．

[7] 行列で表現した場合も前述の式の変形の表現にならって記述する．

─例題 2.1─

連立 1 次方程式 $\begin{cases} 5x_1 - 3x_2 - x_3 = -1 \\ x_1 - x_2 + x_3 = -3 \\ 2x_1 + 2x_2 + x_3 = 0 \end{cases}$ を解け. ただし上の例にならって拡

大係数行列で表現した手順の説明を記述すること.

解答

$$A_b = \begin{pmatrix} 5 & -3 & -1 & | & -1 \\ 1 & -1 & 1 & | & -3 \\ 2 & 2 & 1 & | & 0 \end{pmatrix} \overset{①}{\to} \begin{pmatrix} 1 & -1 & 1 & | & -3 \\ 5 & -3 & -1 & | & -1 \\ 2 & 2 & 1 & | & 0 \end{pmatrix} \overset{②}{\to} \begin{pmatrix} 1 & -1 & 1 & | & -3 \\ 0 & 2 & -6 & | & 14 \\ 2 & 2 & 1 & | & 0 \end{pmatrix}$$

$$\overset{③}{\to} \begin{pmatrix} 1 & -1 & 1 & | & -3 \\ 0 & 2 & -6 & | & 14 \\ 0 & 4 & -1 & | & 6 \end{pmatrix} \overset{④}{\to} \begin{pmatrix} 1 & -1 & 1 & | & -3 \\ 0 & 1 & -3 & | & 7 \\ 0 & 4 & -1 & | & 6 \end{pmatrix} \overset{⑤}{\to} \begin{pmatrix} 1 & 0 & -2 & | & 4 \\ 0 & 1 & -3 & | & 7 \\ 0 & 4 & -1 & | & 6 \end{pmatrix}$$

$$\overset{⑥}{\to} \begin{pmatrix} 1 & 0 & -2 & | & 4 \\ 0 & 1 & -3 & | & 7 \\ 0 & 0 & 11 & | & -22 \end{pmatrix} \overset{⑦}{\to} \begin{pmatrix} 1 & 0 & -2 & | & 4 \\ 0 & 1 & -3 & | & 7 \\ 0 & 0 & 1 & | & -2 \end{pmatrix} \overset{⑧}{\to} \begin{pmatrix} 1 & 0 & 0 & | & 0 \\ 0 & 1 & -3 & | & 7 \\ 0 & 0 & 1 & | & -2 \end{pmatrix}$$

$$\overset{⑨}{\to} \begin{pmatrix} 1 & 0 & 0 & | & 0 \\ 0 & 1 & 0 & | & 1 \\ 0 & 0 & 1 & | & -2 \end{pmatrix}.$$

なお各変形については

①：第 1 行と第 2 行を入れ替える.

②：第 1 行を -5 倍して第 2 行に加える.

③：第 1 行を -2 倍して第 3 行に加える.

④：第 2 行を $\frac{1}{2}$ 倍する.

⑤：第 2 行を第 1 行に加える.

⑥：第 2 行を -4 倍して第 3 行に加える.

⑦：第 3 行を $\frac{1}{11}$ 倍する.

⑧：第 3 行を 2 倍して第 1 行に加える.

⑨：第 3 行を 3 倍して第 2 行に加える.

以上から解は $\boldsymbol{x} = \begin{pmatrix} x_1 \\ x_2 \\ x_3 \end{pmatrix} = \begin{pmatrix} 0 \\ 1 \\ -2 \end{pmatrix}$. □

（**注意**） 連立 1 次方程式を行列で表現し，解く過程も拡大係数行列で表したので，解も列ベクトルで表現することにする.

● **チェック問題 2.1** 連立 1 次方程式 $\begin{cases} x_1 - x_2 - x_3 = 1 \\ -x_1 + x_3 = -1 \\ 3x_1 + 5x_2 - 3x_3 = 3 \end{cases}$ を解け. ただし拡大係

数行列で表現した手順の説明を記述すること.

2.2 行列の基本変形と簡約な行列

— 行列の基本変形と簡約な行列について理解し，連立 1 次方程式を行の基本変形で解く方法を習得する

=== 行列の基本変形と簡約な行列 ===

　本節ではまず行に関する基本変形とこれらを行列の積で表現することを学ぶ．次にこの行の基本変形を有限回行った後で得られる，連立 1 次方程式の解の性質を表現できる簡約な行列を導入する．この簡約な行列の性質からは行列の階数という概念が与えられるが，これにより連立 1 次方程式の解の性質を分類し，さらに解が存在する場合に具体的な解を表現する方法を習得する．また本節では行列の簡約化により逆行列の求め方についても学ぶ．

(I)　行の基本変形とその行列表現

　前節で紹介した連立 1 次方程式を解く手順について，その変形の内容について考える．前節のいくつかの例から，

ステップ 2 : キーポイント　　**行に関する基本変形**

行列を用いた連立 1 次方程式の解を求める変形の手順は，基本的に以下の 3 つの行に関する変形に分類される．

- **(1)**　第 i 行と第 j 行を入れ替える．
- **(2)**　第 j 行を定数倍して第 i 行（$i \neq j$）に加える．
- **(3)**　第 i 行に 0 でない定数をかける．

これらを**行に関する基本変形**といい[8]，連立 1 次方程式の式変形の表現ではそれぞれ以下の手順に対応している．

- **(1′)**　第 i 式と第 j 式の順序を入れ替える．
- **(2′)**　第 j 式を定数倍して辺々第 i 式（$i \neq j$）に加える．
- **(3′)**　第 i 式の両辺に 0 でない定数をかける．

---

[8]　以降，行基本変形と略す．

次に行基本変形が行列の変形としてはどのように計算されるか，変形の過程を

$$A_{\boldsymbol{b}} = \left(A \,\middle|\, \boldsymbol{b} \right) \xrightarrow{①} \left(A_1 \,\middle|\, \boldsymbol{b}_1 \right) \xrightarrow{②}$$

$$\cdots \xrightarrow{(p-1)} \left(A_{p-1} \,\middle|\, \boldsymbol{b}_{p-1} \right) \xrightarrow{⑫} \left(A_p \,\middle|\, \boldsymbol{b}_p \right) \to \cdots$$

のように拡大係数行列 $\left(A_{p-1} \,\middle|\, \boldsymbol{b}_{p-1} \right)$ が手順 ⑫ で $\left(A_p \,\middle|\, \boldsymbol{b}_p \right)$ に変形されるとする順序をつけて考えよう．（ただし，$A_{\boldsymbol{b}} = \left(A \,\middle|\, \boldsymbol{b} \right) = \left(A_0 \,\middle|\, \boldsymbol{b}_0 \right)$ と考える．）

◆ 変形 (1) について　m 次単位行列に対して，$i \neq j$ として (i, i) 成分および (j, j) 成分を 0 に変更し，(i, j) 成分および (j, i) 成分を 1 に変更した次の m 次正方行列

$$R_m(i, j) = \begin{pmatrix} 1 & & & 0 & & & 0 & & & \\ & \ddots & & \vdots & & 0 & \vdots & & 0 & \\ & & 1 & 0 & & & 0 & & & \\ 0 & \cdots & 0 & \boxed{0} & 0 & \cdots & 0 & \boxed{1} & 0 & \cdots & 0 \\ & & & 0 & 1 & & & 0 & & \\ & 0 & & \vdots & & \ddots & & \vdots & & 0 \\ & & & 0 & & & 1 & 0 & & \\ 0 & \cdots & 0 & \boxed{1} & 0 & \cdots & 0 & \boxed{0} & 0 & \cdots & 0 \\ & & & 0 & & & & 0 & 1 & \\ & 0 & & \vdots & & 0 & & & & \ddots \\ & & & 0 & & & & 0 & & 1 \end{pmatrix} \begin{matrix} \\ \\ \\ \text{第 } i \text{ 行} \\ \\ \\ \\ \text{第 } j \text{ 行} \\ \\ \\ \\ \end{matrix}$$

第 i 列　　　第 j 列

を定義する．(2.3) 式で表される連立 1 次方程式の拡大係数行列に左から $R_m(i, j)$ をかけると基本変形 (1) を行った後の拡大係数行列が得られる．具体的に基本変形 (1) を行っている例題 2.1 の手順 ① については，$R_3(1, 2)$ を左からかけると

$$R_3(1, 2) \left(A \,\middle|\, \boldsymbol{b} \right) = \begin{pmatrix} 0 & 1 & 0 \\ 1 & 0 & 0 \\ 0 & 0 & 1 \end{pmatrix} \left(\begin{array}{ccc|c} 5 & -3 & -1 & -1 \\ 1 & -1 & 1 & -3 \\ 2 & 2 & 1 & 0 \end{array} \right) = \left(\begin{array}{ccc|c} 1 & -1 & 1 & -3 \\ 5 & -3 & -1 & -1 \\ 2 & 2 & 1 & 0 \end{array} \right)$$

$$= \left(A_1 \,\middle|\, \boldsymbol{b}_1 \right)$$

が得られる．

（注意）　行列 $R_m(i, j)$ は正則行列であり，その逆行列は $R_m^{-1}(i, j) = R_m(i, j)$ であるこの行列も基本変形を表現する行列である[9]．

---

[9] 各自行列の計算で確かめよ．意味を考えれば，第 i 行と第 j 行を交換した行列を再度第 i 行と第 j 行を交換すればもとに戻るので，単位行列をかけたことと同じである．

◆ 変形 (2) について　m 次単位行列に対して，定数を k，$i \neq j$ として (i, j) 成分を k に変更した次の m 次正方行列

$$
T_m(i, j\,;k) = \left(\begin{array}{ccccccccccc}
1 & & & 0 & & & 0 & & & & \\
& \ddots & & \vdots & & 0 & \vdots & & 0 & & \\
& & 1 & 0 & & & 0 & & & & \\
0 & \cdots & 0 & 1 & 0 & \cdots & 0 & k & 0 & \cdots & 0 \\
& & & 0 & 1 & & & & & & \\
& 0 & & \vdots & & \ddots & \vdots & & 0 & & \\
& & & 0 & & & 1 & 0 & & & \\
0 & \cdots & 0 & 0 & 0 & \cdots & 0 & 1 & 0 & \cdots & 0 \\
& & & 0 & & & & 0 & 1 & & \\
& 0 & & \vdots & & 0 & & \vdots & & \ddots & \\
& & & 0 & & & & 0 & & & 1
\end{array}\right)
\begin{array}{l}
\\[3.5em]
\text{第 } i \text{ 行} \\[2em]
\\[0.5em]
\text{第 } j \text{ 行} \\
\end{array}
$$

第 i 列　　　第 j 列

を定義する[10]．(2.3) 式で表される連立 1 次方程式の拡大係数行列に左から $T_m(i, j\,;k)$ をかけると，基本変形 (2) を行った後の拡大係数行列が得られる．具体的に基本変形 (2) を行っている例題 2.1 の手順 ② については，$T_3(2, 1\,; -5)$ を左からかけると

$$
T_3(2, 1\,; -5)\left(A_1 \,\middle|\, \boldsymbol{b}_1\right) = \begin{pmatrix} 1 & 0 & 0 \\ -5 & 1 & 0 \\ 0 & 0 & 1 \end{pmatrix}\begin{pmatrix} 1 & -1 & 1 & -3 \\ 5 & -3 & -1 & -1 \\ 2 & 2 & 1 & 0 \end{pmatrix}
$$

$$
= \left(\begin{array}{ccc|c} 1 & -1 & 1 & -3 \\ 0 & 2 & -6 & 14 \\ 2 & 2 & 1 & 0 \end{array}\right) = \left(A_2 \,\middle|\, \boldsymbol{b}_2\right)
$$

が得られる．

（**注意**）　行列 $T_m(i, j\,; k)$ は正則行列であり，その逆行列は

$$
T_m^{-1}(i, j\,; k) = T_m(i, j\,; -k)
$$

である．この行列も基本変形を表現する行列である[11]．

---

[10] $k = 0$ の場合は $T_m(i, j\,;0) = E_m$ である．

[11] 各自行列の計算で確かめよ．意味を考えれば，第 j 行を k 倍して第 i 行に加えた行列に対して，第 j 行を $-k$ 倍して第 i 行に加えれば先に加えた第 j 行の k 倍の分は相殺してもとの第 i 行に戻るので，単位行列をかけたことと同じである．

◆ 変形 (3) について　m 次単位行列に対して，定数を k（$\neq 0$）として (i, i) 成分を k に変更した次の m 次正方行列

$$
S_m(i\,;\,k) = \begin{pmatrix}
1 & & & & & & 0 \\
& \ddots & & \vdots & & \text{\Large 0} & \\
& & 1 & 0 & & & \\
0 & \cdots & 0 & \boxed{k} & 0 & \cdots & 0 \\
& & & 0 & 1 & & \\
& \text{\Large 0} & & \vdots & & \ddots & \\
& & & 0 & & & 1
\end{pmatrix} \quad \text{第 } i \text{ 行}
$$

第 i 列

を定義する．(2.3) 式で表される連立 1 次方程式の拡大係数行列に左から $S_m(i\,;\,k)$ をかけると，基本変形 **(3)** を行った後の拡大係数行列が得られる．具体的に基本変形 **(3)** を行っている例題 2.1 の手順 ④ については，$S_3\left(2\,;\,\frac{1}{2}\right)$ を左からかけると

$$
S_3\left(2\,;\,\frac{1}{2}\right)\left(A_3 \,\middle|\, \boldsymbol{b}_3\right) = \begin{pmatrix} 1 & 0 & 0 \\ 0 & \frac{1}{2} & 0 \\ 0 & 0 & 1 \end{pmatrix} \left(\begin{array}{ccc|c} 1 & -1 & 1 & -3 \\ 0 & 2 & -6 & 14 \\ 0 & 4 & -1 & 6 \end{array}\right)
$$

$$
= \left(\begin{array}{ccc|c} 1 & -1 & 1 & -3 \\ 0 & 1 & -3 & 7 \\ 0 & 4 & -1 & 6 \end{array}\right) = \left(A_4 \,\middle|\, \boldsymbol{b}_4\right)
$$

が得られる．

（**注意**）　行列 $S_m(i\,;\,k)$ は正則行列であり，その逆行列は $S_m^{-1}(i\,;\,k) = S_m\left(i\,;\,\frac{1}{k}\right)$ である．この行列も基本変形を表現する行列である[12]．

　以上の 3 種類の基本変形を表現する行列 $R_m(i, j)$, $T_m(i, j\,;\,k)$, $S_m(i\,;\,k)$ をまとめて**基本行列**という．

---**例題 2.2**---
例題 2.1 の残りの手順 ③, ⑤, ⑥, ⑦, ⑧, ⑨ のそれぞれについて，基本行列を左からかけて得られる拡大係数行列が正しいことを確認せよ．

---

[12] 各自行列の計算で確かめよ．意味を考えれば，第 i 行を k 倍した行列に対して，第 i 行を $\frac{1}{k}$ 倍すればもとの第 i 行に戻るので，単位行列をかけたことと同じである．

解答

$$③ : T_3(3, 1 ; -2)\left(A_2 \,\middle|\, \boldsymbol{b}_2\right) = \begin{pmatrix} 1 & 0 & 0 \\ 0 & 1 & 0 \\ -2 & 0 & 1 \end{pmatrix} \left(\begin{array}{ccc|c} 1 & -1 & 1 & -3 \\ 0 & 2 & -6 & 14 \\ 2 & 2 & 1 & 0 \end{array}\right)$$

$$= \left(\begin{array}{ccc|c} 1 & -1 & 1 & -3 \\ 0 & 2 & -6 & 14 \\ 0 & 4 & -1 & 6 \end{array}\right) = \left(A_3 \,\middle|\, \boldsymbol{b}_3\right),$$

$$⑤ : T_3(1, 2 ; 1)\left(A_4 \,\middle|\, \boldsymbol{b}_4\right) = \begin{pmatrix} 1 & 1 & 0 \\ 0 & 1 & 0 \\ 0 & 0 & 1 \end{pmatrix} \left(\begin{array}{ccc|c} 1 & -1 & 1 & -3 \\ 0 & 1 & -3 & 7 \\ 0 & 4 & -1 & 6 \end{array}\right)$$

$$= \left(\begin{array}{ccc|c} 1 & 0 & -2 & 4 \\ 0 & 1 & -3 & 7 \\ 0 & 4 & -1 & 6 \end{array}\right) = \left(A_5 \,\middle|\, \boldsymbol{b}_5\right),$$

$$⑥ : T_3(3, 2 ; -4)\left(A_5 \,\middle|\, \boldsymbol{b}_5\right) = \begin{pmatrix} 1 & 0 & 0 \\ 0 & 1 & 0 \\ 0 & -4 & 1 \end{pmatrix} \left(\begin{array}{ccc|c} 1 & 0 & -2 & 4 \\ 0 & 1 & -3 & 7 \\ 0 & 4 & -1 & 6 \end{array}\right)$$

$$= \left(\begin{array}{ccc|c} 1 & 0 & -2 & 4 \\ 0 & 1 & -3 & 7 \\ 0 & 0 & 11 & -22 \end{array}\right) = \left(A_6 \,\middle|\, \boldsymbol{b}_6\right),$$

$$⑦ : S_3\left(3 ; \frac{1}{11}\right)\left(A_6 \,\middle|\, \boldsymbol{b}_6\right) = \begin{pmatrix} 1 & 0 & 0 \\ 0 & 1 & 0 \\ 0 & 0 & \frac{1}{11} \end{pmatrix} \left(\begin{array}{ccc|c} 1 & 0 & -2 & 4 \\ 0 & 1 & -3 & 7 \\ 0 & 0 & 11 & -22 \end{array}\right)$$

$$= \left(\begin{array}{ccc|c} 1 & 0 & -2 & 4 \\ 0 & 1 & -3 & 7 \\ 0 & 0 & 1 & -2 \end{array}\right) = \left(A_7 \,\middle|\, \boldsymbol{b}_7\right),$$

$$⑧ : T_3(1, 3 ; 2)\left(A_7 \,\middle|\, \boldsymbol{b}_7\right) = \begin{pmatrix} 1 & 0 & 2 \\ 0 & 1 & 0 \\ 0 & 0 & 1 \end{pmatrix} \left(\begin{array}{ccc|c} 1 & 0 & -2 & 4 \\ 0 & 1 & -3 & 7 \\ 0 & 0 & 1 & -2 \end{array}\right)$$

$$= \left(\begin{array}{ccc|c} 1 & 0 & 0 & 0 \\ 0 & 1 & -3 & 7 \\ 0 & 0 & 1 & -2 \end{array}\right) = \left(A_8 \,\middle|\, \boldsymbol{b}_8\right),$$

$$⑨ : T_3(2, 3 ; 3)\left(A_8 \,\middle|\, \boldsymbol{b}_8\right) = \begin{pmatrix} 1 & 0 & 0 \\ 0 & 1 & 3 \\ 0 & 0 & 1 \end{pmatrix} \left(\begin{array}{ccc|c} 1 & 0 & 0 & 0 \\ 0 & 1 & -3 & 7 \\ 0 & 0 & 1 & -2 \end{array}\right)$$

$$= \left(\begin{array}{ccc|c} 1 & 0 & 0 & 0 \\ 0 & 1 & 0 & 1 \\ 0 & 0 & 1 & -2 \end{array}\right) = \left(A_9 \,\middle|\, \boldsymbol{b}_9\right). \qquad \square$$

一般に与えられた連立 1 次方程式を表現する拡大係数行列から有限回の変形の後に得られた，解の表現を簡単に与える拡大係数行列[13]を $\widehat{A_b}$ とする．これは上記の例のように途中の拡大係数行列に左から順にかけていく行列をまとめた m 次正則行列 X によって以下のように表現される．

$$\widehat{A_b} = XA_b = X\left(A \,\middle|\, b\right) \tag{2.4}$$

ただし $X = X_N X_{N-1} \cdots X_1$ であり，$X_p\ (p = 1, 2, \ldots, N)$ は $R_m(i, j)$，$T_m(i, j\,;k)$ および $S_m(i\,;k)$ のいずれかである．

---例題 2.3---
例題 2.1 の 9 個の基本行列の積を計算し，これをもとの連立 1 次方程式の拡大係数行列 A_b に左からかけて $\widehat{A_b}$ が得られることを確認せよ．

解答

$$X = X_9 X_8 X_7 X_6 X_5 X_4 X_3 X_2 X_1$$
$$= T_3(2, 3\,;3)T_3(1, 3\,;2)S_3\left(3\,;\frac{1}{11}\right)T_3(3, 2\,;-4)T_3(1, 2\,;1)$$
$$S_3\left(2\,;\frac{1}{2}\right)T_3(3, 1\,;-2)T_3(2, 1\,;-5)R_3(1, 2)$$
$$= \frac{1}{22}\begin{pmatrix} 3 & -1 & 4 \\ -1 & -7 & 6 \\ -4 & 16 & 2 \end{pmatrix}.$$

このとき次が得られる．

$$XA_b = \frac{1}{22}\begin{pmatrix} 3 & -1 & 4 \\ -1 & -7 & 6 \\ -4 & 16 & 2 \end{pmatrix}\begin{pmatrix} 5 & -3 & -1 & -1 \\ 1 & -1 & 1 & -3 \\ 2 & 2 & 1 & 0 \end{pmatrix}$$
$$= \begin{pmatrix} 1 & 0 & 0 & 0 \\ 0 & 1 & 0 & 1 \\ 0 & 0 & 1 & -2 \end{pmatrix}$$
$$= \left(A_9 \,\middle|\, b_9\right) = \widehat{A_b}. \qquad \square$$

---

[13] この行列は後述する簡約な行列である．

（**注意**）　上記の 3 つの基本行列を転置した n 次正方行列を $m \times n$ 型行列に右からかけた場合には，列に関するそれぞれの基本変形に対応することに注意しよう[14]．

　一方最初の A_b から最終的な $\widehat{A_b}$ までに現れる拡大係数行列

$$\left(A_p \,\middle|\, \boldsymbol{b}_p \right)$$

で表される連立 1 次方程式はすべて同じ解をもつ[15]．ここで重要なことは，解を求める手順が行列の演算で表現でき，これによって千差万別の連立 1 次方程式およびその解の性質がより数学的に解析できるようになるという点である．さらにそれぞれの基本変形を表現した行列 X_i は正則行列であるので，$\widehat{A_b}$ に対してそれぞれの逆行列 $X_i{}^{-1}$ を左から逆の順序でかけていくことによって途中の各段階で得られる行列が得られ，最終的に A_b に戻すことができることに注意しよう．

✔ **チェック問題 2.2**　例 2.1 のすべての手順のそれぞれの基本行列から (2.4) 式の X を求めて，

$$XA_b = \left(A_7 \,\middle|\, \boldsymbol{b}_7 \right)$$
$$= \widehat{A_b}$$

となることを確認せよ．

　以上のようにして，連立 1 次方程式を基本変形を行って解く方法を**掃き出し法**という．

(II)　簡約な行列

　次に連立 1 次方程式の解の表現について考えよう．唯一の解の場合には問題ないが，例 2.3 のように無限個の解が存在する場合の表現はいろいろな方法が考えられる．また解が存在しない場合の判断（分類）基準も必要となる．ここでは有限回の基本変形を行った最終的な拡大係数行列として 1 つの形を定義し，それに基づいて解の存在について，また解を表現する方法について説明する．

---

[14] 3 つの基本行列の転置行列も基本行列であり，列に関する基本変形は 3 章で行列式の性質について考察するときに用いる．

[15] 基本変形を表す行列を左から有限回かけて得られる拡大係数行列で表される連立 1 次方程式ともとの拡大係数行列で表される連立 1 次方程式とは**行同値**であるという．

| ステップ3：キーポイント | 簡約な行列 |

$m \times n$ 型行列 $\widehat{A}$ を m 次の行ベクトルで分割して

$$\widehat{A} = \begin{pmatrix} \widehat{\boldsymbol{a}}_1 \\ \vdots \\ \widehat{\boldsymbol{a}}_i \\ \vdots \\ \widehat{\boldsymbol{a}}_m \end{pmatrix}$$

とする．零ベクトルでない各行ベクトルの成分を左（列番号の小さい方）から調べたとき，最初の 0 でない成分をその行の**主成分**という．このとき以下のすべての条件を満たす行列を**簡約な行列**という[16]．

(a) もしある行番号 l があって，$\widehat{\boldsymbol{a}}_i \neq \boldsymbol{0}$ $(i < l)$, $\widehat{\boldsymbol{a}}_l = \boldsymbol{0}$ ならば $\widehat{\boldsymbol{a}}_i = \boldsymbol{0}$ $(l < i \leq m)$ である．（零ベクトルの行はすべて零ベクトルではない行より下（行番号の大きい）側にある．）

(b) 零ベクトルでない行ベクトルの主成分は 1 である．

(c) (a) の条件を満たす行列について，零ベクトルでない第 i 行の主成分の列番号を $j(i)$ とすると，$j(1) < j(2) < \cdots$ である．（零ベクトルでない行ベクトルを第 1 行から下（行番号の大きい方）に順にみていくと，それぞれの主成分の位置は下の行ベクトルほど右の（列番号の大きい）側にある．）

(d) (c) の $j(i)$ に対して，行列 $\widehat{A}$ の $(p, j(i))$ 成分（$p \neq i$）成分はすべて 0 である．（ある主成分の同じ列の上（行番号が小さい）側の成分と下（行番号が大きい）側の成分はすべて 0 である．）

　ある行列 A に対して有限回の行基本変形をすることによって簡約な行列 $\widehat{A}$ を求めることができる．簡約な行列 $\widehat{A}$ を求めることを，行列 A を**簡約化する**といい，$\widehat{A}$ を A の**簡約化**という．任意の行列の簡約化は唯一つに定まる[17]（証明は 4.2 節）．

---

[16] 簡約な行列は一般の行列について定義されるものであり，従って拡大係数行列についても同様に定義される．また**簡約な階段行列**ということもあるが，本書では簡約な行列で統一する．

[17] このことから，拡大係数行列 $A_{\boldsymbol{b}}$ の簡約化を $\widehat{A}_{\boldsymbol{b}} = \left(A' \mid \boldsymbol{b}' \right)$ とすると，A' は A の簡約化 $\widehat{A}$ になっている．

---**例題 2.4**---

次の行列は簡約な行列かどうか調べ，もし簡約な行列でない場合にはどの条件
を満たしていないかを述べ，簡約化せよ．

(1) $\begin{pmatrix} 1 & -1 & 0 & 0 \\ 0 & 0 & 1 & 0 \\ 0 & 0 & 0 & 1 \\ 0 & 0 & 0 & 0 \end{pmatrix}$　　(2) $\begin{pmatrix} 1 & 0 & 0 & 1 & 2 \\ 0 & 0 & 2 & 4 & -2 \\ 0 & 0 & 0 & 0 & 0 \end{pmatrix}$

(3) $\begin{pmatrix} 0 & 0 & 0 & 0 & 1 \\ 0 & 1 & 0 & 0 & 0 \\ 0 & 0 & 0 & 0 & 0 \\ 0 & 0 & 0 & 1 & 0 \end{pmatrix}$　　(4) $\begin{pmatrix} 0 & 1 & 0 & -2 & 3 \\ 0 & 0 & 1 & 1 & 1 \\ 0 & 0 & 0 & 0 & 0 \end{pmatrix}$

(5) $\begin{pmatrix} 1 & 0 & 2 & 1 & 0 \\ 0 & 1 & 1 & 0 & 0 \\ 0 & 0 & 0 & 1 & 0 \\ 0 & 0 & 0 & 0 & 1 \end{pmatrix}$　　(6) $\begin{pmatrix} 0 & 0 & 1 & -3 & 2 \\ 0 & 1 & 0 & 0 & -1 \\ 0 & 0 & 0 & 1 & 1 \\ 0 & 0 & 0 & 0 & 0 \end{pmatrix}$

解答　(1)　簡約な行列である．

(2)　条件 (b) を満たしていないので簡約な行列ではない．

$$\begin{pmatrix} 1 & 0 & 0 & 1 & 2 \\ 0 & 0 & 2 & 4 & -2 \\ 0 & 0 & 0 & 0 & 0 \end{pmatrix} \xrightarrow{\;①\;} \begin{pmatrix} 1 & 0 & 0 & 1 & 2 \\ 0 & 0 & 1 & 2 & -1 \\ 0 & 0 & 0 & 0 & 0 \end{pmatrix}.$$

①：第 2 行を $\dfrac{1}{2}$ 倍する．

(3)　条件 (a) と (c) を満たしていないので簡約な行列ではない．

$$\begin{pmatrix} 0 & 0 & 0 & 0 & 1 \\ 0 & 1 & 0 & 0 & 0 \\ 0 & 0 & 0 & 0 & 0 \\ 0 & 0 & 0 & 1 & 0 \end{pmatrix} \xrightarrow{\;①\;} \begin{pmatrix} 0 & 0 & 0 & 0 & 1 \\ 0 & 1 & 0 & 0 & 0 \\ 0 & 0 & 0 & 1 & 0 \\ 0 & 0 & 0 & 0 & 0 \end{pmatrix} \xrightarrow{\;②\;} \begin{pmatrix} 0 & 1 & 0 & 0 & 0 \\ 0 & 0 & 0 & 0 & 1 \\ 0 & 0 & 0 & 1 & 0 \\ 0 & 0 & 0 & 0 & 0 \end{pmatrix}$$

$$\xrightarrow{\;③\;} \begin{pmatrix} 0 & 1 & 0 & 0 & 0 \\ 0 & 0 & 0 & 1 & 0 \\ 0 & 0 & 0 & 0 & 1 \\ 0 & 0 & 0 & 0 & 0 \end{pmatrix}.$$

①：第 3 行と第 4 行を入れ替える．
②：第 1 行と第 2 行を入れ替える．
③：第 2 行と第 3 行を入れ替える．

(4)　簡約な行列である．

(5)　条件 (d) を満たしていないので簡約な行列ではない．

$$\begin{pmatrix} 1 & 0 & 2 & 1 & 0 \\ 0 & 1 & 1 & 0 & 0 \\ 0 & 0 & 0 & 1 & 0 \\ 0 & 0 & 0 & 0 & 1 \end{pmatrix} \xrightarrow{\;①\;} \begin{pmatrix} 1 & 0 & 2 & 0 & 0 \\ 0 & 1 & 1 & 0 & 0 \\ 0 & 0 & 0 & 1 & 0 \\ 0 & 0 & 0 & 0 & 1 \end{pmatrix}.$$

①：第 3 行を -1 倍して第 1 行に加える．

(6) 条件 (c) と (d) を満たしていないので簡約な行列ではない.

$$\begin{pmatrix} 0 & 0 & 1 & -3 & 2 \\ 0 & 1 & 0 & 0 & -1 \\ 0 & 0 & 0 & 1 & 1 \\ 0 & 0 & 0 & 0 & 0 \end{pmatrix} \overset{\text{①}}{\rightarrow} \begin{pmatrix} 0 & 1 & 0 & 0 & -1 \\ 0 & 0 & 1 & -3 & 2 \\ 0 & 0 & 0 & 1 & 1 \\ 0 & 0 & 0 & 0 & 0 \end{pmatrix} \overset{\text{②}}{\rightarrow} \begin{pmatrix} 0 & 1 & 0 & 0 & -1 \\ 0 & 0 & 1 & 0 & 5 \\ 0 & 0 & 0 & 1 & 1 \\ 0 & 0 & 0 & 0 & 0 \end{pmatrix}.$$

①：第 1 行と第 2 行を入れ替える.
②：第 3 行を 3 倍して第 2 行に加える. □

次に連立 1 次方程式の解の性質について，拡大係数行列を有限回の行基本変形を行って簡約な行列にした結果から考察しよう．(2.5) 式に (2.1) 式の n 個の未知数 $x_1, x_2, \ldots, x_n$ の m 個の方程式で構成される連立 1 次方程式について，(2.3) 式の拡大係数行列を簡約な行列に変形した一例を示す．わかりやすいように主成分を網かけし，その位置が下になるほど右にあることを示す破線を入れてある．第 1 行から第 r 行までは零ベクトルではなく主成分があり，第 r 行の主成分の列番号は s である．（第 $r+1$ 行〜第 m 行は零ベクトルである.）行列の下に，各式においてそれぞれの列の成分が係数となる未知数を示し，行列の右横には式の番号を示した．またこの簡約な行列（拡大係数行列）が示す連立 1 次方程式も (2.6) 式に示す．簡約化によって零ベクトル以外から得られる式の個数が m 個から r 個に減ったことになる.

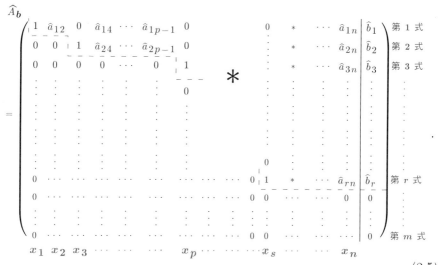

$$(2.5)$$

$$
\begin{cases}
x_1 + \widehat{a}_{12}x_2 + \widehat{a}_{14}x_4 + \cdots + \widehat{a}_{1\,p-1}x_{p-1} + \cdots + \widehat{a}_{1n}x_n = \widehat{b}_1 \\
x_3 + \widehat{a}_{24}x_4 + \cdots + \widehat{a}_{2\,p-1}x_{p-1} + \cdots + \widehat{a}_{2n}x_n = \widehat{b}_2 \\
x_p + \cdots + \widehat{a}_{3n}x_n = \widehat{b}_3 \\
\qquad \cdots\cdots\cdots \\
x_s + \cdots + \widehat{a}_{rn}x_n = \widehat{b}_r
\end{cases}
\tag{2.6}
$$

この例の簡約な拡大係数行列とその式表現 (2.6) 式を順にみていくと以下のことがわかる.

(1) 第 1 式の係数が主成分 1 である未知数（これを主成分に対応する未知数という.）は x_1 である. 簡約な行列の条件 (c) によって, 第 2 式以降の式には x_1 の項は現れない.

(2) 第 2 式の主成分に対応する未知数は x_3 である. x_3 の項は第 3 式以降には現れない. また各行の主成分までの列番号の成分は 0 なので第 2 式以降 x_1 と x_2 の項は現れない.

(3) 第 3 式の主成分の列番号を p とすると, 第 3 式には $x_1 \sim x_{p-1}$ の項は現れず, 第 4 式以降には $x_1 \sim x_p$ の項は現れない.

(4) 条件 (d) から第 1 式〜第 r 式には主成分に対応する未知数 $x_1, x_3, x_p, \ldots,$ x_s がそれぞれ 1 回ずつ現れる. これにより例えば第 1 式を変形すると

$$
x_1 = -\widehat{a}_{12}x_2 - \widehat{a}_{14}x_4 - \cdots - \widehat{a}_{1\,p-1}x_{p-1} - \cdots - \widehat{a}_{1n}x_n + \widehat{b}_1
$$
$$
= (x_1 \text{ 以外の主成分に対応する未知数の項が入らない式)} \tag{2.7}
$$

が得られる. このように r 個の式において, それぞれの主成分に対応する未知数は (2.6) 式等に示すように他の主成分に対応する未知数の項の入らない式で表される.

まず上の例を参考にして, 無限個の解が存在する場合の解の具体的な表現方法について説明する. この場合の簡約な行列から得られるのは, 主成分に対応する未知数に関する (2.7) 式等の r 個の式である. ここで x_2 等の主成分に対応しない $n - r$ 個の未知数を任意の実数（$x_2 = C_1, x_4 = C_2, \ldots$）とおくと, (2.7) 式等の右辺は任意の実数で表され, 従って無限個の解を表現していることになる. 具体的な問題で確認しよう.

──例題 2.5──

連立 1 次方程式 $\begin{cases} 2x_1 + 3x_3 + 4x_4 + 5x_5 = 3 \\ x_1 + x_2 + x_3 + 2x_5 = 1 \\ x_2 - x_3 + 2x_4 + x_5 = 2 \end{cases}$ を拡大係数行列を簡約化する

ことによって解け．（簡約化の過程を記述すること．）

解答 拡大係数行列の簡約化は

$$A_b = \left(\begin{array}{ccccc|c} 2 & 0 & 3 & 4 & 5 & 3 \\ 1 & 1 & 1 & 0 & 2 & 1 \\ 0 & 1 & -1 & 2 & 1 & 2 \end{array}\right) \xrightarrow{①} \left(\begin{array}{ccccc|c} 1 & 1 & 1 & 0 & 2 & 1 \\ 2 & 0 & 3 & 4 & 5 & 3 \\ 0 & 1 & -1 & 2 & 1 & 2 \end{array}\right) \xrightarrow{②} \left(\begin{array}{ccccc|c} 1 & 1 & 1 & 0 & 2 & 1 \\ 0 & -2 & 1 & 4 & 1 & 1 \\ 0 & 1 & -1 & 2 & 1 & 2 \end{array}\right)$$

$$\xrightarrow{③} \left(\begin{array}{ccccc|c} 1 & 1 & 1 & 0 & 2 & 1 \\ 0 & 1 & -1 & 2 & 1 & 2 \\ 0 & -2 & 1 & 4 & 1 & 1 \end{array}\right) \xrightarrow{④} \left(\begin{array}{ccccc|c} 1 & 0 & 2 & -2 & 1 & -1 \\ 0 & 1 & -1 & 2 & 1 & 2 \\ 0 & 0 & -1 & 8 & 3 & 5 \end{array}\right) \xrightarrow{⑤} \left(\begin{array}{ccccc|c} 1 & 0 & 2 & -2 & 1 & -1 \\ 0 & 1 & -1 & 2 & 1 & 2 \\ 0 & 0 & 1 & -8 & -3 & -5 \end{array}\right)$$

$$\xrightarrow{⑥} \left(\begin{array}{ccccc|c} 1 & 0 & 0 & 14 & 7 & 9 \\ 0 & 1 & 0 & -6 & -2 & -3 \\ 0 & 0 & 1 & -8 & -3 & -5 \end{array}\right) = \widehat{A_b}.$$

なお各変形については

①：第 1 行と第 2 行を入れ替える．
②：第 1 行を -2 倍して第 2 行に加える．
③：第 2 行と第 3 行を入れ替える．
④：第 2 行を -1 倍して第 1 行に，第 2 行を 2 倍して第 3 行にそれぞれ加える[18]．
⑤：第 3 行を -1 倍する．
⑥：第 3 行を -2 倍して第 1 行に，第 3 行を第 2 行にそれぞれ加える．

以上から簡約化が示す連立 1 次方程式は $\begin{cases} x_1 + 14x_4 + 7x_5 = 9 \\ x_2 - 6x_4 - 2x_5 = -3 \\ x_3 - 8x_4 - 3x_5 = -5 \end{cases}$ であるので，

解は主成分に対応しない未知数について $x_4 = C_1$, $x_5 = C_2$ として

$$\boldsymbol{x} = \begin{pmatrix} x_1 \\ x_2 \\ x_3 \\ x_4 \\ x_5 \end{pmatrix} = \begin{pmatrix} -14C_1 - 7C_2 + 9 \\ 6C_1 + 2C_2 - 3 \\ 8C_1 + 3C_2 - 5 \\ C_1 \\ C_2 \end{pmatrix} \quad (C_1, C_2 \text{ は任意定数})$$

である． □

次に（一般的な場合のまとめは後回しにして）例 2.1 のような解が唯一つに決まる場合について考えてみよう．拡大係数行列の簡約化は $\widehat{A_b} = \left(\begin{array}{ccc|c} 1 & 0 & 0 & 1 \\ 0 & 1 & 0 & -1 \\ 0 & 0 & 1 & 2 \end{array}\right)$ である．この式からわかるように，唯一つに決まるということは簡約化を式に戻したと

───────────

[18] 基本変形 **(2)** と **(3)** については複数の手順をまとめて記述することがある．

きに，各式にそれぞれ 1 個の未知数の項があり他の未知数の項はないということである．すなわち簡約化の主成分に対応する未知数の個数（例 2.1 の場合は 3 個）が，最初の連立 1 次方程式で与えられたすべての未知数の個数（例 2.1 の場合は 3 個）と等しい場合であることがわかる．

─例題 2.6─

連立 1 次方程式 $\begin{cases} 2x_1 + x_2 + x_3 = 3 \\ x_1 + x_2 + 2x_3 = 4 \\ x_1 + 2x_2 - x_3 = -3 \\ -x_1 + 2x_2 - 5x_3 = -13 \end{cases}$ を拡大係数行列を簡約化すること

によって解け．（簡約化の過程を記述すること．）

解答　拡大係数行列の簡約化は

$$A_b = \left(\begin{array}{ccc|c} 2 & 1 & 1 & 3 \\ 1 & 1 & 2 & 4 \\ 1 & 2 & -1 & -3 \\ -1 & 2 & -5 & -13 \end{array}\right) \xrightarrow{①} \left(\begin{array}{ccc|c} 1 & 1 & 2 & 4 \\ 2 & 1 & 1 & 3 \\ 1 & 2 & -1 & -3 \\ -1 & 2 & -5 & -13 \end{array}\right) \xrightarrow{②} \left(\begin{array}{ccc|c} 1 & 1 & 2 & 4 \\ 0 & -1 & -3 & -5 \\ 0 & 1 & -3 & -7 \\ 0 & 3 & -3 & -9 \end{array}\right)$$

$$\xrightarrow{③} \left(\begin{array}{ccc|c} 1 & 1 & 2 & 4 \\ 0 & 1 & 3 & 5 \\ 0 & 1 & -3 & -7 \\ 0 & 3 & -3 & -9 \end{array}\right) \xrightarrow{④} \left(\begin{array}{ccc|c} 1 & 0 & -1 & -1 \\ 0 & 1 & 3 & 5 \\ 0 & 0 & -6 & -12 \\ 0 & 0 & -12 & -24 \end{array}\right) \xrightarrow{⑤} \left(\begin{array}{ccc|c} 1 & 0 & -1 & -1 \\ 0 & 1 & 3 & 5 \\ 0 & 0 & 1 & 2 \\ 0 & 0 & -12 & -24 \end{array}\right)$$

$$\xrightarrow{⑥} \left(\begin{array}{ccc|c} 1 & 0 & 0 & 1 \\ 0 & 1 & 0 & -1 \\ 0 & 0 & 1 & 2 \\ 0 & 0 & 0 & 0 \end{array}\right) = \hat{A}_b.$$

なお各変形については

①: 第 1 行と第 2 行を入れ替える．

②: 第 1 行を -2 倍して第 2 行に，第 1 行を -1 倍して第 3 行に，第 1 行を第 4 行にそれぞれ加える．

③: 第 2 行を -1 倍する．

④: 第 2 行を -1 倍して第 1 行に，第 2 行を -1 倍して第 3 行に，第 2 行を -3 倍して第 4 行にそれぞれ加える．

⑤: 第 3 行を $-\dfrac{1}{6}$ 倍する．

⑥: 第 3 行を第 1 行に，第 3 行を -3 倍して第 2 行に，第 3 行を 12 倍して第 4 行にそれぞれ加える．

以上から簡約化が示す連立 1 次方程式は（式の個数が 3 個に減って）$\begin{cases} x_1 = 1 \\ x_2 = -1 \\ x_3 = 2 \end{cases}$

であるので，

$$x = \begin{pmatrix} x_1 \\ x_2 \\ x_3 \end{pmatrix} = \begin{pmatrix} 1 \\ -1 \\ 2 \end{pmatrix}.$$ □

　最後に解をもたない場合について考えよう．この場合も一般的な場合のまとめは後回しにして例 2.2 の場合をみてみよう．この場合の拡大係数行列の簡約化を調べると

$$A_b = \begin{pmatrix} 1 & 1 & -2 & | & -4 \\ -2 & -1 & 1 & | & 1 \\ 3 & 2 & -3 & | & -1 \end{pmatrix} \xrightarrow{①} \begin{pmatrix} 1 & 1 & -2 & | & -4 \\ 0 & 1 & -3 & | & -7 \\ 0 & -1 & 3 & | & 11 \end{pmatrix} \xrightarrow{②} \begin{pmatrix} 1 & 0 & 1 & | & 3 \\ 0 & 1 & -3 & | & -7 \\ 0 & 0 & 0 & | & 4 \end{pmatrix}$$

$$\xrightarrow{③} \begin{pmatrix} 1 & 0 & 1 & | & 3 \\ 0 & 1 & -3 & | & -7 \\ 0 & 0 & 0 & | & 1 \end{pmatrix} \xrightarrow{④} \begin{pmatrix} 1 & 0 & 1 & | & 0 \\ 0 & 1 & -3 & | & 0 \\ 0 & 0 & 0 & | & 1 \end{pmatrix} = \hat{A}_b.$$

なお各変形については

①：第 1 行を 2 倍して第 2 行に，第 1 行を −3 倍して第 3 行にそれぞれ加える．

②：第 2 行を −1 倍して第 1 行に，第 2 行を第 3 行にそれぞれ加える．

③：第 3 行を $\frac{1}{4}$ 倍する．

④：第 3 行を −3 倍して第 1 行に，第 3 行を 7 倍して第 2 行にそれぞれ加える．

　この場合には簡約化における係数行列部分 $\hat{A}$ の零ベクトルでない行の個数（例 2.2 の場合は 2 個）に対して，簡約化 $\hat{A}_b$ の零ベクトルでない行の個数（例 2.2 の場合は 3 個）が 1 個多くなる場合であることがわかる．すなわち上記の簡約化の第 3 行の主成分は拡大係数行列では定数ベクトルの列（第 4 列）にあり，第 3 行を式に戻せば解が存在しないことがわかる．

例題 2.7

連立 1 次方程式 $\begin{cases} x_1 - 2x_2 - x_4 - 2x_5 = -1 \\ 5x_1 - 10x_2 - 2x_3 - x_4 + 2x_5 = -1 \\ 3x_1 - 6x_2 - x_3 - x_4 = 0 \end{cases}$ を拡大係数行列を簡約

化することによって解け．（簡約化の過程を記述すること．）

解答　拡大係数行列の簡約化は

$$A_b = \begin{pmatrix} 1 & -2 & 0 & -1 & -2 & | & -1 \\ 5 & -10 & -2 & -1 & 2 & | & -1 \\ 3 & -6 & -1 & -1 & 0 & | & 0 \end{pmatrix} \xrightarrow{①} \begin{pmatrix} 1 & -2 & 0 & -1 & -2 & | & -1 \\ 0 & 0 & -2 & 4 & 12 & | & 4 \\ 0 & 0 & -1 & 2 & 6 & | & 3 \end{pmatrix}$$

$$\xrightarrow{②} \begin{pmatrix} 1 & -2 & 0 & -1 & -2 & | & -1 \\ 0 & 0 & 1 & -2 & -6 & | & -2 \\ 0 & 0 & -1 & 2 & 6 & | & 3 \end{pmatrix} \xrightarrow{③} \begin{pmatrix} 1 & -2 & 0 & -1 & -2 & | & -1 \\ 0 & 0 & 1 & -2 & -6 & | & -2 \\ 0 & 0 & 0 & 0 & 0 & | & 1 \end{pmatrix}$$

$$\xrightarrow{④} \begin{pmatrix} 1 & -2 & 0 & -1 & -2 & | & 0 \\ 0 & 0 & 1 & -2 & -6 & | & 0 \\ 0 & 0 & 0 & 0 & 0 & | & 1 \end{pmatrix} = \hat{A}_b.$$

なお各変形については

①：第 1 行を −5 倍して第 2 行に，第 1 行を −3 倍して第 3 行にそれぞれ加える．

②：第 2 行を $-\frac{1}{2}$ 倍する．

③：第 2 行を第 3 行に加える．

④：第 3 行を第 1 行に，第 3 行を 2 倍して第 2 行にそれぞれ加える．

　以上から簡約化における係数行列部分 $\hat{A}$ の零ベクトルでない行の個数は 2 個に対

して，簡約化 $\widehat{A_b}$ の零ベクトルでない行の個数は 3 個であるので解は存在しない.

$\square$

(III)　行列の階数

　拡大係数行列の簡約化を求めることにより，連立 1 次方程式の解が存在するかどうかや，解が存在する場合にはそれが唯一つかどうか，さらに無限個の解が存在するときの表現方法を示してきた．ここではそれらをまとめる上で重要な概念を導入しよう.

　行列 A の簡約化 $\widehat{A}$ の零ベクトルでない行の個数を行列 A の**階数**といい，$\mathrm{rank}\,A$ あるいは $\mathrm{rank}(A)$ とかく [19]．簡約化が (2.5) 式で表される連立 1 次方程式の拡大係数行列については次のようになる.

$$\mathrm{rank}\,A_b = \mathrm{rank}\left(A \,\middle|\, b\right) = r.$$

─例題 2.8─

$A = \begin{pmatrix} 1 & -2 & 3 & 0 \\ 3 & -5 & 8 & -1 \\ 2 & -3 & 5 & -1 \\ -1 & 1 & -2 & 1 \end{pmatrix}$ の階数を求めよ.

解答

$$A = \begin{pmatrix} 1 & -2 & 3 & 0 \\ 3 & -5 & 8 & -1 \\ 2 & -3 & 5 & -1 \\ -1 & 1 & -2 & 1 \end{pmatrix} \xrightarrow{①} \begin{pmatrix} 1 & -2 & 3 & 0 \\ 0 & 1 & -1 & -1 \\ 0 & 1 & -1 & -1 \\ 0 & -1 & 1 & 1 \end{pmatrix} \xrightarrow{②} \begin{pmatrix} 1 & 0 & 1 & -2 \\ 0 & 1 & -1 & -1 \\ 0 & 0 & 0 & 0 \\ 0 & 0 & 0 & 0 \end{pmatrix} = \widehat{A}$$

より，$\mathrm{rank}\,A = 2$ である.

なお各変形については

①：第 1 行を -3 倍して第 2 行に，第 1 行を -2 倍して第 2 行に，第 1 行を第 4 行にそれぞれ加える.

②：第 2 行を 2 倍して第 1 行に，第 2 行を -1 倍して第 3 行に，第 2 行を第 4 行にそれぞれ加える.　$\square$

✔ チェック問題 2.3　行列

$$A = \begin{pmatrix} 2 & -1 & 3 & -5 & 1 \\ -1 & 1 & -1 & 2 & 1 \\ 0 & 3 & 2 & 1 & 2 \\ 3 & 5 & 7 & x & y \end{pmatrix}$$

の階数が 3 であるとき x と y の値を求めよ.

---

[19] rank はランクとよむ.

連立 1 次方程式の解については行列の階数によって以下のように分類される.

ステップ 4：定理　**連立 1 次方程式の解の行列の階数による分類**

ステップ 1 の連立 1 次方程式について以下が成り立つ.

- $\operatorname{rank} A_{\boldsymbol{b}} = \operatorname{rank} A$ ならば解が存在し，$\operatorname{rank} A = n$ ならば唯一つの解であり，$\operatorname{rank} A < n$ ならば無限個の解が存在する. 無限個の解が存在する場合には任意定数を用いて解は表現される. この任意定数に特定の値を代入して得られる解（1 つ固定した解）を**特殊解**，もしくは**特解**という[20]. これに対して連立 1 次方程式の任意の解を**一般解**という. このときの任意定数の個数は，主成分に対応しない未知数の個数であるので，$(n - \operatorname{rank} A)$ 個である. これを**解の自由度**という.

- $\operatorname{rank} A_{\boldsymbol{b}} = \operatorname{rank} A + 1$ ならば，解は存在しない.

✅ **チェック問題 2.4**　次の連立 1 次方程式を拡大係数行列を簡約化することによって解け.（簡約化の過程を記述すること.）

(1) $\begin{cases} 2x_1 + 5x_2 - 4x_3 - x_4 = -3 \\ -x_1 + 2x_2 + 3x_3 + x_4 = 2 \\ x_1 + 2x_2 - 2x_3 + 2x_4 = 1 \\ x_1 - x_2 - x_3 + 3x_4 = 2 \end{cases}$　　(2) $\begin{cases} 4x_1 - 2x_2 + 8x_4 = 8 \\ 3x_1 - 2x_2 + x_3 + 4x_4 = 5 \\ 2x_1 - x_2 - 2x_3 + 2x_4 = 2 \\ x_1 - x_2 - x_3 - 2x_4 = -1 \end{cases}$

(IV)　逆行列の計算方法

A を n 次正方行列とする連立 1 次方程式 $A\boldsymbol{x} = \boldsymbol{b}$ が唯一つの解をもつ条件は $\operatorname{rank} A_{\boldsymbol{b}} = \operatorname{rank} A = n$ である. このときの A の簡約化 $\widehat{A}$ はすべての行と列は零ベクトルではないから n 次単位行列 E_n である. すなわち (2.4) 式から

$$XA_{\boldsymbol{b}} = X \left(A \,\middle|\, \boldsymbol{b} \right) = \left(XA \,\middle|\, X\boldsymbol{b} \right) = \widehat{A}_{\boldsymbol{b}} = \left(\widehat{A} \,\middle|\, \widehat{\boldsymbol{b}} \right) = \left(E_n \,\middle|\, \widehat{\boldsymbol{b}} \right).$$

各手順での基本行列の積で表された行列 $X = X_N X_{N-1} \cdots X_1$ は，(1.6) 式によりそれぞれの基本行列の逆行列の積で $X^{-1} = X_1^{-1} X_2^{-1} \cdots X_N^{-1}$ となるので正則行列である. 従って $XA = E_n$ から $A = X^{-1}$ であり A は正則行列である. よって基本行列の逆行列も基本行列であるので，正則行列 A は基本行列の積で表される. まとめると

---

[20] 本書では特殊解に統一する.

ステップ 5：定理　**正方行列の階数と正則性，基本行列の積**

n 次正方行列 A において $\operatorname{rank} A = n$ ならば A は正則であり，基本行列の積で表される．

例として例題 2.3 において

$$XA = \frac{1}{22} \begin{pmatrix} 3 & -1 & 4 \\ -1 & -7 & 6 \\ -4 & 16 & 2 \end{pmatrix} \begin{pmatrix} 5 & -3 & -1 \\ 1 & -1 & 1 \\ 2 & 2 & 1 \end{pmatrix} = \begin{pmatrix} 1 & 0 & 0 \\ 0 & 1 & 0 \\ 0 & 0 & 1 \end{pmatrix} = E_3$$

であるので，A は正則であり $X = A^{-1}$ である[21]．

正則行列の逆行列を簡約化の過程の基本行列の積からわざわざ行列の積を計算して求めるのは面倒である．そこで逆行列を正則行列の簡約化と同時に求める方法を紹介する．(2.4) 式の拡大係数行列の定数項ベクトルを単位行列 E_n に置き換えた以下の式を考えれば，$X = A^{-1}$ より

$$
\begin{aligned}
X \left(A \,\middle|\, E_n \right) &= A^{-1} \left(A \,\middle|\, E_n \right) \\
&= \left(A^{-1} A \,\middle|\, A^{-1} E_n \right) \\
&= \left(E_n \,\middle|\, A^{-1} \right)
\end{aligned}
\tag{2.8}
$$

であるので，$n \times 2n$ 型行列の簡約化によって求められることがわかる．

（注意）　(2.8) 式について $\boldsymbol{R}^n$ の基本ベクトルによる行列の分割表現

$$E_n = \left(\boldsymbol{e}_1 \quad \boldsymbol{e}_2 \quad \cdots \quad \boldsymbol{e}_n \right)$$

を考えれば，正則行列 A を同じ係数行列とする n 個の連立 1 次方程式

$$A\boldsymbol{x}_1 = \boldsymbol{e}_1, \quad A\boldsymbol{x}_2 = \boldsymbol{e}_2, \quad \ldots, \quad A\boldsymbol{x}_n = \boldsymbol{e}_n$$

の解を用いて，$\left(A \,\middle|\, E_n \right)$ に左から A^{-1} をかけると

$$
\begin{aligned}
A^{-1} \left(A \,\middle|\, E_n \right) &= A^{-1} \left(A \,\middle|\, \boldsymbol{e}_1 \quad \boldsymbol{e}_2 \quad \cdots \quad \boldsymbol{e}_n \right) \\
&= \left(A^{-1} A \,\middle|\, A^{-1}\boldsymbol{e}_1 \quad A^{-1}\boldsymbol{e}_2 \quad \cdots \quad A^{-1}\boldsymbol{e}_n \right) \\
&= \left(E_n \,\middle|\, \boldsymbol{x}_1 \quad \boldsymbol{x}_2 \quad \cdots \quad \boldsymbol{x}_n \right)
\end{aligned}
\tag{2.9}
$$

---

[21] 行列 A の簡約化 $\widehat{A}$ が単位行列にならない場合には，行列 A は正則ではなく逆行列は存在しないので，この場合の X は A の逆行列ではない．

であり，n 個の連立 1 次方程式を同時に解いていることになる．なお

$$A^{-1}A\boldsymbol{x}_i = A^{-1}\boldsymbol{e}_i = \boldsymbol{x}_i \quad (i=1,2,\ldots,n)$$

であり，(2.8) 式，(2.9) 式から次のようになる．

$$A^{-1} = \begin{pmatrix} \boldsymbol{x}_1 & \boldsymbol{x}_2 & \cdots & \boldsymbol{x}_n \end{pmatrix}.$$

——例題 2.9——

$A = \begin{pmatrix} 1 & 0 & 1 \\ -1 & 1 & 1 \\ 0 & 1 & 1 \end{pmatrix}$ が正則行列かどうか調べ，正則なら逆行列を求めよ．

解答

$$\begin{pmatrix} A & \big| & E_n \end{pmatrix} = \left(\begin{array}{ccc|ccc} 1 & 0 & 1 & 1 & 0 & 0 \\ -1 & 1 & 1 & 0 & 1 & 0 \\ 0 & 1 & 1 & 0 & 0 & 1 \end{array}\right) \overset{①}{\rightarrow} \left(\begin{array}{ccc|ccc} 1 & 0 & 1 & 1 & 0 & 0 \\ 0 & 1 & 2 & 1 & 1 & 0 \\ 0 & 1 & 1 & 0 & 0 & 1 \end{array}\right)$$

$$\overset{②}{\rightarrow} \left(\begin{array}{ccc|ccc} 1 & 0 & 1 & 1 & 0 & 0 \\ 0 & 1 & 2 & 1 & 1 & 0 \\ 0 & 0 & -1 & -1 & -1 & 1 \end{array}\right) \overset{③}{\rightarrow} \left(\begin{array}{ccc|ccc} 1 & 0 & 1 & 1 & 0 & 0 \\ 0 & 1 & 2 & 1 & 1 & 0 \\ 0 & 0 & 1 & 1 & 1 & -1 \end{array}\right)$$

$$\overset{④}{\rightarrow} \left(\begin{array}{ccc|ccc} 1 & 0 & 0 & 0 & -1 & 1 \\ 0 & 1 & 0 & -1 & -1 & 2 \\ 0 & 0 & 1 & 1 & 1 & -1 \end{array}\right) = \begin{pmatrix} E_3 & \big| & A^{-1} \end{pmatrix}.$$

なお各変形については
①：第 1 行を第 2 行に加える．
②：第 2 行を -1 倍して第 3 行に加える．
③：第 3 行を -1 倍する．
④：第 3 行を -1 倍して第 1 行に，第 3 行を -2 倍して第 2 行にそれぞれ加える．

従って，A は正則で $A^{-1} = \begin{pmatrix} 0 & -1 & 1 \\ -1 & -1 & 2 \\ 1 & 1 & -1 \end{pmatrix}$ である．　　□

✅ **チェック問題 2.5**　次の行列が正則行列かどうか調べ，正則なら逆行列を求めよ．

(1)　$A = \begin{pmatrix} 2 & -5 & 1 \\ 1 & -3 & 1 \\ -1 & 1 & 0 \end{pmatrix}$　　(2)　$A = \begin{pmatrix} 1 & 3 & -1 \\ 2 & 4 & 2 \\ -1 & -5 & 5 \end{pmatrix}$

2.3 同次連立 1 次方程式と列ベクトルの 1 次独立，1 次従属

—同次連立 1 次方程式の解の性質および列ベクトルの 1 次独立，1 次従属の概念を理解する

━━━ 同次連立 1 次方程式と列ベクトルの 1 次独立，1 次従属 ━━━

　前節では非同次連立 1 次方程式の解の性質について拡大係数行列の階数から調べる方法について学んだ．本節では同次連立 1 次方程式の解の性質について考察する．同次連立 1 次方程式は定数項ベクトルが零ベクトルであるので，解を求める上では基本的には係数行列のみに対して前節と同様の簡約化の手続きを行うことになる．従って解が存在しない場合はない（すべての未知数が 0 である解は常に存在する）が，係数行列の階数によって唯一つの解か無限個の解かを分類する．さらに本節では列ベクトルの 1 次結合，1 次独立，1 次従属について紹介するが，これは 4 章で学ぶ一般的なベクトル空間のベクトルについての同じ考え方の基礎となるものであり，ベクトル空間や基底，次元といった一般的な概念につながる重要なものである．

(I)　同次連立 1 次方程式の解

(2.2) 式の定数項ベクトルが零ベクトルである方程式

$$A\boldsymbol{x} = \boldsymbol{0} \tag{2.10}$$

を同次連立 1 次方程式という．この方程式において $\boldsymbol{x} = \boldsymbol{0}$ はいつでも成立するので 1 つの解であり，これを自明な解という[22]．(2.10) 式の $\boldsymbol{0}$ でない解を自明でない解という．

　次に同次連立 1 次方程式を具体的に解いたときに，唯一つの解（自明な解のみ）であるか，自明でない解が存在するかについて考えよう．非同次連立 1 次方程式を解く場合と同様に簡約化を行い解を求めるが，同次連立 1 次方程式の場合には定数項ベクトルが零ベクトルであるので，この列は行基本変形によって変化せず常に零ベクトルである．従って拡大係数行列ではなく係数行列 A の簡約化のみによって解は決定し，係数行列の階数によって以下のように分類される．

---

[22] (2.10) 式の右辺の零ベクトルは m 次の列ベクトルであり，自明な解である零ベクトルは n 次の列ベクトルであることに注意しよう．

ステップ 6：定理 **同次連立 1 次方程式の解の行列の階数による分類**

$m \times n$ 型行列 A について，$\operatorname{rank} A = n$ ならば自明な解のみであり，$\operatorname{rank} A < n$ ならば自明でない解が存在する.

（注意） $m \times n$ 型の係数行列 A において $m < n$ である場合には，A の簡約化を考えれば $\operatorname{rank} A$ は A の行の数以下であるので $\operatorname{rank} A \leq m < n$ より自明でない解が存在する.

─ 例題 2.10 ─

連立 1 次方程式 $\begin{cases} x_1 - 2x_2 - x_3 + 2x_4 - 3x_5 = 0 \\ -2x_1 + 4x_2 + 2x_3 - 3x_4 + x_5 = 0 \end{cases}$ を係数行列を簡約化することによって解け.（簡約化の過程を記述すること.）

解答 係数行列の簡約化は

$$A = \begin{pmatrix} 1 & -2 & -1 & 2 & -3 \\ -2 & 4 & 2 & -3 & 1 \end{pmatrix} \overset{①}{\longrightarrow} \begin{pmatrix} 1 & -2 & -1 & 2 & -3 \\ 0 & 0 & 0 & 1 & -5 \end{pmatrix}$$

$$\overset{②}{\longrightarrow} \begin{pmatrix} 1 & -2 & -1 & 0 & 7 \\ 0 & 0 & 0 & 1 & -5 \end{pmatrix} = \hat{A}.$$

なお各変形については
①：第 1 行を 2 倍して第 2 行に加える.
②：第 2 行を -2 倍して第 1 行に加える.

以上から簡約化が示す連立 1 次方程式は $\begin{cases} x_1 - 2x_2 - x_3 + 7x_5 = 0 \\ x_4 - 5x_5 = 0 \end{cases}$ であるので，主成分に対応しない未知数について

$$x_2 = C_1, \quad x_3 = C_2, \quad x_5 = C_3$$

とおくと解は

$$\boldsymbol{x} = \begin{pmatrix} x_1 \\ x_2 \\ x_3 \\ x_4 \\ x_5 \end{pmatrix} = \begin{pmatrix} 2C_1 + C_2 - 7C_3 \\ C_1 \\ C_2 \\ 5C_3 \\ C_3 \end{pmatrix} \quad (C_1, C_2, C_3 \text{ は任意定数}). \qquad \square$$

✔ **チェック問題 2.6** 連立 1 次方程式 $\begin{cases} -x_1 - x_2 - 2x_3 + 4x_5 = 0 \\ x_2 + 2x_3 - 3x_4 + x_5 = 0 \\ x_1 + x_2 + 3x_3 - 2x_4 = 0 \\ 2x_1 + 3x_2 - x_3 + 4x_4 = 0 \\ 4x_1 + 7x_2 + x_3 + 3x_4 + 5x_5 = 0 \end{cases}$ を係数行列を簡約化することによって解け.（簡約化の過程を記述すること.）

　次に非同次連立1次方程式の解が存在する場合のその解と，同じ係数行列の同次連立1次方程式の解との関係を考えよう．ここで，(2.2) 式の非同次連立1次方程式の1つの特殊解を $\boldsymbol{x}_0$，一般解を $\boldsymbol{x}$ とすると，これらは

$$A\boldsymbol{x}_0 = \boldsymbol{b} \quad \text{および} \quad A\boldsymbol{x} = \boldsymbol{b}$$

を満たす．この2式から

$$A(\boldsymbol{x} - \boldsymbol{x}_0) = A\boldsymbol{x} - A\boldsymbol{x}_0 = \boldsymbol{b} - \boldsymbol{b} = \boldsymbol{0}$$

が得られるが，$\boldsymbol{y} = \boldsymbol{x} - \boldsymbol{x}_0$ とおくと，$\boldsymbol{y}$ は同次連立1次方程式の一般解であることがわかる．すなわち

$$\boldsymbol{x} = \boldsymbol{x}_0 + \boldsymbol{y}$$

であるので

ステップ7：キーポイント　非同次連立1次方程式の解の構造

　（非同次連立1次方程式の一般解）

　＝（同次連立1次方程式の一般解）＋（非同次連立1次方程式の特殊解）

　と表せる．

（**注意**）　唯一つの解の場合には，$\operatorname{rank} \widehat{A_{\boldsymbol{b}}} = \operatorname{rank} A = n$ であり，同次連立1次方程式の解は自明な解のみである[23]ので，上式の同次連立1次方程式の一般解の項は零ベクトルとなる．

(II)　列ベクトルの1次結合，1次独立，1次従属

　m 次列ベクトル全体の集合 $\boldsymbol{R}^m$ は行列の演算としての和とスカラー倍に関して閉じている[24]．$\boldsymbol{R}^m$ の n 個の列ベクトル $\boldsymbol{a}_1, \boldsymbol{a}_2, \ldots, \boldsymbol{a}_n$ および実数 $c_1, c_2, \ldots, c_n$ に対して，和とスカラー倍の演算で得られる $\boldsymbol{R}^m$ の列ベクトル

$$c_1\boldsymbol{a}_1 + c_2\boldsymbol{a}_2 + \cdots + c_n\boldsymbol{a}_n$$

を $\boldsymbol{a}_1, \boldsymbol{a}_2, \ldots, \boldsymbol{a}_n$ の**1次結合**もしくは**線形結合**という[25]．この1次結合の列ベクトルが $\boldsymbol{0}$ となるときの関係

$$c_1\boldsymbol{a}_1 + c_2\boldsymbol{a}_2 + \cdots + c_n\boldsymbol{a}_n = \boldsymbol{0} \tag{2.11}$$

を列ベクトル $\boldsymbol{a}_1, \boldsymbol{a}_2, \ldots, \boldsymbol{a}_n$ の**1次関係**という．列ベクトル $\boldsymbol{a}_1, \boldsymbol{a}_2, \ldots, \boldsymbol{a}_n$ が与えられたとき，(2.11) 式を変形すれば

---

[23]　解の自由度は0である．
[24]　4章で詳しく説明するがベクトル空間の公理を満たし，$\boldsymbol{R}^m$ はベクトル空間である．
[25]　本書では，1次結合に統一する．

$$\begin{pmatrix} \boldsymbol{a}_1 & \boldsymbol{a}_2 & \cdots & \boldsymbol{a}_n \end{pmatrix} \begin{pmatrix} c_1 \\ c_2 \\ \vdots \\ c_n \end{pmatrix} = \boldsymbol{0}$$

であるので，

$$A = \begin{pmatrix} \boldsymbol{a}_1 & \boldsymbol{a}_2 & \cdots & \boldsymbol{a}_n \end{pmatrix}, \quad \boldsymbol{x} = \begin{pmatrix} c_1 \\ c_2 \\ \vdots \\ c_n \end{pmatrix}$$

とおけば，(2.11) 式は $m \times n$ 型の係数行列を A とする同次連立 1 次方程式と考えられる．このとき，本章ステップ 6 から係数行列 A の階数によって，自明な解のみの場合と自明でない解が存在する場合がある．

同次連立 1 次方程式と考えたときの (2.11) 式の自明な解は $c_1 = c_2 = \cdots = c_n = 0$ であり，この場合には $\boldsymbol{a}_1, \boldsymbol{a}_2, \ldots, \boldsymbol{a}_n$ がどのような列ベクトルであっても 1 次関係を満足する．これを**自明な 1 次関係**という．一方 (2.11) 式が自明でない解，すなわち $c_1 = c_2 = \cdots = c_n = 0$ 以外の解をもつとき，この場合の 1 次関係を**自明でない 1 次関係**という．$\boldsymbol{a}_1, \boldsymbol{a}_2, \ldots, \boldsymbol{a}_n$ の間に自明でない 1 次関係が存在するとき，$\boldsymbol{a}_1, \boldsymbol{a}_2, \ldots, \boldsymbol{a}_n$ は **1 次従属**もしくは**線形従属**であるという[26]．これに対して自明でない 1 次関係が存在しないとき **1 次独立**もしくは**線形独立**であるという[27]．n 個の列ベクトル $\boldsymbol{a}_1, \boldsymbol{a}_2, \ldots, \boldsymbol{a}_n$ に対して，これらが 1 次従属であるとき，1 次関係 (2.11) 式において $c_i \neq 0$ とすると

$$\boldsymbol{a}_i = -\frac{c_1}{c_i}\boldsymbol{a}_1 - \cdots - \frac{c_{i-1}}{c_i}\boldsymbol{a}_{i-1} - \frac{c_{i+1}}{c_i}\boldsymbol{a}_{i+1} - \cdots - \frac{c_n}{c_i}\boldsymbol{a}_n$$

と $\boldsymbol{a}_i$ はそれ以外の $n-1$ 個の列ベクトルの 1 次結合でかける．また逆に $\boldsymbol{a}_1, \boldsymbol{a}_2, \ldots, \boldsymbol{a}_n$ のうちどれか 1 個の列ベクトル（$\boldsymbol{a}_i$ とする）が他の $n-1$ 個の列ベクトルの 1 次結合で表されれば，

$$\boldsymbol{a}_i = \alpha_1\boldsymbol{a}_1 + \cdots + \alpha_{i-1}\boldsymbol{a}_{i-1} + \alpha_{i+1}\boldsymbol{a}_{i+1} + \cdots + \alpha_n\boldsymbol{a}_n$$

であるので，移項して 1 次関係をみれば $\boldsymbol{a}_1, \boldsymbol{a}_2, \ldots, \boldsymbol{a}_n$ は 1 次従属であることがわかる．本章ステップ 6 をふまえてまとめると

---

[26] 本書では，1 次従属に統一する．n 個の列ベクトルの組の中に零ベクトルが含まれる場合には 1 次従属である．

[27] 本書では，1 次独立に統一する．

ステップ 8：定理　**n 個の m 次列ベクトルの 1 次独立，1 次従属**

n 個の m 次列ベクトル $\boldsymbol{a}_1, \boldsymbol{a}_2, \ldots, \boldsymbol{a}_n$ が 1 次独立であるとは，これらを並べて $A = \begin{pmatrix} \boldsymbol{a}_1 & \boldsymbol{a}_2 & \cdots & \boldsymbol{a}_n \end{pmatrix}$ と分割表現するとき，$\operatorname{rank} A = n$ である場合であり，1 次従属であるとは $\operatorname{rank} A < n$ である場合である[28]．また $\boldsymbol{a}_1, \boldsymbol{a}_2, \ldots,$ $\boldsymbol{a}_n$ が 1 次従属である必要十分条件は，$\boldsymbol{a}_1, \boldsymbol{a}_2, \ldots, \boldsymbol{a}_n$ の少なくとも 1 つの列ベクトルが他の $n-1$ 個の列ベクトルの 1 次結合でかけることである．

―― 例題 2.11 ――

次の 4 次の列ベクトルは 1 次独立か 1 次従属か調べよ．

(1) $\boldsymbol{a}_1 = \begin{pmatrix} 1 \\ 2 \\ 0 \\ -1 \end{pmatrix}, \ \boldsymbol{a}_2 = \begin{pmatrix} 1 \\ 1 \\ 1 \\ 0 \end{pmatrix}, \ \boldsymbol{a}_3 = \begin{pmatrix} 2 \\ 3 \\ 2 \\ 1 \end{pmatrix}$

(2) $\boldsymbol{a}_1 = \begin{pmatrix} 1 \\ -2 \\ -1 \\ 0 \end{pmatrix}, \ \boldsymbol{a}_2 = \begin{pmatrix} 2 \\ -2 \\ -1 \\ 1 \end{pmatrix}, \ \boldsymbol{a}_3 = \begin{pmatrix} -1 \\ 4 \\ 2 \\ 1 \end{pmatrix}$

解答 (1)　$A = \begin{pmatrix} \boldsymbol{a}_1 & \boldsymbol{a}_2 & \boldsymbol{a}_3 \end{pmatrix} = \begin{pmatrix} 1 & 1 & 2 \\ 2 & 1 & 3 \\ 0 & 1 & 2 \\ -1 & 0 & 1 \end{pmatrix}$ とおくと，A の簡約化は

$$A = \begin{pmatrix} 1 & 1 & 2 \\ 2 & 1 & 3 \\ 0 & 1 & 2 \\ -1 & 0 & 1 \end{pmatrix} \overset{①}{\to} \begin{pmatrix} 1 & 1 & 2 \\ 0 & -1 & -1 \\ 0 & 1 & 2 \\ 0 & 1 & 3 \end{pmatrix} \overset{②}{\to} \begin{pmatrix} 1 & 1 & 2 \\ 0 & 1 & 1 \\ 0 & 1 & 2 \\ 0 & 1 & 3 \end{pmatrix}$$

$$\overset{③}{\to} \begin{pmatrix} 1 & 0 & 1 \\ 0 & 1 & 1 \\ 0 & 0 & 1 \\ 0 & 0 & 2 \end{pmatrix} \overset{④}{\to} \begin{pmatrix} 1 & 0 & 0 \\ 0 & 1 & 0 \\ 0 & 0 & 1 \\ 0 & 0 & 0 \end{pmatrix} = \hat{A}.$$

なお各変形については
①：第 1 行を -2 倍して第 2 行に，第 1 行を第 4 行にそれぞれ加える．
②：第 2 行を -1 倍する．
③：第 2 行を -1 倍して第 1 行に，第 2 行を -1 倍して第 3 行に，第 2 行を -1 倍して第 4 行にそれぞれ加える．
④：第 3 行を -1 倍して第 1 行に，第 3 行を -1 倍して第 2 行に，第 3 行を -2 倍して第 4 行にそれぞれ加える．

　以上から $\operatorname{rank} A = 3$ より自明な解のみ（自明な 1 次関係のみ）であるので 1 次独立である．

---

[28] $m < n$ の場合には $\operatorname{rank} A \leq m < n$ であるので 1 次従属である．

(2)　$A = \begin{pmatrix} \boldsymbol{a}_1 & \boldsymbol{a}_2 & \boldsymbol{a}_3 \end{pmatrix} = \begin{pmatrix} 1 & 2 & -1 \\ -2 & -2 & 4 \\ -1 & -1 & 2 \\ 0 & 1 & 1 \end{pmatrix}$ とおくと，A の簡約化は

$$A = \begin{pmatrix} 1 & 2 & -1 \\ -2 & -2 & 4 \\ -1 & -1 & 2 \\ 0 & 1 & 1 \end{pmatrix} \xrightarrow{①} \begin{pmatrix} 1 & 2 & -1 \\ 0 & 2 & 2 \\ 0 & 1 & 1 \\ 0 & 1 & 1 \end{pmatrix} \xrightarrow{②} \begin{pmatrix} 1 & 2 & -1 \\ 0 & 1 & 1 \\ 0 & 1 & 1 \\ 0 & 1 & 1 \end{pmatrix}$$

$$\xrightarrow{③} \begin{pmatrix} 1 & 0 & -3 \\ 0 & 1 & 1 \\ 0 & 0 & 0 \\ 0 & 0 & 0 \end{pmatrix} = \hat{A}.$$

なお各変形については

①: 第 1 行を 2 倍して第 2 行に，第 1 行を第 3 行にそれぞれ加える.

②: 第 2 行を $\frac{1}{2}$ 倍する.

③: 第 2 行を -2 倍して第 1 行に，第 2 行を -1 倍して第 3 行に，第 2 行を -1 倍して第 4 行にそれぞれ加える.

　以上から $\operatorname{rank} A = 2$ より自明でない解（自明でない 1 次関係）が存在するので 1 次従属である.　　　　　　　　　　　　　　　　　　　　　　　　　　　　□

✔ **チェック問題 2.7**　次の 4 次の列ベクトルは 1 次独立か 1 次従属か調べよ.

(1)　$\boldsymbol{a}_1 = \begin{pmatrix} 3 \\ -1 \\ 2 \\ 1 \end{pmatrix}$, $\boldsymbol{a}_2 = \begin{pmatrix} 2 \\ 3 \\ 2 \\ -1 \end{pmatrix}$, $\boldsymbol{a}_3 = \begin{pmatrix} 1 \\ 7 \\ 2 \\ -3 \end{pmatrix}$

(2)　$\boldsymbol{a}_1 = \begin{pmatrix} 2 \\ 0 \\ 1 \\ 0 \end{pmatrix}$, $\boldsymbol{a}_2 = \begin{pmatrix} 1 \\ 1 \\ 0 \\ -3 \end{pmatrix}$, $\boldsymbol{a}_3 = \begin{pmatrix} 0 \\ 1 \\ 1 \\ 3 \end{pmatrix}$

◆ **1 次独立な列ベクトルの最大数**　次に列ベクトルの集合における 1 次独立な列ベクトルの個数について考えてみよう. 列ベクトルの集合の中からいくつか取り出したとき，それらが 1 次独立となる場合に取り出せる最大限の列ベクトルの個数 r を **1 次独立な列ベクトルの最大数**といい[29]，その r 個の 1 次独立な列ベクトルの組を **1 次独立最大の組**という.

　s 個の列ベクトル $\boldsymbol{a}_1, \boldsymbol{a}_2, \ldots, \boldsymbol{a}_s$ の組が与えられたとき，この 1 次関係

$$c_1 \boldsymbol{a}_1 + c_2 \boldsymbol{a}_2 + \cdots + c_s \boldsymbol{a}_s = \boldsymbol{0}$$

を考えると，上記のように係数行列 $A = \begin{pmatrix} \boldsymbol{a}_1 & \boldsymbol{a}_2 & \cdots & \boldsymbol{a}_s \end{pmatrix}$ とする同次連立 1 次

---

[29] 列ベクトルの集合からどのように $r+1$ 個の列ベクトルを取り出しても，それらは 1 次従属である.

方程式の解と A の簡約化 $\hat{A} = \begin{pmatrix} \hat{a}_1 & \hat{a}_2 & \cdots & \hat{a}_s \end{pmatrix}$ を係数行列とする同次連立 1 次
方程式の解は同じであるから，$a_1, a_2, \ldots, a_s$ の 1 次関係と $\hat{a}_1, \hat{a}_2, \ldots, \hat{a}_s$ の
1 次関係は同じである．ここで $\hat{a}_1, \hat{a}_2, \ldots, \hat{a}_s$ のうち主成分を含む列ベクトルは
それぞれ 1 次独立であり，それ以外のベクトルはそれらの 1 次結合でかけることが
わかる．従って，1 次独立な列ベクトルの最大数は $\mathrm{rank}\, A$ である．また 1 次独立
最大の組は簡約化の主成分を含む列ベクトルに対応する $a_1, a_2, \ldots, a_s$ のベクト
ルの組である．具体的な問題で確認しよう．

──例題 2.12──

次の列ベクトルの組が 1 次独立か 1 次従属か調べ，もし 1 次従属なら 1 次独立
な列ベクトルの最大数を求めよ．さらに 1 次独立最大の組を 1 組求め，他のベ
クトルをこれらの 1 次結合で表せ．

(1) $a_1 = \begin{pmatrix} 1 \\ 1 \\ 0 \end{pmatrix}$, $a_2 = \begin{pmatrix} -2 \\ -1 \\ 1 \end{pmatrix}$, $a_3 = \begin{pmatrix} 1 \\ 0 \\ -2 \end{pmatrix}$

(2) $a_1 = \begin{pmatrix} -1 \\ 0 \\ 3 \end{pmatrix}$, $a_2 = \begin{pmatrix} 1 \\ 1 \\ -2 \end{pmatrix}$, $a_3 = \begin{pmatrix} 1 \\ 3 \\ 0 \end{pmatrix}$

解答 (1) $A = \begin{pmatrix} a_1 & a_2 & a_3 \end{pmatrix} = \begin{pmatrix} 1 & -2 & 1 \\ 1 & -1 & 0 \\ 0 & 1 & -2 \end{pmatrix}$ とおくと，A の簡約化は

$$A = \begin{pmatrix} 1 & -2 & 1 \\ 1 & -1 & 0 \\ 0 & 1 & -2 \end{pmatrix} \overset{①}{\to} \begin{pmatrix} 1 & -2 & 1 \\ 0 & 1 & -1 \\ 0 & 1 & -2 \end{pmatrix} \overset{②}{\to} \begin{pmatrix} 1 & 0 & -1 \\ 0 & 1 & -1 \\ 0 & 0 & -1 \end{pmatrix}$$

$$\overset{③}{\to} \begin{pmatrix} 1 & 0 & -1 \\ 0 & 1 & -1 \\ 0 & 0 & 1 \end{pmatrix} \overset{④}{\to} \begin{pmatrix} 1 & 0 & 0 \\ 0 & 1 & 0 \\ 0 & 0 & 1 \end{pmatrix} = \hat{A}.$$

なお各変形については
①：第 1 行を -1 倍して第 2 行に加える．
②：第 2 行を 2 倍して第 1 行に，第 2 行を -1 倍して第 3 行にそれぞれ加える．
③：第 3 行を -1 倍する．
④：第 3 行を第 1 行に，第 3 行を第 2 行にそれぞれ加える．

以上から $\mathrm{rank}\, A = 3$ より自明な解のみ（自明な 1 次関係のみ）であるので 1 次
独立である．

(2) $A = \begin{pmatrix} a_1 & a_2 & a_3 \end{pmatrix} = \begin{pmatrix} -1 & 1 & 1 \\ 0 & 1 & 3 \\ 3 & -2 & 0 \end{pmatrix}$ とおくと，A の簡約化は

$$A = \begin{pmatrix} -1 & 1 & 1 \\ 0 & 1 & 3 \\ 3 & -2 & 0 \end{pmatrix} \overset{①}{\to} \begin{pmatrix} 1 & -1 & -1 \\ 0 & 1 & 3 \\ 3 & -2 & 0 \end{pmatrix} \overset{②}{\to} \begin{pmatrix} 1 & -1 & -1 \\ 0 & 1 & 3 \\ 0 & 1 & 3 \end{pmatrix} \overset{③}{\to} \begin{pmatrix} 1 & 0 & 2 \\ 0 & 1 & 3 \\ 0 & 0 & 0 \end{pmatrix} = \hat{A}.$$

なお各変形については
①：第 1 行を -1 倍する.
②：第 1 行を -3 倍して第 3 行に加える.
③：第 2 行を第 1 行に, 第 2 行を -1 倍して第 3 行にそれぞれ加える. □

以上から $\operatorname{rank} A = 2 < 3$ より自明でない解をもつので（自明でない 1 次関係が存在するので）1 次従属である. ここで簡約化から 1 次独立な列ベクトルの最大数は 2 である.

$$\begin{pmatrix} 1 & 0 & 2 \\ 0 & 1 & 3 \\ 0 & 0 & 0 \end{pmatrix} = \begin{pmatrix} \hat{a}_1 & \hat{a}_2 & \hat{a}_3 \end{pmatrix}$$

とおくと, $\hat{a}_1$ と $\hat{a}_2$ は 1 次独立であり, 対応する a_1, a_2 が 1 次独立最大の 1 組である. また

$$\hat{a}_3 = 2\,\hat{a}_1 + 3\,\hat{a}_2$$

である. a_1, a_2, a_3 の 1 次関係と $\hat{a}_1$, $\hat{a}_2$, $\hat{a}_3$ の 1 次関係は同じなので, $a_3 = 2a_1 + 3a_2$ である.

✅ チェック問題 2.8 列ベクトルの組

$$a_1 = \begin{pmatrix} 1 \\ 1 \\ 0 \\ 1 \\ 2 \end{pmatrix}, \quad a_2 = \begin{pmatrix} 1 \\ 2 \\ 1 \\ 0 \\ 1 \end{pmatrix}, \quad a_3 = \begin{pmatrix} -1 \\ -4 \\ -3 \\ 2 \\ 1 \end{pmatrix}, \quad a_4 = \begin{pmatrix} 1 \\ 0 \\ 2 \\ 1 \\ 5 \end{pmatrix}, \quad a_5 = \begin{pmatrix} 2 \\ 4 \\ -1 \\ 1 \\ 0 \end{pmatrix}$$

は 1 次独立か 1 次従属か調べ, もし 1 次従属なら 1 次独立な列ベクトルの最大数を求めよ. さらに 1 次独立最大の組を 1 組求め, 他のベクトルをこれらの 1 次結合で表せ.

以上の 1 次独立, 1 次従属の考え方をふまえて, 同次連立 1 次方程式が無限個の解をもつ場合の一般解の構造を調べよう. 一般解は主成分に対応しない未知数を任意定数とおいて表されるが, これを任意定数ごとの列ベクトルの和に分割し, さらに任意定数のスカラー倍の形で表現すると, 一般解は自由度の数の列ベクトルの 1 次結合で表されることになる. このとき 1 次結合のそれぞれの列ベクトルの主成分に対応しない未知数の行成分をみると, その任意定数が係数となる列ベクトルでは 1 であり, その他の列ベクトルでは 0 である. 従って一般解を構成する自由度の個数の列ベクトルは 1 次独立であり, これらの列ベクトルを同次連立 1 次方程式の**基本解**という. 例題 2.10 の例で確認しよう.

例 2.4　解を任意定数ごとに分けて記述すると

$$\boldsymbol{x} = C_1 \begin{pmatrix} 2 \\ 1 \\ 0 \\ 0 \\ 0 \end{pmatrix} + C_2 \begin{pmatrix} 1 \\ 0 \\ 1 \\ 0 \\ 0 \end{pmatrix} + C_3 \begin{pmatrix} -7 \\ 0 \\ 0 \\ 5 \\ 1 \end{pmatrix} \quad (C_1, C_2, C_3 \text{ は任意定数})$$

となるが，

$$\boldsymbol{x}_1 = \begin{pmatrix} 2 \\ 1 \\ 0 \\ 0 \\ 0 \end{pmatrix}, \quad \boldsymbol{x}_2 = \begin{pmatrix} 1 \\ 0 \\ 1 \\ 0 \\ 0 \end{pmatrix}, \quad \boldsymbol{x}_3 = \begin{pmatrix} -7 \\ 0 \\ 0 \\ 5 \\ 1 \end{pmatrix}$$

とおくと，網かけをした x_2, x_3 および x_5 の成分をみれば，これらの 3 つの列ベクトルはどれも他の 2 つの列ベクトルの 1 次結合で表せないので 1 次独立である．この $\boldsymbol{x}_1$, $\boldsymbol{x}_2$ および $\boldsymbol{x}_3$ が基本解であり，一般解は

$$\boldsymbol{x} = C_1\boldsymbol{x}_1 + C_2\boldsymbol{x}_2 + C_3\boldsymbol{x}_3$$

と 1 次結合でかける[30]．　　　　　　　　　　　　　　　　　　　　　□

　次に $m \times n$ 型行列 A に対して，

$$A = \begin{pmatrix} \boldsymbol{a}_1 & \boldsymbol{a}_2 & \cdots & \boldsymbol{a}_n \end{pmatrix}$$

と列ベクトルの分割で表した場合に，n 個の列ベクトル $\boldsymbol{a}_1, \boldsymbol{a}_2, \dots, \boldsymbol{a}_n$ が 1 次独立もしくは 1 次従属であることと行列 A の階数との関係について考えてみよう．

　例題 2.12 からわかるように，簡約化において主成分を含まない列ベクトルは主成分を含む列ベクトルの 1 次結合でかける．一方簡約化の主成分を含む列ベクトルは，その主成分の行番号がすべて異なるので，（上記の同次連立 1 次方程式の基本解となる列ベクトルが 1 次独立であることと同じく）それらが 1 次独立であることがわかる．従って簡約な行列において零ベクトルでない各行の主成分はすべて異なる列に属するので，行列の階数は簡約化の行の主成分を含む列の個数でもある．すなわち

---

[30] 4 章で詳しく説明するが，このように基本解の 1 次結合で表される（基本解によって生成される）解全体の集合を同次連立 1 次方程式の**解空間**という．

ステップ 9：定理　**行列の階数と 1 次独立な列ベクトルの最大数**

$m \times n$ 型行列 $A = \begin{pmatrix} \boldsymbol{a}_1 & \boldsymbol{a}_2 & \cdots & \boldsymbol{a}_n \end{pmatrix}$ の階数（$\operatorname{rank} A$）は A の 1 次独立な
列ベクトルの最大数である．特に n 次正方行列 A が正則である必要十分条件
は A の n 個の列ベクトルが 1 次独立であることである．

　最後に 2 個の 2 次の列ベクトルからできる正方行列 A が正則である条件とその
幾何的な意味および 2 個の列ベクトルが 1 次従属である場合の幾何的な解釈につい
て簡単に説明しておこう．

例 2.5　2 つの 2 次の列ベクトル $\boldsymbol{a}_1 = \begin{pmatrix} a_{11} \\ a_{21} \end{pmatrix}$, $\boldsymbol{a}_2 = \begin{pmatrix} a_{12} \\ a_{22} \end{pmatrix}$ の 1 次関係を

$$c_1 \boldsymbol{a}_1 + c_2 \boldsymbol{a}_2 = \begin{pmatrix} \boldsymbol{a}_1 & \boldsymbol{a}_2 \end{pmatrix} \begin{pmatrix} c_1 \\ c_2 \end{pmatrix}$$

$$= \begin{pmatrix} a_{11} & a_{12} \\ a_{21} & a_{22} \end{pmatrix} \begin{pmatrix} c_1 \\ c_2 \end{pmatrix} = A\boldsymbol{x} = \boldsymbol{0}$$

とする．ここで $a_{11} \neq 0$ として，この同次連立 1 次方程式の解を求めてみよう．

$$A = \begin{pmatrix} a_{11} & a_{12} \\ a_{21} & a_{22} \end{pmatrix} \xrightarrow{①} \begin{pmatrix} 1 & \dfrac{a_{12}}{a_{11}} \\ a_{21} & a_{22} \end{pmatrix} \xrightarrow{②} \begin{pmatrix} 1 & \dfrac{a_{12}}{a_{11}} \\ 0 & \dfrac{a_{11}a_{22} - a_{12}a_{21}}{a_{11}} \end{pmatrix} = A_2$$

と変形される．

なお各変形については

①：第 1 行を $\dfrac{1}{a_{11}}$ 倍する．

②：第 1 行を $-a_{21}$ 倍して第 2 行に加える．

　ここで

$$\Delta = a_{11}a_{22} - a_{12}a_{21} \tag{2.12}$$

とおくと，$\Delta = 0$ の場合は行列 A_2 は A の簡約化であり，自明でない 1 次関係が
存在するので $\boldsymbol{a}_1$ と $\boldsymbol{a}_2$ は 1 次従属である．このとき正方行列 A は正則ではなく，
$c_1 \neq 0$ とすると，

$$\boldsymbol{a}_1 = -\frac{c_2}{c_1}\boldsymbol{a}_2 = \lambda \boldsymbol{a}_2$$

となり，$\boldsymbol{a}_1$ が $\boldsymbol{a}_2$ のスカラー倍となることを表している．すなわち 2 つの列ベクト
ルが 1 次従属であるとき，2 次の列ベクトルを xy 平面上のベクトルと対応づけて

考えると[31]，これらは平行であり，2 つのベクトルが同一直線上に乗ることを表している[32]．

また $\Delta \neq 0$ の場合は行列 A_2 を変形した簡約化は単位行列 E_2 になり[33]，自明な 1 次関係のみになるので 2 つの列ベクトルは 1 次独立である．このとき行列 A は正則であり[34]，幾何的には xy 平面上の 2 つのベクトル $\boldsymbol{a}_1$, $\boldsymbol{a}_2$ は平行ではない．

この Δ の意味を別の見方で考えてみよう．図 2.1 に示すように，$\boldsymbol{a}_1 = \overrightarrow{\mathrm{OP}}$ と $\boldsymbol{a}_2 = \overrightarrow{\mathrm{OQ}}$ を xy 平面上のベクトルとしたとき，$\boldsymbol{a}_1$ と $\boldsymbol{a}_2$ を 2 辺とする平行四辺形 OPRQ の面積 S を求める．ここで 2 つのベクトルの各成分は正とする．まず図 2.1 (a) の場合は，長方形 $\mathrm{OR'RR''}$ から平行四辺形以外の三角形 $\mathrm{OP'P}$，三角形 $\mathrm{OQQ'}$，台形 $\mathrm{P'R'RP}$，台形 $\mathrm{Q'QRR''}$ の部分の面積を差し引くと，

$$S = (a_{11} + a_{12})(a_{21} + a_{22})$$
$$- \frac{1}{2}\{a_{11}a_{21} + a_{12}a_{22} + (a_{21} + a_{21} + a_{22})a_{12} + (a_{12} + a_{11} + a_{12})a_{21}\}$$
$$= a_{11}a_{22} - a_{12}a_{21}$$

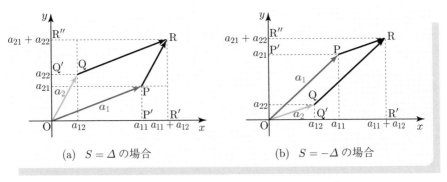

(a) $S = \Delta$ の場合　　　(b) $S = -\Delta$ の場合

図 2.1　$\boldsymbol{a}_1$ と $\boldsymbol{a}_2$ を 2 辺とする平行四辺形の面積

---

[31] (x, y) と表していたものをコンマを使わず縦に並べた列ベクトル（第 1 成分が x 成分，第 2 成分が y 成分）と考えればよい．

[32] これを**共線ベクトル**という．なお，$a_{11} = 0$ のとき，$a_{21} = 0$ なら $\boldsymbol{a}_1 = \boldsymbol{0}$ であるので，$\boldsymbol{a}_1$ と $\boldsymbol{a}_2$ は 1 次従属である．また $a_{21} \neq 0$ であるとき，$a_{12} = 0$ ならば rank $A = 1$ より $\boldsymbol{a}_1$ と $\boldsymbol{a}_2$ は 1 次従属であり，いずれの場合にも $\Delta = 0$ を満たしている．

[33] 各自確かめよ．

[34] 逆行列は例 1.14 より，$A^{-1} = \frac{1}{\Delta}\begin{pmatrix} a_{22} & -a_{12} \\ -a_{21} & a_{11} \end{pmatrix}$ となることを $a_{11} \neq 0$ の場合を例に基本変形を行って各自確かめよ．

である．一方図 2.1 (b) の場合は，長方形 OR′RR″ から三角形 OPP′，三角形
OQ′Q，台形 P′PRR″，台形 Q′R′RQ の部分の面積を差し引くと，

$$S = (a_{11} + a_{12})(a_{21} + a_{22})$$

$$- \frac{1}{2}\{a_{11}a_{21} + a_{12}a_{22} + (a_{11} + a_{11} + a_{12})a_{22} + (a_{22} + a_{21} + a_{22})a_{11}\}$$

$$= a_{12}a_{21} - a_{11}a_{22}$$

である．従って $S = |\Delta|$ である[35]．　　　　　　　　　　　　　　　　□

（**注意**）　詳しい説明は省略するが，3 つの 3 次の列ベクトル

$$\boldsymbol{a}_1 = \begin{pmatrix} a_{11} \\ a_{21} \\ a_{31} \end{pmatrix}, \quad \boldsymbol{a}_2 = \begin{pmatrix} a_{12} \\ a_{22} \\ a_{32} \end{pmatrix}, \quad \boldsymbol{a}_3 = \begin{pmatrix} a_{13} \\ a_{23} \\ a_{33} \end{pmatrix}$$

が 1 次独立となる条件，すなわち行列

$$A = \begin{pmatrix} a_{11} & a_{12} & a_{13} \\ a_{21} & a_{22} & a_{23} \\ a_{31} & a_{32} & a_{33} \end{pmatrix}$$

が正則である条件は

$$\Delta = a_{11}a_{22}a_{33} + a_{12}a_{23}a_{31} + a_{13}a_{21}a_{32} - a_{11}a_{23}a_{32} - a_{12}a_{21}a_{33} - a_{13}a_{22}a_{31}$$

$$\neq 0 \tag{2.13}$$

である．また幾何的に $\boldsymbol{a}_1$, $\boldsymbol{a}_2$, $\boldsymbol{a}_3$ を xyz 空間内のベクトルと対応づけて考えると，
(2.13) 式の Δ の絶対値はこれらを 3 辺とする平行六面体の体積を表す．

---

[35] 一般的なベクトルの内積については 6 章で説明するが，この面積は高校で学んだ内積の計算に
よっても導出できるので各自やってみよ．

2 章の演習問題

□**1**　次の連立 1 次方程式を解け.

(1) $\begin{cases} 2x_1 - x_2 + 3x_3 + 4x_4 = 2 \\ -x_1 + x_2 - x_3 - 3x_4 = -2 \\ 5x_1 - 3x_2 + 7x_3 + 11x_4 = 6 \\ x_1 + 2x_2 + 4x_3 - 3x_4 = -4 \end{cases}$

(2) $\begin{cases} 3x_1 - 3x_2 + 2x_3 + x_4 + 3x_5 = 1 \\ 2x_1 - 2x_2 + x_3 + 5x_5 = -1 \end{cases}$

(3) $\begin{cases} x_2 - x_3 + 3x_5 = 0 \\ -2x_1 + x_2 - 2x_3 + x_4 + 2x_5 = -2 \\ 3x_1 + x_3 - x_4 = 3 \end{cases}$

(4) $\begin{cases} x_1 + 2x_3 = 0 \\ -2x_1 - 3x_3 + x_4 = 0 \\ 3x_1 + x_2 + 5x_3 - x_4 = 0 \\ x_1 + x_3 - x_4 = 0 \end{cases}$

□**2**　非同次連立 1 次方程式 $\begin{cases} 2x_1 + x_2 + x_3 = 2b \\ -x_1 + 2x_2 - 3x_3 = -b \\ 3x_1 - 5x_2 + ax_3 = 3 \end{cases}$ の解が存在しないとき，定数 a，

b の満たす条件を求めよ.

□**3**　a を定数とするとき，行列 $A = \begin{pmatrix} a & 2 & a \\ a-1 & -a & 1 \\ 1 & 0 & 1 \end{pmatrix}$ が正則となる条件を求め，そのと

きの逆行列を答えよ.

□**4**　a を定数とする. 列ベクトルの組

$$\boldsymbol{a}_1 = \begin{pmatrix} -1 \\ 1 \\ -1 \\ -3a \end{pmatrix}, \quad \boldsymbol{a}_2 = \begin{pmatrix} 1 \\ 0 \\ 2 \\ a+1 \end{pmatrix}, \quad \boldsymbol{a}_3 = \begin{pmatrix} 2 \\ 0 \\ 1 \\ a-2 \end{pmatrix}, \quad \boldsymbol{a}_4 = \begin{pmatrix} 1 \\ 1 \\ 1 \\ -a \end{pmatrix}$$

が 1 次従属のとき a の値を求め，その場合の 1 次独立な列ベクトルの最大数を求めよ.
さらに 1 次独立最大の組を 1 組求め，他のベクトルをこれらの 1 次結合で表せ.

第 3 章

行　列　式

　本章では行列式の性質と計算法および応用について学ぶ．行列式は線形代数学において連立 1 次方程式の解や逆行列を簡便に表現する 1 つの方法として導入されたが，1 次独立や 1 次従属の考え方や行列の正則性等との関係も深く，5 章で学ぶ固有値問題や行列の対角化においては，行列式が利用される．一方行列式は微分積分学で学ぶヤコビアン，微分方程式で学ぶロンスキアン，さらにベクトル解析の分野での各種概念の表現方法等，いろいろな分野への応用において重要な役割をはたしている．本章ではまず初めに行列式を定義しその性質を説明するために置換という考え方を導入する．しかし置換の一般的な内容は少々抽象的で独特なものであるので，理解するのが難しいときには 2 文字や 3 文字の置換の具体例で考察することも有効である．また実際の行列式の計算においては行列の基本変形に類似した手順で進めていく場合が多いので，2 章で学んだ内容を復習しながらその求め方を習得してほしい．次に行列式の余因子展開について学ぶ．余因子展開は行列式の計算法の 1 つとしての位置づけだけでなく，連立 1 次方程式の解や逆行列の求め方においても重要であるので数多くの問題を解いて理解を深めてほしい．

3.1 置 換
—置換とその符号の考え方を理解する

置換

　本節では行列式を定義する上での準備として置換について学ぶ. 置換とは文字の並べ替えの操作であるので順列を考えればよいのであるが, それに符号という重要な考え方を加えて導入する. そのためにそれぞれの置換を互換の積で表すが, そこから導かれる「積を構成する互換の総数が偶数個か奇数個のいずれかに決まる」ことの一般的な証明はかなり難しい. 従ってより少ない文字の具体的な場合で確認することが効果的である.

　2.3 節の最後の例 2.5 において, 2 次および 3 次の列ベクトルの 1 次独立, 1 次従属, あるいは正方行列の正則性を調べる際に, (2.12) 式や (2.13) 式で表される数 (Δ) が重要であることを示した. ここではまずこれらの式に現れる行列の成分を $a_{1\sigma(1)}, a_{2\sigma(2)}, a_{3\sigma(3)}$ のように行の番号 i のときの列の番号を $\sigma(i)$ とかき, 行の番号を $1, 2, 3$ という順にしたときの列の番号を $\sigma(1)\sigma(2)\sigma(3)$ と横に並べたものを調べよう.

(2.12) 式:

第 1 項：$\sigma(1) = 1, \sigma(2) = 2$ なので $\sigma(1)\sigma(2) = 12$ である.
第 2 項：$\sigma(1) = 2, \sigma(2) = 1$ なので $\sigma(1)\sigma(2) = 21$ である.

(2.13) 式:

第 1 項：$\sigma(1) = 1, \sigma(2) = 2, \sigma(3) = 3$ なので $\sigma(1)\sigma(2)\sigma(3) = 123$ である.
第 2 項：$\sigma(1) = 2, \sigma(2) = 3, \sigma(3) = 1$ なので $\sigma(1)\sigma(2)\sigma(3) = 231$ である.
第 3 項：$\sigma(1) = 3, \sigma(2) = 1, \sigma(3) = 2$ なので $\sigma(1)\sigma(2)\sigma(3) = 312$ である.
第 4 項：$\sigma(1) = 1, \sigma(2) = 3, \sigma(3) = 2$ なので $\sigma(1)\sigma(2)\sigma(3) = 132$ である.
第 5 項：$\sigma(1) = 2, \sigma(2) = 1, \sigma(3) = 3$ なので $\sigma(1)\sigma(2)\sigma(3) = 213$ である.
第 6 項：$\sigma(1) = 3, \sigma(2) = 2, \sigma(3) = 1$ なので $\sigma(1)\sigma(2)\sigma(3) = 321$ である.

　このように並びは, (2.12) 式では「1」と「2」の 2 つの異なる数字の順列, (2.13) 式

では「1」,「2」および「3」の3つの異なる数字の順列であり, それぞれ $2! = 2$ 通り (2つの項), $3! = 6$ 通り (6つの項) となっていることがわかる.

一方, (2.12) 式や (2.13) 式ではすべての順列の項がそのまま総和となっているわけではなく,「$+$」として加えられる場合と「$-$」として差し引かれる場合がある. この符号を考える上で, (上記の順列も考慮して) 以下の数字の対応関係を表す「置換」という概念を導入する.

(I)　置換

ステップ1：キーポイント　**置換の定義**

n 個の文字からなる集合 $M = \{1, 2, \ldots, n\}$ を考え, M の任意の元 k に対して M の元 p_k を1対1に対応させる. この対応を (n 文字の) **置換**という. 1つの置換によって $1, 2, \ldots, n$ をそれぞれ $\sigma(1) = p_1$, $\sigma(2) = p_2$, $\ldots$, $\sigma(n) = p_n$ ($p_1, p_2, \ldots, p_n$ は $1, 2, \ldots, n$ のいずれかの文字) と対応させたとき, これを

$$\sigma = \begin{pmatrix} 1 & 2 & \cdots & n \\ \sigma(1) & \sigma(2) & \cdots & \sigma(n) \end{pmatrix} = \begin{pmatrix} 1 & 2 & \cdots & n \\ p_1 & p_2 & \cdots & p_n \end{pmatrix}$$

のように2段の表でかくことにする[1]. これから, 下段は $1, 2, \ldots, n$ の文字の順列になるので, その総数は $n!$ 個である.

上記の (2.13) 式で考察した項について置換で表現すると下段に各並びをかけばよいので, それぞれ上の項 (第1項) から

$$\begin{pmatrix} 1 & 2 & 3 \\ 1 & 2 & 3 \end{pmatrix}, \quad \begin{pmatrix} 1 & 2 & 3 \\ 2 & 3 & 1 \end{pmatrix}, \quad \begin{pmatrix} 1 & 2 & 3 \\ 3 & 1 & 2 \end{pmatrix},$$

$$\begin{pmatrix} 1 & 2 & 3 \\ 1 & 3 & 2 \end{pmatrix}, \quad \begin{pmatrix} 1 & 2 & 3 \\ 2 & 1 & 3 \end{pmatrix}, \quad \begin{pmatrix} 1 & 2 & 3 \\ 3 & 2 & 1 \end{pmatrix}$$

であり, $n = 3$ の場合の置換はこれですべてである.

(**注意**)　置換においてはそれぞれの上下段の要素の間の対応関係が問題であるので, 上段の文字の並べ方は自由であり, 必ずしも $1, 2, \ldots$ 等の順に並べる必要はない. 例えば

$$\sigma = \begin{pmatrix} 1 & 2 & 3 \\ 3 & 2 & 1 \end{pmatrix} = \begin{pmatrix} 2 & 3 & 1 \\ 2 & 1 & 3 \end{pmatrix} = \begin{pmatrix} 3 & 1 & 2 \\ 1 & 3 & 2 \end{pmatrix}$$

$$= \begin{pmatrix} 1 & 3 & 2 \\ 3 & 1 & 2 \end{pmatrix} = \begin{pmatrix} 2 & 1 & 3 \\ 2 & 3 & 1 \end{pmatrix} = \begin{pmatrix} 3 & 2 & 1 \\ 1 & 2 & 3 \end{pmatrix}$$

---

[1] $2 \times n$ 型行列と間違えないように注意しよう.

とどの表を用いて表現してもよい. 以下に重要な置換と置換に関する演算について説明する.

◆ **単位置換**　どの文字も動かさない（同じ文字に対応させる）置換

$$\varepsilon_n = \begin{pmatrix} 1 & 2 & \cdots & n \\ 1 & 2 & \cdots & n \end{pmatrix}$$

を**単位置換**もしくは**恒等置換**といい，（n 文字の置換の場合を区別して）記号 ε_n で表す[2].

◆ **逆置換**　置換 $\sigma = \begin{pmatrix} 1 & 2 & \cdots & n \\ \sigma(1) & \sigma(2) & \cdots & \sigma(n) \end{pmatrix} = \begin{pmatrix} 1 & 2 & \cdots & n \\ p_1 & p_2 & \cdots & p_n \end{pmatrix}$ に対して，その逆の対応関係の置換

$$\sigma^{-1} = \begin{pmatrix} p_1 & p_2 & \cdots & p_n \\ 1 & 2 & \cdots & n \end{pmatrix}$$

を σ の**逆置換**といい，σ^{-1} と表す.

例 3.1　$\sigma = \begin{pmatrix} 1 & 2 & 3 \\ 3 & 1 & 2 \end{pmatrix}$ の逆置換は $\sigma^{-1} = \begin{pmatrix} 3 & 1 & 2 \\ 1 & 2 & 3 \end{pmatrix} = \begin{pmatrix} 1 & 2 & 3 \\ 2 & 3 & 1 \end{pmatrix}$ である. □

◆ **置換の積**　2 つの置換

$$\sigma = \begin{pmatrix} 1 & 2 & \cdots & n \\ \sigma(1) & \sigma(2) & \cdots & \sigma(n) \end{pmatrix},$$

$$\tau = \begin{pmatrix} 1 & 2 & \cdots & n \\ \tau(1) & \tau(2) & \cdots & \tau(n) \end{pmatrix} = \begin{pmatrix} 1 & 2 & \cdots & n \\ q_1 & q_2 & \cdots & q_n \end{pmatrix}$$

に対して，これらを合成して得られる対応関係

$$(\sigma\tau)(i) = \sigma\left(\tau(i)\right) = \sigma(q_i) \quad (i = 1, 2, \ldots, n)$$

を σ と τ の**置換の積**といい，$\sigma\tau = \begin{pmatrix} 1 & 2 & \cdots & n \\ (\sigma\tau)(1) & (\sigma\tau)(2) & \cdots & (\sigma\tau)(n) \end{pmatrix}$ で表す.

例 3.2　$\sigma = \begin{pmatrix} 1 & 2 & 3 \\ 2 & 3 & 1 \end{pmatrix}$, $\tau = \begin{pmatrix} 1 & 2 & 3 \\ 1 & 3 & 2 \end{pmatrix}$ とするとき，これらの積 $\sigma\tau$ は

$$(\sigma\tau)(1) = \sigma\left(\tau(1)\right) = \sigma(1) = 2, \quad (\sigma\tau)(2) = \sigma\left(\tau(2)\right) = \sigma(3) = 1,$$

$$(\sigma\tau)(3) = \sigma\left(\tau(3)\right) = \sigma(2) = 3$$

より，$\sigma\tau = \begin{pmatrix} 1 & 2 & 3 \\ 2 & 1 & 3 \end{pmatrix}$ である. また積 $\tau\sigma$ は

----

[2] 本書では単位置換に統一する.

$$(\tau\sigma)(1) = \tau\left(\sigma(1)\right) = \tau(2) = 3, \quad (\tau\sigma)(2) = \tau\left(\sigma(2)\right) = \tau(3) = 2,$$
$$(\tau\sigma)(3) = \tau\left(\sigma(3)\right) = \tau(1) = 1$$

より，$\tau\sigma = \begin{pmatrix} 1 & 2 & 3 \\ 3 & 2 & 1 \end{pmatrix}$ である[3]．　　　　　　　□

n 文字の 3 つの置換 σ, τ および ρ に対して，次が成立する[4]．

- $(\sigma\tau)\rho = \sigma(\tau\rho)$
- $\varepsilon_n\sigma = \sigma\varepsilon_n$
- $\sigma\sigma^{-1} = \sigma^{-1}\sigma = \varepsilon_n$

---例題 **3.1**---

$\sigma = \begin{pmatrix} 1 & 2 & 3 & 4 \\ 3 & 2 & 4 & 1 \end{pmatrix}$, $\tau = \begin{pmatrix} 1 & 2 & 3 & 4 \\ 2 & 4 & 1 & 3 \end{pmatrix}$ とするとき，これらの積 $\sigma\tau$ を求めよ．

解答

$$(\sigma\tau)(1) = \sigma\left(\tau(1)\right) = \sigma(2) = 2, \quad (\sigma\tau)(2) = \sigma\left(\tau(2)\right) = \sigma(4) = 1,$$
$$(\sigma\tau)(3) = \sigma\left(\tau(3)\right) = \sigma(1) = 3, \quad (\sigma\tau)(4) = \sigma\left(\tau(4)\right) = \sigma(3) = 4$$

より，$\sigma\tau = \begin{pmatrix} 1 & 2 & 3 & 4 \\ 2 & 1 & 3 & 4 \end{pmatrix}$ である．　　　　　　　□

✅ チェック問題 **3.1**　$\sigma = \begin{pmatrix} 1 & 2 & 3 & 4 & 5 \\ 2 & 4 & 5 & 3 & 1 \end{pmatrix}$, $\tau = \begin{pmatrix} 1 & 2 & 3 & 4 & 5 \\ 5 & 1 & 4 & 2 & 3 \end{pmatrix}$ とするとき，これらの積 $\sigma\tau$ と $\tau\sigma$ を求めよ．

◆ 互換　n 個の文字の中の 2 つの文字だけを交換し，それ以外の $n-2$ 個の文字は動かさない置換を**互換**という．任意の置換はいくつかの互換の積で表される．

例 **3.3**　置換 $\sigma = \begin{pmatrix} 1 & 2 & 3 \\ 3 & 1 & 2 \end{pmatrix}$ について

$$\sigma = \begin{pmatrix} 1 & 2 & 3 \\ 3 & 2 & 1 \end{pmatrix}\begin{pmatrix} 1 & 2 & 3 \\ 1 & 3 & 2 \end{pmatrix} = \tau_2\tau_1$$

と 2 つの互換 τ_1, τ_2 の積で表される．また

$$\sigma = \begin{pmatrix} 1 & 2 & 3 \\ 3 & 2 & 1 \end{pmatrix}\begin{pmatrix} 1 & 2 & 3 \\ 2 & 1 & 3 \end{pmatrix}\begin{pmatrix} 1 & 2 & 3 \\ 1 & 3 & 2 \end{pmatrix}\begin{pmatrix} 1 & 2 & 3 \\ 3 & 2 & 1 \end{pmatrix} = \rho_4\rho_3\rho_2\rho_1$$

と 4 つの互換 $\rho_1 \sim \rho_4$ の積でも表される．　　　　　　　□

---

[3] この例からわかるように，一般に交換法則は成立しない．

[4] 定義に従って各自確認せよ．

　この例からわかるように，互換の積で表す方法は 1 通りではないが，ある置換を互換の積で表した場合の互換の総数が偶数個であるか奇数個であるかは互換の表し方によらず不変である．

（証明）　互換の総数が偶数個か奇数個かを調べるために，n 個の変数 $x_1, x_2, \ldots, x_n$ の多項式

$$P(x_1, x_2, \ldots, x_n) = (x_n - x_{n-1})(x_n - x_{n-2}) \cdots (x_n - x_2)(x_n - x_1)$$
$$\times (x_{n-1} - x_{n-2}) \cdots (x_{n-1} - x_2)(x_{n-1} - x_1)$$
$$\cdots\cdots\cdots$$
$$\times (x_3 - x_2)(x_3 - x_1)$$
$$\times (x_2 - x_1)$$
$$\tag{3.1}$$

を導入し，変数の置き換えによって式の符号がどのようになるかについて考える[5]．n 文字の置換 $\sigma = \begin{pmatrix} 1 & 2 & \cdots & n \\ \sigma(1) & \sigma(2) & \cdots & \sigma(n) \end{pmatrix}$ に対して，(3.1) 式の $x_1, x_2, \ldots, x_n$ のかわりに，$x_{\sigma(1)}, x_{\sigma(2)}, \ldots, x_{\sigma(n)}$ をそれぞれ置き換えた多項式 P^σ を考えると，$x_{\sigma(1)}, x_{\sigma(2)}, \ldots, x_{\sigma(n)}$ は $x_1, x_2, \ldots, x_n$ の（重複のない）いずれかであるので，P^σ も $x_1, x_2, \ldots, x_n$ を変数とする多項式であり，

$$P^\sigma(x_1, x_2, \ldots, x_n) = P(x_{\sigma(1)}, x_{\sigma(2)}, \ldots, x_{\sigma(n)})$$

である．ここで P^σ の項の順序を入れ替えて，さらに各括弧の変数の番号の大小を (3.1) 式のように合わせると，（括弧内の変数の番号の大小の順が入れ替わったときに符号が変わるので）

$$P^\sigma(x_1, x_2, \ldots, x_n) = \pm P(x_1, x_2, \ldots, x_n)$$

が成り立つ．もし σ が互換 $\begin{pmatrix} 1 & 2 & \cdots & i & \cdots & j & \cdots & n \\ 1 & 2 & \cdots & j & \cdots & i & \cdots & n \end{pmatrix}$ ならば，(3.1) 式の変数 x_i と x_j を入れ替えて全体の符号を調べると，

$$P^\sigma(x_1, x_2, \ldots, x_n) = P(x_1, x_2, \ldots, x_j, \ldots, x_i, \ldots, x_n)$$
$$= -P(x_1, x_2, \ldots, x_i, \ldots, x_j, \ldots, x_n)$$

となる．ここで，σ が次の 2 通りの互換の積で表されたとする．

$$\sigma = \tau_1 \tau_2 \cdots \tau_k = \rho_1 \rho_2 \cdots \rho_l.$$

---

[5] この多項式を n 変数の差積という．

このとき互換の個数分だけ符号が変わるので

$$P^{\sigma}(x_1, x_2, \ldots, x_n) = (-1)^k P(x_1, x_2, \ldots, x_n) \quad (\tau_1\tau_2\cdots\tau_k \text{ の場合})$$

$$= (-1)^l P(x_1, x_2, \ldots, x_n) \quad (\rho_1\rho_2\cdots\rho_l \text{ の場合})$$

である. 従って $(-1)^k = (-1)^l$ であるので, k と l はともに偶数の場合か, ともに奇数の場合である. $\qquad\square$

以上から置換 σ が与えられたとき, その互換をある互換の積に分解したときの互換の総数が N 個の場合に

$$\mathrm{sgn}\,\sigma = (-1)^N$$

を定義すれば, $\mathrm{sgn}\,\sigma$ は互換の積の表し方によらず不変である. これを置換 σ の**符号**といい, $\mathrm{sgn}\,\sigma = 1$ のときの σ を**偶置換**, $\mathrm{sgn}\,\sigma = -1$ のときの σ を**奇置換**という. 単位置換 ε_n については $\mathrm{sgn}\,\varepsilon_n = 1$ で偶置換である.

2つの置換 σ と τ がそれぞれ k_1 個と k_2 個の互換の積で表されるとき, 置換の積 $\sigma\tau$ は $k_1 + k_2$ 個の互換の積で表されるので次が成り立つ[6].

$$\mathrm{sgn}\,\sigma\tau = (\mathrm{sgn}\,\sigma)(\mathrm{sgn}\,\tau)$$

例 3.4 3文字の置換を $\sigma_i = \begin{pmatrix} 1 & 2 & 3 \\ \sigma_i(1) & \sigma_i(2) & \sigma_i(3) \end{pmatrix}$ $(i = 1, 2, \ldots, 6)$ と番号付けする. このとき6個の置換の符号を調べよう.

- $\sigma_1 = \begin{pmatrix} 1 & 2 & 3 \\ 1 & 2 & 3 \end{pmatrix} = \begin{pmatrix} 1 & 2 & 3 \\ 2 & 1 & 3 \end{pmatrix}\begin{pmatrix} 1 & 2 & 3 \\ 2 & 1 & 3 \end{pmatrix}$ より $N = 2$ だから $\mathrm{sgn}\,\sigma_1 = 1$.

- $\sigma_2 = \begin{pmatrix} 1 & 2 & 3 \\ 2 & 3 & 1 \end{pmatrix} = \begin{pmatrix} 1 & 2 & 3 \\ 2 & 1 & 3 \end{pmatrix}\begin{pmatrix} 1 & 2 & 3 \\ 1 & 3 & 2 \end{pmatrix}$ より $N = 2$ だから $\mathrm{sgn}\,\sigma_2 = 1$.

- $\sigma_3 = \begin{pmatrix} 1 & 2 & 3 \\ 3 & 1 & 2 \end{pmatrix} = \begin{pmatrix} 1 & 2 & 3 \\ 3 & 2 & 1 \end{pmatrix}\begin{pmatrix} 1 & 2 & 3 \\ 1 & 3 & 2 \end{pmatrix}$ より $N = 2$ だから $\mathrm{sgn}\,\sigma_3 = 1$.

- $\sigma_4 = \begin{pmatrix} 1 & 2 & 3 \\ 1 & 3 & 2 \end{pmatrix} = \begin{pmatrix} 1 & 2 & 3 \\ 1 & 3 & 2 \end{pmatrix}$ より $N = 1$ だから $\mathrm{sgn}\,\sigma_4 = -1$.

- $\sigma_5 = \begin{pmatrix} 1 & 2 & 3 \\ 2 & 1 & 3 \end{pmatrix} = \begin{pmatrix} 1 & 2 & 3 \\ 2 & 1 & 3 \end{pmatrix}$ より $N = 1$ だから $\mathrm{sgn}\,\sigma_5 = -1$.

- $\sigma_6 = \begin{pmatrix} 1 & 2 & 3 \\ 3 & 2 & 1 \end{pmatrix} = \begin{pmatrix} 1 & 2 & 3 \\ 3 & 2 & 1 \end{pmatrix}$ より $N = 1$ だから $\mathrm{sgn}\,\sigma_6 = -1$.

なお, σ_4, σ_5 および σ_6 については, 置換がそのまま互換になっていることに注意しよう. $\qquad\square$

---

[6] 置換とその逆置換との積が単位置換になることから, $\mathrm{sgn}\,\sigma\sigma^{-1} = 1$ より, $\mathrm{sgn}\,\sigma^{-1} = \mathrm{sgn}\,\sigma$ も成り立つ.

n 文字の置換全体は $n!$ 個の置換を元とする集合であり，これを S_n とかく．例 3.4 の $n = 3$ の場合は，

$$S_3 = \{\sigma_1, \sigma_2, \sigma_3, \sigma_4, \sigma_5, \sigma_6\}$$

である．

本節の最初に，2.3 節の例 2.5 の (2.12) 式や (2.13) 式で表される数（Δ）について調べたが，それぞれの項の符号については上記の置換の符号になっていることがわかる．例えば (2.13) 式の第 i 項 $(i = 1, 2, \ldots, 6)$ を

$$(\operatorname{sgn}\sigma_i)a_{1\sigma_i(1)}a_{2\sigma_i(2)}a_{3\sigma_i(3)}$$

とすると，例 3.4 の各置換

$$\sigma_i = \begin{pmatrix} 1 & 2 & 3 \\ \sigma_i(1) & \sigma_i(2) & \sigma_i(3) \end{pmatrix} \quad (i = 1, 2, \ldots, 6)$$

に符号も含めて対応しており，Δ はこれらの和で表される．このことから次節では，(2.12) 式や (2.13) 式で表される $n = 2, 3$ の場合の数（Δ）の，一般の n の場合の数を置換を用いて表現することを考える．

✔ **チェック問題 3.2** 2 文字の置換全体の集合について，

$$S_2 = \left\{\sigma_1 = \begin{pmatrix} 1 & 2 \\ 1 & 2 \end{pmatrix}, \ \sigma_2 = \begin{pmatrix} 1 & 2 \\ 2 & 1 \end{pmatrix}\right\}$$

と番号付けするとき，(2.12) 式の第 i 項 $(i = 1, 2)$ が

$$(\operatorname{sgn}\sigma_i)a_{1\sigma_i(1)}a_{2\sigma_i(2)}$$

となることを確かめよ．

3.2 行列式の基本的な性質
—行列式の定義と基本的な性質を理解する

行列式の性質

　本節では行列式の性質について学ぶ．まず行列式を置換を用いて定義しそれに従って 2 次と 3 次の場合に利用できるサラスの方法を紹介する．また定義式をもとに行列式のいくつかの性質を説明し，それらを用いたいくつかの具体的な計算例で検証する．行列式を求める計算は主に行列の基本変形と同じような手順となるが，行に関する性質だけでなく列に関する性質も併用することにより，より簡単に求められる場合がある．次に行列の正則性と行列式との関連および行列の積の行列式がそれぞれの行列式の積で表されることを学ぶ．これらは 5 章の固有値問題や行列の対角化において必要となるので理解しておくことが肝要である．

(I)　行列式の定義

　例 2.5 の (2.12) 式や (2.13) 式で表される数 Δ を前節の n 文字の置換を用いた表現をもとに一般化する．

ステップ 2 : キーポイント　　**行列式の定義**

n 次正方行列 $A = \left(a_{ij} \right)$ に対して

$$|A| = \sum_{\sigma \in S_n} (\operatorname{sgn} \sigma) a_{1\sigma(1)} a_{2\sigma(2)} \cdots a_{n\sigma(n)} \tag{3.2}$$

を A の**行列式**という．なお (3.2) 式の右辺の総和は n 文字の置換全体の集合の元 $n!$ 個すべての和をとる．また A の行列式は

$$\det A, \quad \begin{vmatrix} a_{11} & \cdots & a_{1j} & \cdots & a_{1n} \\ a_{21} & \cdots & a_{2j} & \cdots & a_{2n} \\ \vdots & & \vdots & & \vdots \\ a_{i1} & \cdots & a_{ij} & \cdots & a_{in} \\ \vdots & & \vdots & & \vdots \\ a_{n1} & \cdots & a_{nj} & \cdots & a_{nn} \end{vmatrix}$$

等とかかれる．

　チェック問題 3.2 と例 3.4 では $n = 2, 3$ の場合の行列式が (3.2) 式で与えられることは確認できたが，これらの場合には視覚的に式を与える方法として**サラスの方法**があるので紹介しよう．これは行列の成分に対して図 3.1 に示すようにたすきがけの方向に沿って左上から右下に向かう方向（実線で示す）の成分の積は $+$，右上から左下に向かう方向（破線で示す）の成分の積は $-$ として和をとる規則である．なお $n = 3$ の場合において，図 3.1 では左上から右下に向かう方向の場合に，第 3 列の成分まで達すると回転して右下から左上に向かうように示してあるが，これは第 3 列の右側に第 1 列，第 2 列を順に付け加えてそのまま右下の成分に向かって積をとっても同じである．（$-$ の場合には，第 1 列の左に第 3 列，第 2 列の順に付け加えてそのまま左下の成分に向かって積をとればよい．）

（**注意**）　サラスの方法は $n \geq 4$ の場合には使えない[7]．

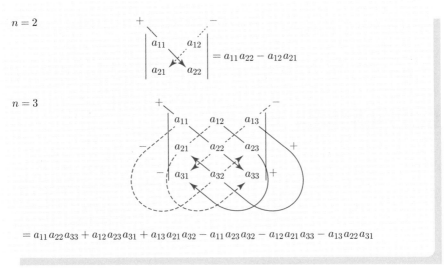

$$= a_{11}a_{22}a_{33} + a_{12}a_{23}a_{31} + a_{13}a_{21}a_{32} - a_{11}a_{23}a_{32} - a_{12}a_{21}a_{33} - a_{13}a_{22}a_{31}$$

図 3.1　サラスの方法

---

[7] 具体的にやってみるとよいが，例えば $n = 4$ の場合には (3.2) 式の総和は 4 文字の置換全体についてなので，$4! = 24$ 個の項が出てこなければいけないが，たすきがけをすると，$+$ の項が 4 個，$-$ の項が 4 個の計 8 個の項しか得られない．

(II) 行列式の性質と行基本変形を用いた計算法

4 次以上の行列式を求める場合や，他の分野の問題に行列式を利用していく場合には，行列式の性質を理解する必要がある．以下にまず (3.2) 式で与えられる行列式の定義式から導かれるいくつかの性質について説明するが，基本的には行列の基本変形に関係するものが多い．

ステップ3：定理　行列式の性質 (1)

n 次正方行列 A の行列式について，以下の性質が成立する．なお k を定数とし，行列 A について行ベクトルで分割して表すこととする．

（性質 A）　ある行ベクトルを k 倍した行列式は，もとの行列式の k 倍に等しい．

$$\det \begin{pmatrix} \boldsymbol{a}_1 \\ \vdots \\ k\boldsymbol{a}_i \\ \vdots \\ \boldsymbol{a}_n \end{pmatrix} = k \det \begin{pmatrix} \boldsymbol{a}_1 \\ \vdots \\ \boldsymbol{a}_i \\ \vdots \\ \boldsymbol{a}_n \end{pmatrix} \quad (i = 1, 2, \ldots, n).$$

（性質 B）　ある行ベクトルが 2 つの行ベクトルの和で表される行列式は，他の行ベクトルは同じでその行ベクトルをそれぞれの行ベクトルに分けた 2 つの行列式の和となる．

$$\det \begin{pmatrix} \boldsymbol{a}_1 \\ \vdots \\ \boldsymbol{a}_i + \boldsymbol{b}_i \\ \vdots \\ \boldsymbol{a}_n \end{pmatrix} = \det \begin{pmatrix} \boldsymbol{a}_1 \\ \vdots \\ \boldsymbol{a}_i \\ \vdots \\ \boldsymbol{a}_n \end{pmatrix} + \det \begin{pmatrix} \boldsymbol{a}_1 \\ \vdots \\ \boldsymbol{b}_i \\ \vdots \\ \boldsymbol{a}_n \end{pmatrix} \quad (i = 1, 2, \ldots, n).$$

（性質 C）　ある行ベクトルと別の行ベクトルを入れ替えた行列式は，もとの行列式の -1 倍となり

$$\det \begin{pmatrix} \boldsymbol{a}_1 \\ \vdots \\ \boldsymbol{a}_i \\ \vdots \\ \boldsymbol{a}_j \\ \vdots \\ \boldsymbol{a}_n \end{pmatrix} = -\det \begin{pmatrix} \boldsymbol{a}_1 \\ \vdots \\ \boldsymbol{a}_j \\ \vdots \\ \boldsymbol{a}_i \\ \vdots \\ \boldsymbol{a}_n \end{pmatrix} \quad (i, j = 1, 2, \ldots, n; i \neq j)$$

が成り立つ. 従って，A のある行ベクトルの k 倍である別の行があれば行列式の値は 0 である.

（性質 D）　ある行ベクトルを k 倍して別の行ベクトルに加えた行列式は，もとの行列式に等しい.

$$\det\begin{pmatrix} \boldsymbol{a}_1 \\ \vdots \\ \boldsymbol{a}_i + k\boldsymbol{a}_j \\ \vdots \\ \boldsymbol{a}_j \\ \vdots \\ \boldsymbol{a}_n \end{pmatrix} = \det\begin{pmatrix} \boldsymbol{a}_1 \\ \vdots \\ \boldsymbol{a}_i \\ \vdots \\ \boldsymbol{a}_j \\ \vdots \\ \boldsymbol{a}_n \end{pmatrix} \quad (i,\, j = 1,\, 2,\, \ldots,\, n;\, i \neq j).$$

（性質 E）　以下の n 次の行列式は $n-1$ 次の行列式で表される.

$$\begin{vmatrix} a_{11} & a_{12} & \cdots & a_{1n} \\ 0 & a_{22} & \cdots & a_{2n} \\ \vdots & \vdots & & \vdots \\ 0 & a_{n2} & \cdots & a_{nn} \end{vmatrix} = a_{11} \begin{vmatrix} a_{22} & a_{23} & \cdots & a_{2n} \\ a_{32} & a_{33} & \cdots & a_{3n} \\ \vdots & \vdots & & \vdots \\ a_{n2} & a_{n3} & \cdots & a_{nn} \end{vmatrix}. \tag{3.3}$$

それぞれ簡単に証明しておこう.

（性質 A の証明）

$$\det\begin{pmatrix} \boldsymbol{a}_1 \\ \vdots \\ k\boldsymbol{a}_i \\ \vdots \\ \boldsymbol{a}_n \end{pmatrix}$$

$$= \sum_{\sigma \in S_n} (\mathrm{sgn}\,\sigma) a_{1\sigma(1)} a_{2\sigma(2)} \cdots (k a_{i\sigma(i)}) \cdots a_{n\sigma(n)}$$

$$= k \sum_{\sigma \in S_n} (\mathrm{sgn}\,\sigma) a_{1\sigma(1)} a_{2\sigma(2)} \cdots a_{i\sigma(i)} \cdots a_{n\sigma(n)} = k \det\begin{pmatrix} \boldsymbol{a}_1 \\ \vdots \\ \boldsymbol{a}_i \\ \vdots \\ \boldsymbol{a}_n \end{pmatrix}. \qquad \square$$

（性質 B の証明）

$$\det \begin{pmatrix} \boldsymbol{a}_1 \\ \vdots \\ \boldsymbol{a}_i + \boldsymbol{b}_i \\ \vdots \\ \boldsymbol{a}_n \end{pmatrix}$$

$$= \sum_{\sigma \in S_n} (\mathrm{sgn}\,\sigma) a_{1\sigma(1)} a_{2\sigma(2)} \cdots (a_{i\sigma(i)} + b_{i\sigma(i)}) \cdots a_{n\sigma(n)}$$

$$= \sum_{\sigma \in S_n} (\mathrm{sgn}\,\sigma) a_{1\sigma(1)} a_{2\sigma(2)} \cdots a_{i\sigma(i)} \cdots a_{n\sigma(n)}$$

$$+ \sum_{\sigma \in S_n} (\mathrm{sgn}\,\sigma) a_{1\sigma(1)} a_{2\sigma(2)} \cdots b_{i\sigma(i)} \cdots a_{n\sigma(n)}$$

$$= \det \begin{pmatrix} \boldsymbol{a}_1 \\ \vdots \\ \boldsymbol{a}_i \\ \vdots \\ \boldsymbol{a}_n \end{pmatrix} + \det \begin{pmatrix} \boldsymbol{a}_1 \\ \vdots \\ \boldsymbol{b}_i \\ \vdots \\ \boldsymbol{a}_n \end{pmatrix}. \qquad \square$$

（性質 C の証明）　第 i 行と第 j 行を入れ替えるので，互換

$$\tau = \begin{pmatrix} 1 & 2 & \cdots & i & \cdots & j & \cdots & n \\ 1 & 2 & \cdots & j & \cdots & i & \cdots & n \end{pmatrix}$$

を行った後置換 σ を行えば，積 $\rho = \sigma\tau$ として

$$\rho = \begin{pmatrix} 1 & 2 & \cdots & i & \cdots & j & \cdots & n \\ \rho(1) & \rho(2) & \cdots & \rho(i) & \cdots & \rho(j) & \cdots & n \end{pmatrix}$$

$$= \sigma \begin{pmatrix} 1 & 2 & \cdots & i & \cdots & j & \cdots & n \\ 1 & 2 & \cdots & j & \cdots & i & \cdots & n \end{pmatrix}$$

$$= \begin{pmatrix} 1 & 2 & \cdots & i & \cdots & j & \cdots & n \\ \sigma(1) & \sigma(2) & \cdots & \sigma(j) & \cdots & \sigma(i) & \cdots & \sigma(n) \end{pmatrix}$$

の関係が得られる．ここで σ が S_n 全体を動くとき，ρ も S_n 全体を動き，また

$$\mathrm{sgn}\,\rho = (\mathrm{sgn}\,\sigma)(\mathrm{sgn}\,\tau) = -\mathrm{sgn}\,\sigma$$

である．従って

$$\det \begin{pmatrix} \boldsymbol{a}_1 \\ \vdots \\ \boldsymbol{a}_j \\ \vdots \\ \boldsymbol{a}_i \\ \vdots \\ \boldsymbol{a}_n \end{pmatrix} = \sum_{\sigma \in S_n} (\operatorname{sgn} \sigma) a_{1\sigma(1)} a_{2\sigma(2)} \cdots a_{j\sigma(i)} \cdots a_{i\sigma(j)} \cdots a_{n\sigma(n)}$$

$$= \sum_{\rho \in S_n} (-\operatorname{sgn} \rho) a_{1\rho(1)} a_{2\rho(2)} \cdots a_{j\rho(j)} \cdots a_{i\rho(i)} \cdots a_{n\rho(n)}$$

$$= - \sum_{\rho \in S_n} (\operatorname{sgn} \rho) a_{1\rho(1)} a_{2\rho(2)} \cdots a_{i\rho(i)} \cdots a_{j\rho(j)} \cdots a_{n\rho(n)} = -\det \begin{pmatrix} \boldsymbol{a}_1 \\ \vdots \\ \boldsymbol{a}_i \\ \vdots \\ \boldsymbol{a}_j \\ \vdots \\ \boldsymbol{a}_n \end{pmatrix}.$$

また $\boldsymbol{a}_j = k\boldsymbol{a}_i$ であるときの行列式を $|A'|$ とすれば，上式と性質 A を考えれば

$$|A'| = \det \begin{pmatrix} \boldsymbol{a}_1 \\ \vdots \\ \boldsymbol{a}_i \\ \vdots \\ k\boldsymbol{a}_i \\ \vdots \\ \boldsymbol{a}_n \end{pmatrix} = -\det \begin{pmatrix} \boldsymbol{a}_1 \\ \vdots \\ k\boldsymbol{a}_i \\ \vdots \\ \boldsymbol{a}_i \\ \vdots \\ \boldsymbol{a}_n \end{pmatrix} = -k \det \begin{pmatrix} \boldsymbol{a}_1 \\ \vdots \\ \boldsymbol{a}_i \\ \vdots \\ \boldsymbol{a}_i \\ \vdots \\ \boldsymbol{a}_n \end{pmatrix} = -\det \begin{pmatrix} \boldsymbol{a}_1 \\ \vdots \\ \boldsymbol{a}_i \\ \vdots \\ k\boldsymbol{a}_i \\ \vdots \\ \boldsymbol{a}_n \end{pmatrix}$$

$$= -|A'|$$

より，$|A'| = 0$ である．（$k = 0$ の場合は明らかに $|A'| = 0$ である．） $\square$

（性質 D の証明） 性質 B と性質 C から

$$\det \begin{pmatrix} \boldsymbol{a}_1 \\ \vdots \\ \boldsymbol{a}_i + k\boldsymbol{a}_j \\ \vdots \\ \boldsymbol{a}_j \\ \vdots \\ \boldsymbol{a}_n \end{pmatrix} = \det \begin{pmatrix} \boldsymbol{a}_1 \\ \vdots \\ \boldsymbol{a}_i \\ \vdots \\ \boldsymbol{a}_j \\ \vdots \\ \boldsymbol{a}_n \end{pmatrix} + k \det \begin{pmatrix} \boldsymbol{a}_1 \\ \vdots \\ \boldsymbol{a}_j \\ \vdots \\ \boldsymbol{a}_j \\ \vdots \\ \boldsymbol{a}_n \end{pmatrix} = \det \begin{pmatrix} \boldsymbol{a}_1 \\ \vdots \\ \boldsymbol{a}_i \\ \vdots \\ \boldsymbol{a}_j \\ \vdots \\ \boldsymbol{a}_n \end{pmatrix}. \quad \square$$

(性質 E の証明)　(3.3) 式の左辺の行列式を $|A'|$ として，$|A'|$ を定義式 (3.2) で表したとき，和をとる各置換 σ に対して $\sigma(1) \neq 1$ である場合には，$\sigma(k) = 1$，$k \neq 1$ となる k が存在するので，$a_{k\sigma(k)} = a_{k1} = 0$ より積 $a_{2\sigma(2)} \cdots a_{i\sigma(i)} \cdots a_{n\sigma(n)}$ は 0 となる．従って $\sigma(1) = 1$ である場合のみを考えればよい．その場合の残りの $\{2, 3, \ldots, n\}$ の $n-1$ 文字の置換を σ' とすると

$$
\begin{aligned}
|A'| &= \sum_{\sigma \in S_n, \sigma(1)=1} (\operatorname{sgn} \sigma) a_{1\sigma(1)} a_{2\sigma(2)} \cdots a_{i\sigma(i)} \cdots a_{n\sigma(n)} \\
&= a_{11} \sum_{\sigma' \in S_{n-1}} (\operatorname{sgn} \sigma') a_{2\sigma'(2)} \cdots a_{i\sigma'(i)} \cdots a_{n\sigma'(n)} \\
&= a_{11} \begin{vmatrix} a_{22} & a_{23} & \cdots & a_{2n} \\ a_{32} & a_{32} & \cdots & a_{3n} \\ \vdots & \vdots & & \vdots \\ a_{n2} & a_{n3} & \cdots & a_{nn} \end{vmatrix}.
\end{aligned}
$$

□

例 3.5　上三角行列の行列式の値は性質 E を利用すれば

$$
\begin{vmatrix} a_{11} & a_{12} & a_{13} & \cdots & a_{1n} \\ 0 & a_{22} & a_{23} & \cdots & a_{2n} \\ \vdots & 0 & a_{33} & \cdots & a_{3n} \\ \vdots & \vdots & \ddots & \ddots & \vdots \\ 0 & 0 & \cdots & 0 & a_{nn} \end{vmatrix}
$$

$$
= a_{11} \begin{vmatrix} a_{22} & a_{23} & a_{24} & \cdots & a_{1n} \\ 0 & a_{33} & a_{34} & \cdots & a_{3n} \\ \vdots & 0 & a_{44} & \cdots & a_{4n} \\ \vdots & \vdots & \ddots & \ddots & \vdots \\ 0 & 0 & \cdots & 0 & a_{nn} \end{vmatrix}
$$

$$
= \cdots = a_{11} a_{22} \cdots a_{nn}.
$$

特に単位行列の行列式は $|E_n| = 1$ である．□

例 3.6　3 個の n 次の基本行列の行列式の値について行列の性質を利用して求める．ただし行ベクトル $\boldsymbol{e}_i'$ $(i = 1, 2, \ldots, n)$ は (1.3) 式の n 個のベクトルである．

　(1)　$R_n(i, j)$ は性質 C を利用して第 i 行と第 j 行を入れ替えれば単位行列になるので

$$|R_n(i,\,j)| = \begin{vmatrix} 1 & & & & 0 & & & & 0 & & \\ & \ddots & & \vdots & & 0 & & \vdots & & 0 & \\ & & 1 & 0 & & & & 0 & & & \\ 0 & \cdots & 0 & 0 & 0 & \cdots & 0 & 1 & 0 & \cdots & 0 \\ & & & 0 & 1 & & & 0 & & & \\ & & 0 & \vdots & & \ddots & & \vdots & & 0 & \\ & & & 0 & & & 1 & 0 & & & \\ 0 & \cdots & 0 & 1 & 0 & \cdots & 0 & 0 & 0 & \cdots & 0 \\ & & & 0 & & & & 0 & 1 & & \\ & & 0 & \vdots & & 0 & & \vdots & & \ddots & \\ & & & 0 & & & & 0 & & & 1 \end{vmatrix} \begin{matrix} \\ \\ \\ \text{第}\,i\,\text{行} \\ \\ \\ \\ \text{第}\,j\,\text{行} \\ \\ \\ \\ \end{matrix}$$

$$\text{第}\,i\,\text{列} \qquad \text{第}\,j\,\text{列}$$

$$= -|E_n| = -1.$$

(2) 性質 D を利用すれば,

$$|T_n(i,\,j\,;\,k)| = \begin{vmatrix} 1 & & & & 0 & & & & 0 & & \\ & \ddots & & \vdots & & 0 & & \vdots & & 0 & \\ & & 1 & 0 & & & & 0 & & & \\ 0 & \cdots & 0 & 1 & 0 & \cdots & 0 & k & 0 & \cdots & 0 \\ & & & 0 & 1 & & & 0 & & & \\ & & 0 & \vdots & & \ddots & & \vdots & & 0 & \\ & & & 0 & & & 1 & 0 & & & \\ 0 & \cdots & 0 & 0 & 0 & \cdots & 0 & 1 & 0 & \cdots & 0 \\ & & & 0 & & & & 0 & 1 & & \\ & & 0 & \vdots & & 0 & & \vdots & & \ddots & \\ & & & 0 & & & & 0 & & & 1 \end{vmatrix} \begin{matrix} \\ \\ \\ \text{第}\,i\,\text{行} \\ \\ \\ \\ \text{第}\,j\,\text{行} \\ \\ \\ \\ \end{matrix}$$

$$\text{第}\,i\,\text{列} \qquad \text{第}\,j\,\text{列}$$

$$= \det \begin{pmatrix} \boldsymbol{e}'_1 \\ \vdots \\ \boldsymbol{e}'_i \\ \vdots \\ \boldsymbol{e}'_j \\ \vdots \\ \boldsymbol{e}'_n \end{pmatrix} + \det \begin{pmatrix} \boldsymbol{e}'_1 \\ \vdots \\ k\boldsymbol{e}'_j \\ \vdots \\ \boldsymbol{e}'_j \\ \vdots \\ \boldsymbol{e}'_n \end{pmatrix} = |E_n| = 1.$$

(3) 性質 A を利用する. ただし $k \neq 0$ である.

$$|S_n(i\,;k)| = \begin{vmatrix} 1 & & & & & & 0 \\ & \ddots & & \vdots & & 0 & \\ & & 1 & 0 & & & \\ 0 & \cdots & 0 & k & 0 & \cdots & 0 \\ & & & 0 & 1 & & \\ & 0 & & \vdots & & \ddots & \\ & & & 0 & & & 1 \end{vmatrix} \begin{matrix} \\ \\ \\ \text{第 } i \text{ 行} \\ \\ \\ \end{matrix} = \det \begin{pmatrix} \boldsymbol{e}_1' \\ \vdots \\ k\boldsymbol{e}_i' \\ \vdots \\ \boldsymbol{e}_n' \end{pmatrix} = k|E_n| = k.$$

第 i 列

(1), (2), (3) から 3 種類の基本行列の行列式はどれも 0 ではない. □

以上説明した行列式の性質を利用して 4 次以上の行列式の値を求める手順を考えてみよう. まず性質 E の形の行列式によって n 次の行列式から $n-1$ 次の行列式が得られるが, (3.3) 式の左辺第 1 列をみると第 2 行 ～ 第 n 行の成分がすべて 0 であることから, これは行列の形としてみれば行の基本変形を行っていく手順で得られるものである. 一方, 性質 A, C, D については行に関する基本変形に関係する性質であり, 2 章で説明した行列の行に関する基本変形を行列式の場合にも適用して（行列式の性質 C を利用して行の入れ替えを行うことにより行列式の符号が変わること等に注意して）その行列式を求めていくことができるわけである. 例題で確認しよう.

─例題 3.2─

行列式 $|A| = \begin{vmatrix} 2 & 0 & -1 & 4 \\ -1 & 2 & 3 & 1 \\ 0 & -1 & 1 & 3 \\ 3 & 1 & 0 & -1 \end{vmatrix}$ の値を求めよ.

解答

$$|A| \overset{①}{=\!=} -\begin{vmatrix} -1 & 2 & 3 & 1 \\ 2 & 0 & -1 & 4 \\ 0 & -1 & 1 & 3 \\ 3 & 1 & 0 & -1 \end{vmatrix} \overset{②}{=\!=} \begin{vmatrix} 1 & -2 & -3 & -1 \\ 2 & 0 & -1 & 4 \\ 0 & -1 & 1 & 3 \\ 3 & 1 & 0 & -1 \end{vmatrix}$$

$$\overset{③}{=\!=} \begin{vmatrix} 1 & -2 & -3 & -1 \\ 0 & 4 & 5 & 6 \\ 0 & -1 & 1 & 3 \\ 0 & 7 & 9 & 2 \end{vmatrix} \overset{④}{=\!=} \begin{vmatrix} 4 & 5 & 6 \\ -1 & 1 & 3 \\ 7 & 9 & 2 \end{vmatrix}$$

$$\overset{⑤}{=\!=} \{4 \times 1 \times 2 + 5 \times 3 \times 7 + 6 \times (-1) \times 9\} - \{4 \times 3 \times 9 + 5 \times (-1) \times 2 + 6 \times 1 \times 7\}$$
$$= -81$$

である. ただし各変形については
①：第 1 行と第 2 行を入れ替えて性質 C を利用.
②：第 1 行を -1 でくくり性質 A を利用.
③：第 1 行を -2 倍して第 2 行に, 第 1 行を -3 倍して第 4 行にそれぞれ加えて性質 D を利用.
④：性質 E を利用.
⑤：$n=3$ の場合のサラスの方法を利用. □

⚫ チェック問題 **3.3** 行列式

$$|A| = \begin{pmatrix} 1 & a & a^2 & a^3 \\ 1 & b & b^2 & b^3 \\ 1 & c & c^2 & c^3 \\ 1 & d & d^2 & d^3 \end{pmatrix}$$

を因数分解せよ.

上記の例題でわかるように, 2 章の行列の行に関する基本変形 **(i)** (**i = 1, 2, 3**) と行列式の性質の関係は (変形前後の行列式をそれぞれ $|A|$, $|A'|$ とすると)

- 行に関する基本変形 **(1)** $\iff$ 性質 C の利用で, $|A'| = -|A|$,
- 行に関する基本変形 **(2)** $\iff$ 性質 D の利用で, $|A'| = |A|$, $\qquad$ (3.4)
- 行に関する基本変形 **(3)** $\iff$ 性質 A の利用で, $|A'| = k|A|$ $(k \neq 0)$

となる. この行に関する基本変形を有限回行うことによって A の簡約化 $\widehat{A}$ が得られるので, 行列式の関係は変形ごとに (3.4) 式を利用して代入していくことにより,

$$|\widehat{A}| = \alpha|A| \quad \text{ただし } \alpha \neq 0 \tag{3.5}$$

となる. また正方行列の簡約化は上三角行列であることと 2 章ステップ 9 より

ステップ 4：キーポイント 　**行列の正則性とその行列式の性質**

n 次正方行列 A が正則行列であるとき, $\mathrm{rank}\, A = n$ であり, その簡約化は $\widehat{A} = E_n$ であるので $|A| \neq 0$ である. またその逆も成り立つ. また A が正則でないとき, $\widehat{A}$ は単位行列ではないので, 対角成分に 0 が存在する上三角行列であり, $|\widehat{A}| = |A| = 0$ である.

(III) 列基本変形による行列式の性質

さて行列式を計算する上で, 行基本変形を利用する場合について説明してきたが, 次の転置行列の行列式の性質を用いると, 列に関しての行列式の変形が与えられ, より計算が簡単になる場合がある. このことについて説明しよう.

n 文字の置換 $\sigma = \begin{pmatrix} 1 & 2 & \cdots & n \\ \sigma(1) & \sigma(2) & \cdots & \sigma(n) \end{pmatrix}$ の逆置換 σ^{-1} に対して

$\sigma^{-1}(1), \sigma^{-1}(2), \ldots, \sigma^{-1}(n)$ と $1, 2, \ldots, n$ は全体として一致しているので, σ が S_n 全体を動くとき, σ^{-1} も S_n 全体を動き

$$|A| = \sum_{\sigma \in S_n} (\mathrm{sgn}\,\sigma^{-1}) a_{1\sigma^{-1}(1)} a_{2\sigma^{-1}(2)} \cdots a_{n\sigma^{-1}(n)}$$

とかける. ここで任意の i $(i = 1, 2, \ldots, n)$ に対して $\sigma^{-1}(i) = j$ ならば $\sigma(j) = i$ であり, $\mathrm{sgn}\,\sigma = \mathrm{sgn}\,\sigma^{-1}$ を考慮して上式の $a_{1\sigma^{-1}(1)} a_{2\sigma^{-1}(2)} \cdots a_{n\sigma^{-1}(n)}$ について, $\sigma^{-1}(i)$ $(i = 1, 2, \ldots, n)$ の小さい順に並べ直すと

$$|A| = \sum_{\sigma \in S_n} (\mathrm{sgn}\,\sigma) a_{\sigma(1)1} a_{\sigma(2)2} \cdots a_{\sigma(n)n} = |{}^t A|$$

である. すなわち

$$|{}^t A| = \begin{vmatrix} a_{11} & a_{21} & \cdots & a_{m1} \\ a_{12} & a_{22} & \cdots & a_{m2} \\ \vdots & \vdots & & \vdots \\ a_{1n} & a_{2n} & \cdots & a_{mn} \end{vmatrix} = |A|.$$

これより行に関して成立していた行列式の性質 A〜E はその転置行列を考えることにより列に関しても成立するので, それぞれ行列 A について列ベクトルに分割した表現を用いて記述すると以下のようになる.

ステップ 5：定理 **行列式の性質 (2)**

n 次正方行列 A の行列式について, 以下の性質が成立する. なお k を定数とする.

(性質 A′) ある列ベクトルを k 倍した行列式は, もとの行列式の k 倍に等しい.

$$\det \begin{pmatrix} \boldsymbol{a}_1 & \cdots & k\boldsymbol{a}_i & \cdots & \boldsymbol{a}_n \end{pmatrix} = k \det \begin{pmatrix} \boldsymbol{a}_1 & \cdots & \boldsymbol{a}_i & \cdots & \boldsymbol{a}_n \end{pmatrix}$$
$$(i = 1, 2, \ldots, n).$$

(性質 B′) ある列ベクトルが 2 つの列ベクトルの和で表される行列式は, 他の列ベクトルは同じでその列ベクトルをそれぞれの列ベクトルに分けた 2 つの行列式の和となる.

$$\det \begin{pmatrix} \boldsymbol{a}_1 & \cdots & \boldsymbol{a}_i + \boldsymbol{b}_i & \cdots & \boldsymbol{a}_n \end{pmatrix}$$
$$= \det \begin{pmatrix} \boldsymbol{a}_1 & \cdots & \boldsymbol{a}_i & \cdots & \boldsymbol{a}_n \end{pmatrix} + \det \begin{pmatrix} \boldsymbol{a}_1 & \cdots & \boldsymbol{b}_i & \cdots & \boldsymbol{a}_n \end{pmatrix}$$
$$(i = 1, 2, \ldots, n).$$

（性質 C′）　ある列ベクトルと別の列ベクトルを入れ替えた行列式は，もとの行列式の −1 倍となる.

$$\det\left(\boldsymbol{a}_1 \ \cdots \ \boldsymbol{a}_i \ \cdots \ \boldsymbol{a}_j \ \cdots \ \boldsymbol{a}_n \right)$$

$$= -\det\left(\boldsymbol{a}_1 \ \cdots \ \boldsymbol{a}_j \ \cdots \ \boldsymbol{a}_i \ \cdots \ \boldsymbol{a}_n \right)$$

$$(i, j = 1, 2, \ldots, n;\ i \neq j).$$

従って，A のある列ベクトルの k 倍である列があれば行列式の値は 0 である.

（性質 D′）　ある列ベクトルを k 倍して別の列ベクトルに加えた行列式は，もとの行列式に等しい.

$$\det\left(\boldsymbol{a}_1 \ \cdots \ \boldsymbol{a}_i + k\boldsymbol{a}_j \ \cdots \ \boldsymbol{a}_j \ \cdots \ \boldsymbol{a}_n \right)$$

$$= \det\left(\boldsymbol{a}_1 \ \cdots \ \boldsymbol{a}_i \ \cdots \ \boldsymbol{a}_j \ \cdots \ \boldsymbol{a}_n \right)$$

$$(i, j = 1, 2, \ldots, n;\ i \neq j).$$

（性質 E′）　n 次の行列式が $n-1$ 次の行列式で表されるケース.

$$\begin{vmatrix} a_{11} & 0 & \cdots & 0 \\ a_{21} & a_{22} & \cdots & a_{2n} \\ \vdots & \vdots & & \vdots \\ a_{n1} & a_{n2} & \cdots & a_{nn} \end{vmatrix} = a_{11} \begin{vmatrix} a_{22} & a_{23} & \cdots & a_{2n} \\ a_{32} & a_{33} & \cdots & a_{3n} \\ \vdots & \vdots & & \vdots \\ a_{n2} & a_{n3} & \cdots & a_{nn} \end{vmatrix}.$$

例 3.7　例 3.5 の転置を考えれば下三角行列 $A = \begin{pmatrix} a_{11} & 0 & 0 & \cdots & 0 \\ a_{21} & a_{22} & 0 & \cdots & 0 \\ a_{31} & a_{32} & a_{33} & \ddots & \vdots \\ \vdots & \vdots & \vdots & \ddots & 0 \\ a_{n1} & a_{n2} & a_{n3} & \cdots & a_{nn} \end{pmatrix}$ の行列式も対角成分の積で与えられる. 性質 E′ より

$$|A| = |{}^t A| = \begin{vmatrix} a_{11} & a_{21} & a_{31} & \cdots & a_{n1} \\ 0 & a_{22} & a_{32} & \cdots & a_{n2} \\ 0 & 0 & a_{33} & \cdots & a_{n3} \\ \vdots & \vdots & \ddots & \ddots & \vdots \\ 0 & 0 & \cdots & 0 & a_{nn} \end{vmatrix}$$

$$= a_{11} a_{22} \cdots a_{nn}. \qquad \square$$

---例題 3.3---

行列式

$$|A| = \begin{vmatrix} 2 & -3 & -1 & 1 \\ 5 & -3 & 2 & 1 \\ -3 & 1 & 0 & 0 \\ 0 & 4 & 1 & -1 \end{vmatrix}$$

の値を求めよ.

解答

$$|A| \overset{①}{=\!=} - \begin{vmatrix} 1 & -3 & -1 & 2 \\ 1 & -3 & 2 & 5 \\ 0 & 1 & 0 & -3 \\ -1 & 4 & 1 & 0 \end{vmatrix} \overset{②}{=\!=} - \begin{vmatrix} 1 & -3 & -1 & 2 \\ 0 & 0 & 3 & 3 \\ 0 & 1 & 0 & -3 \\ 0 & 1 & 0 & 2 \end{vmatrix}$$

$$\overset{③}{=\!=} - \begin{vmatrix} 0 & 3 & 3 \\ 1 & 0 & -3 \\ 1 & 0 & 2 \end{vmatrix}$$

$$\overset{④}{=\!=} -[\{0 \times 0 \times 2 + 3 \times (-3) \times 1 + 3 \times 1 \times 0\} - \{0 \times (-3) \times 0 + 3 \times 1 \times 2 + 3 \times 0 \times 1\}]$$
$$= 15$$

である. ただし各変形については

① : 第 1 列と第 4 列を入れ替えて性質 C′ を利用.

② : 第 1 行を -1 倍して第 2 行に, 第 1 行を第 4 行に加えて性質 D を利用.

③ : 性質 E を利用.

④ : $n = 3$ の場合のサラスの方法を利用. □

☑ **チェック問題 3.4** 行列式

$$|A| = \begin{pmatrix} a & b+1 & b & a+1 \\ a+1 & a & b+1 & b \\ b & a+1 & a & b+1 \\ b+1 & b & a+1 & a \end{pmatrix}$$

を因数分解せよ.

(IV) 行列の積の行列式

ここまで行列の行もしくは列に関する基本変形と行列式との関係をみてきたが, 行 (列) 基本変形を行う場合には左 (右) から対応する基本行列 (基本行列の転置行列) をかけることであることは 2 章で説明した. 従って上記の行列式の性質 A (A′), C (C′), D (D′) について 3 種類の基本行列を左 (右) からかけた積である行列の行列式という点から考えてみよう.

例 3.6 の基本行列の行列式の結果を考慮すると (3.4) 式は以下のようになる. 列の場合についても転置行列の行列式はもとの行列の行列式に等しいので, 同様に与えられる.

- 行に関する基本変形 **(1)**
  $\iff A' = R_n(i, j)A$ で, $|A'| = -|A| = \big|R_n(i, j)\big||A|.$
- 行に関する基本変形 **(2)**
  $\iff A' = T_n(i, j\,;\,k)A$ で, $|A'| = |A| = \big|T_n(i, j\,;\,k)\big||A|.$
- 行に関する基本変形 **(3)**
  $\iff A' = S_n(i\,;\,k)A$ で, $|A'| = k|A| = \big|S_n(i\,;\,k)\big||A|.$
- 列に関する基本変形 **(1)**
  $\iff A' = A\,{}^tR_n(i, j)$ で, $|A'| = -|A| = |A|\big|{}^tR_n(i, j)\big|.$
- 列に関する基本変形 **(2)**
  $\iff A' = A\,{}^tT_n(i, j\,;\,k)$ で, $|A'| = |A| = |A|\big|{}^tT_n(i, j\,;\,k)\big|.$
- 列に関する基本変形 **(3)**
  $\iff A' = A\,{}^tS_n(i\,;\,k)$ で, $|A'| = k|A| = |A|\big|{}^tS_n(i\,;\,k)\big|.$

$$(3.6)$$

これより (3.6) 式の基本行列 X と n 次正方行列 A との積はそれぞれの行列式の積 $|A'| = |X||A|$（もしくは $|A'| = |A||{}^tX|$）と表すことができることがわかる. ここで 2 章ステップ 5 よりすべての正則行列は基本行列の積でかかれるので, $Y = X_1 X_2 \cdots X_N$（ただし X_i $(i = 1, 2, \ldots, N)$ は 3 種類の基本行列のいずれかである）とおくと,

$$\begin{aligned}
|YA| &= \big|(X_1 X_2 \cdots X_N)A\big| = \big|X_1(X_2 \cdots X_N A)\big| \\
&= |X_1|\big|(X_2 \cdots X_N)A\big| = \cdots = |X_1||X_2| \cdots |X_N||A| \\
&= |X_1 X_2 \cdots X_N||A| = |Y||A|
\end{aligned} \tag{3.7}$$

が成り立つ. また右から正則行列 Y をかけた場合にも同様に

$$|AY| = |A||Y|$$

であることが示せる. これから 2 つの n 次正方行列 A, B について, A, B が正則行列なら

$$|AB| = |A||B|$$

が成り立つ. また A もしくは B の少なくともどちらかが正則でない（$|A| = 0$ または $|B| = 0$）場合には AB も正則ではない（証明略）ので $|AB| = 0$ であるから $|AB| = |A||B|$ である. さらに $|A|, |B|$ は数であるので交換法則が成り立つから, まとめると

行列の積の行列式

n 次正方行列 A, B について次が成り立つ.

$$|AB| = |A||B| = |B||A| = |BA|. \tag{3.8}$$

---例題 **3.4**---

A を正則行列とするとき,

$$|A^{-1}| = \frac{1}{|A|}$$

であることを示せ.

解答 $|AA^{-1}| = |A^{-1}A| = |A||A^{-1}| = |E_n| = 1$ より $|A^{-1}| = \frac{1}{|A|}$ である. □

正則行列 A の簡約化 $\hat{A} = E_n$ の行列式が 1 であることから, (3.5) 式, (3.7) 式より簡約化までの N 回の行の基本変形の基本行列の積を $X_N X_{N-1} \cdots X_1$ とすると

$$\left|\hat{A}\right| = \left|(X_N X_{N-1} \cdots X_1)A\right| = \left(|X_N||X_{N-1}| \cdots |X_1|\right)|A| = \alpha|A| = 1$$

である. 従って,

$$|A| = \frac{1}{\alpha} = \frac{1}{|X_N||X_{N-1}| \cdots |X_1|} \tag{3.9}$$

であり,

$$|A^{-1}| = |X_N||X_{N-1}| \cdots |X_1|$$

である. 基本的には正則行列 A については $|A|$ は (3.9) 式で求められる. (A が正則でない場合は $\left|\hat{A}\right| = |A| = 0$.) しかしながら簡約化まで変形する必要はなく, 例題 3.2 のように次数を下げていき, 3 次もしくは 2 次でサラスの方法を利用すればよい.

3.3 行列式の余因子展開
—行列式の余因子について理解し，余因子展開の計算法を習得する

■ 行列式の余因子展開 ■

　本節では行列式からある行と列を取り除いた 1 次だけ次数の少ない小行列式によって与えられる余因子という考え方を用いて，ある行もしくは列に関する余因子展開の方法を学ぶ．この方法により 0 の成分が多い場合（疎行列等）の行列式を求める場合には計算量が少なくなることもある．さらに本節では余因子行列を用いた逆行列の計算法を紹介し，これを応用して連立 1 次方程式の解を行列式を用いて求める公式であるクラメールの公式について学ぶ．いずれも計算量としては基本変形を用いて解く場合よりは多いが，1 つの考え方としてきちんと理解しておくことが望ましい．

(I)　余因子展開

　n 次正方行列 $A = \left(a_{ij} \right)$ の第 i 行と第 j 列を取り除いて得られる小行列（$n-1$ 次行列）の行列式を Δ_{ij} とかき，これを A の第 (i, j) **小行列式**という．また

$$\tilde{a}_{ij} = (-1)^{i+j} \Delta_{ij}$$

を第 (i, j) **余因子**という．

例 3.8　$A = \begin{pmatrix} 3 & -1 & 2 \\ -2 & 0 & 4 \\ -1 & 5 & 1 \end{pmatrix}$ とするとき

$$\Delta_{12} = \begin{vmatrix} -2 & 4 \\ -1 & 1 \end{vmatrix} = 2, \quad \tilde{a}_{12} = (-1)^{1+2} \times 2 = -2,$$

$$\Delta_{22} = \begin{vmatrix} 3 & 2 \\ -1 & 1 \end{vmatrix} = 5, \quad \tilde{a}_{22} = (-1)^{2+2} \times 5 = 5,$$

$$\Delta_{31} = \begin{vmatrix} -1 & 2 \\ 0 & 4 \end{vmatrix} = -4, \quad \tilde{a}_{31} = (-1)^{3+1} \times (-4) = -4. \qquad \square$$

　n 次正方行列 $A = \left(a_{ij} \right)$ を列ベクトルにより分割表現したときの第 j 列ベクトル $\boldsymbol{a}_j$ が $\boldsymbol{R}^n$ の基本ベクトルを用いて

$$\boldsymbol{a}_j = a_{1j}\boldsymbol{e}_1 + \cdots + a_{ij}\boldsymbol{e}_i + \cdots + a_{nj}\boldsymbol{e}_n$$

とかけるので, 行列式 $|A|$ は行列式の列に関する性質 A′ と性質 B′ を利用すると

$$|A| = a_{1j} \det \begin{pmatrix} \boldsymbol{a}_1 & \cdots & \boldsymbol{e}_1 & \cdots & \boldsymbol{a}_n \end{pmatrix} + \cdots$$

$$+ a_{ij} \det \begin{pmatrix} \boldsymbol{a}_1 & \cdots & \boldsymbol{e}_i & \cdots & \boldsymbol{a}_n \end{pmatrix} + \cdots$$

$$+ a_{nj} \det \begin{pmatrix} \boldsymbol{a}_1 & \cdots & \boldsymbol{e}_n & \cdots & \boldsymbol{a}_n \end{pmatrix}$$

である. ここで

$$\det \begin{pmatrix} \boldsymbol{a}_1 & \cdots & \boldsymbol{e}_i & \cdots & \boldsymbol{a}_n \end{pmatrix}$$

$$= \begin{vmatrix} a_{11} & \cdots & a_{1\,j-1} & 0 & a_{1\,j+1} & \cdots & a_{1n} \\ \vdots & & \vdots & \vdots & \vdots & & \vdots \\ a_{i-1\,1} & \cdots & a_{i-1\,j-1} & 0 & a_{i-1\,j+1} & \cdots & a_{i-1\,n} \\ a_{i1} & \cdots & a_{i\,j-1} & 1 & a_{i\,j+1} & \cdots & a_{in} \\ a_{i+1\,1} & \cdots & a_{i+1\,j-1} & 0 & a_{i+1\,j+1} & \cdots & a_{i+1\,n} \\ \vdots & & \vdots & \vdots & \vdots & & \vdots \\ a_{n1} & \cdots & a_{n\,j-1} & 0 & a_{n\,j+1} & \cdots & a_{nn} \end{vmatrix} \quad \text{第 } i \text{ 行}$$

第 j 列

$$\stackrel{①}{=\!=} (-1)^{i-1} \begin{vmatrix} a_{i1} & \cdots & a_{i\,j-1} & 1 & a_{i\,j+1} & \cdots & a_{in} \\ a_{11} & \cdots & a_{1\,j-1} & 0 & a_{1\,j+1} & \cdots & a_{1n} \\ \vdots & & \vdots & \vdots & \vdots & & \vdots \\ a_{i-1\,1} & \cdots & a_{i-1\,j-1} & 0 & a_{i-1\,j+1} & \cdots & a_{i-1\,n} \\ a_{i+1\,1} & \cdots & a_{i+1\,j-1} & 0 & a_{i+1\,j+1} & \cdots & a_{i+1\,n} \\ \vdots & & \vdots & \vdots & \vdots & & \vdots \\ a_{n1} & \cdots & a_{n\,j-1} & 0 & a_{n\,j+1} & \cdots & a_{nn} \end{vmatrix} \quad \text{第 } 1 \text{ 行}$$

第 j 列

$$\stackrel{②}{=\!=} (-1)^{i+j-2} \begin{vmatrix} 1 & a_{i1} & \cdots & a_{i\,j-1} & a_{i\,j+1} & \cdots & a_{in} \\ 0 & a_{11} & \cdots & a_{1\,j-1} & a_{1\,j+1} & \cdots & a_{1n} \\ \vdots & \vdots & & \vdots & \vdots & & \vdots \\ 0 & a_{i-1\,1} & \cdots & a_{i-1\,j-1} & a_{i-1\,j+1} & \cdots & a_{i-1\,n} \\ 0 & a_{i+1\,1} & \cdots & a_{i+1\,j-1} & a_{i+1\,j+1} & \cdots & a_{i+1\,n} \\ \vdots & \vdots & & \vdots & \vdots & & \vdots \\ 0 & a_{n1} & \cdots & a_{n\,j-1} & a_{n\,j+1} & \cdots & a_{nn} \end{vmatrix} \quad \text{第 } 1 \text{ 行}$$

第 1 列

$$\stackrel{③}{=\!=} (-1)^{i+j} \Delta_{ij}$$
$$= \tilde{a}_{ij}$$

である. ただし各変形については

①:性質 C を利用して第 i 行をすぐ上の行と入れ替えていく変形を順に $i-1$ 回繰り返す.

②:性質 C′ を利用して第 j 列をすぐ左の列と入れ替えていく変形を順に $j-1$ 回繰り返す.

③:性質 E を利用.

従って

| ステップ 7：キーポイント | 行列式の余因子展開 |

$$|A| = a_{1j}\tilde{a}_{1j} + \cdots + a_{ij}\tilde{a}_{ij} + \cdots + a_{nj}\tilde{a}_{nj} \quad (j = 1, 2, \ldots, n) \quad (3.10)$$

であり，これを $|A|$ の第 j 列に関する**余因子展開**という．同様に行についても

$$|A| = a_{i1}\tilde{a}_{i1} + \cdots + a_{ij}\tilde{a}_{ij} + \cdots + a_{in}\tilde{a}_{in} \quad (i = 1, 2, \ldots, n) \quad (3.11)$$

を $|A|$ の第 i 行に関する**余因子展開**という[8]．

（注意）　n 次の行列式の値を余因子展開によって求める上では，余因子の $n - 1$ 次の行列式を数多く計算する必要がある．従ってより少ない計算量で行列式の値を求める上では，0 である成分の数がより多い行もしくは列を選ぶ方がよい．また文字式が成分である場合には，基本変形による行列式の性質を利用すると計算が複雑になる場合が多いので余因子展開は効果的である場合がある．

──**例題 3.5**──

行列式 $|A| = \begin{vmatrix} 3 & -2 & -1 \\ -8 & -2 & 7 \\ 4 & 5 & 0 \end{vmatrix}$ の値を次の余因子展開によって求めよ．

(1)　第 3 列に関する余因子展開　　(2)　第 2 行に関する余因子展開

解答　(1)　$a_{33} = 0$ より $\tilde{a}_{33}$ は計算する必要はない．

$$\tilde{a}_{13} = (-1)^{1+3} \begin{vmatrix} -8 & -2 \\ 4 & 5 \end{vmatrix} = -32, \quad \tilde{a}_{23} = (-1)^{2+3} \begin{vmatrix} 3 & -2 \\ 4 & 5 \end{vmatrix} = -23$$

より

$$|A| = (-1) \times (-32) + 7 \times (-23) = -129.$$

(2)

$$\tilde{a}_{21} = (-1)^{2+1} \begin{vmatrix} -2 & -1 \\ 5 & 0 \end{vmatrix} = -5, \quad \tilde{a}_{22} = (-1)^{2+2} \begin{vmatrix} 3 & -1 \\ 4 & 0 \end{vmatrix} = 4,$$

$$\tilde{a}_{23} = (-1)^{2+3} \begin{vmatrix} 3 & -2 \\ 4 & 5 \end{vmatrix} = -23$$

より

$$|A| = (-8) \times (-5) + (-2) \times 4 + 7 \times (-23) = -129. \qquad \square$$

---

[8] 上記にならって各自導出してみよ．

✅ **チェック問題 3.5** 行列式 $|A| = \begin{vmatrix} 2 & c & -1 & b \\ b & 0 & a & -2 \\ c & -b & 3 & a \\ -a & 0 & -b & 1 \end{vmatrix}$ を第 2 列に関する余因子展開に

よって計算せよ.

(II) 余因子行列と逆行列

n 次正方行列 $A = \left(a_{ij} \right)$ の 2 つの列が等しい ($\boldsymbol{a}_i = \boldsymbol{a}_j\ (i \neq j)$) とする場合を考える. 列に関する行列式の性質 C' からこの場合の行列式は 0 である. 一方 A の第 j 列に関する余因子展開 (3.10) 式において, $a_{ki} = a_{kj}\ (k = 1, 2, \ldots, n)$ から

$$|A| = a_{1j}\widetilde{a}_{1j} + \cdots + a_{ij}\widetilde{a}_{ij} + \cdots + a_{nj}\widetilde{a}_{nj}$$
$$= a_{1i}\widetilde{a}_{1j} + \cdots + a_{ii}\widetilde{a}_{ij} + \cdots + a_{ni}\widetilde{a}_{nj} = 0$$

である. また第 i 行と第 j 行 ($i \neq j$) が等しい場合についても, 第 i 行に関する余因子展開 (3.11) 式において $a_{ik} = a_{jk}\ (k = 1, 2, \ldots, n)$ から

$$|A| = a_{i1}\widetilde{a}_{i1} + \cdots + a_{ij}\widetilde{a}_{ij} + \cdots + a_{in}\widetilde{a}_{in}$$
$$= a_{j1}\widetilde{a}_{i1} + \cdots + a_{jj}\widetilde{a}_{ij} + \cdots + a_{jn}\widetilde{a}_{in} = 0$$

である. 以上より $i = j$ の場合も含めて

$$\widetilde{a}_{1j}a_{1i} + \cdots + \widetilde{a}_{ij}a_{ii} + \cdots + \widetilde{a}_{nj}a_{ni}$$
$$= a_{j1}\widetilde{a}_{i1} + \cdots + a_{jj}\widetilde{a}_{ij} + \cdots + a_{jn}\widetilde{a}_{in}$$
$$= \delta_{ij}|A| \quad (i = 1, 2, \ldots, n;\ j = 1, 2, \ldots, n) \tag{3.12}$$

が得られる. なお δ_{ij} はクロネッカーのデルタである. ここで A の **余因子行列** とよばれる第 (i, j) 余因子を (j, i) 成分とする行列

$$\widetilde{A} = \begin{pmatrix} \widetilde{a}_{11} & \widetilde{a}_{21} & \cdots & \widetilde{a}_{n1} \\ \widetilde{a}_{12} & \widetilde{a}_{22} & \cdots & \widetilde{a}_{n2} \\ \vdots & \vdots & & \vdots \\ \widetilde{a}_{1n} & \widetilde{a}_{2n} & \cdots & \widetilde{a}_{nn} \end{pmatrix}$$

を定義すれば [9] (3.12) 式から

$$\widetilde{A}A = A\widetilde{A} = |A|E_n \tag{3.13}$$

である. 従って $|A| \neq 0$ ならば, (3.13) 式の両辺を $|A|$ で割れば

---

[9] $\widetilde{A}$ の成分の行と列が A とは逆になっていることに注意しよう.

| ステップ 8：キーポイント | 余因子行列と逆行列 |

$$A^{-1} = \frac{1}{|A|} \widetilde{A} \tag{3.14}$$

であり，A は正則である.

n 次正方行列 A, B について $AB = E_n$ ならば，$|AB| = |A||B| = |E_n| = 1$ より $|A| \neq 0$ であり A^{-1} が存在する. このとき
$$B = E_n B = (A^{-1}A)B = A^{-1}(AB) = A^{-1}E_n = A^{-1}$$
である[10].

---例題 3.6---

行列 $A = \begin{pmatrix} 3 & -1 & 2 \\ -2 & -1 & 1 \\ 3 & -5 & 3 \end{pmatrix}$ について次の問に答えよ.

(1) A の余因子行列 $\widetilde{A}$ を求めよ.

(2) 第 1 行の余因子展開により行列式 $|A|$ の値を求めよ.

(3) A の逆行列 A^{-1} を求めよ.

解答 (1)

$$\widetilde{a}_{11} = (-1)^{1+1}\begin{vmatrix} -1 & 1 \\ -5 & 3 \end{vmatrix} = 2, \qquad \widetilde{a}_{21} = (-1)^{2+1}\begin{vmatrix} -1 & 2 \\ -5 & 3 \end{vmatrix} = -7,$$

$$\widetilde{a}_{31} = (-1)^{3+1}\begin{vmatrix} -1 & 2 \\ -1 & 1 \end{vmatrix} = 1, \qquad \widetilde{a}_{12} = (-1)^{1+2}\begin{vmatrix} -2 & 1 \\ 3 & 3 \end{vmatrix} = 9,$$

$$\widetilde{a}_{22} = (-1)^{2+2}\begin{vmatrix} 3 & 2 \\ 3 & 3 \end{vmatrix} = 3, \qquad \widetilde{a}_{32} = (-1)^{3+2}\begin{vmatrix} 3 & 2 \\ -2 & 1 \end{vmatrix} = -7,$$

$$\widetilde{a}_{13} = (-1)^{1+3}\begin{vmatrix} -2 & -1 \\ 3 & -5 \end{vmatrix} = 13, \quad \widetilde{a}_{23} = (-1)^{2+3}\begin{vmatrix} 3 & -1 \\ 3 & -5 \end{vmatrix} = 12,$$

$$\widetilde{a}_{33} = (-1)^{3+3}\begin{vmatrix} 3 & -1 \\ -2 & -1 \end{vmatrix} = -5$$

より $\widetilde{A} = \begin{pmatrix} 2 & -7 & 1 \\ 9 & 3 & -7 \\ 13 & 12 & -5 \end{pmatrix}$ である.

(2) $|A| = 3 \times 2 + (-1) \times 9 + 2 \times 13 = 23.$

(3) $A^{-1} = \frac{1}{23}\begin{pmatrix} 2 & -7 & 1 \\ 9 & 3 & -7 \\ 13 & 12 & -5 \end{pmatrix}.$ □

---

[10] 同様にして，$A = B^{-1}$ であることも証明できる.

● **チェック問題 3.6**　$A = \begin{pmatrix} a+1 & a-1 & 1 \\ 1 & a+1 & a-1 \\ 1 & 1 & a \end{pmatrix}$（$a$ は実数）について次の問に答えよ.

(1)　第 1 列の余因子展開により行列式 $|A|$ を計算し, $|A| = 0$ となる a の値を求めよ.

(2)　$|A| \neq 0$ のとき A の逆行列 A^{-1} を求めよ.

(III)　クラメールの公式

前述の余因子行列による逆行列を用いて n 次の正則行列が係数行列 A である (2.2) 式で表される非同次連立 1 次方程式 $A\boldsymbol{x} = \boldsymbol{b}$ の解を行列式を用いて表現することを考える. 2 章ステップ 4 で説明したように, $\mathrm{rank}\, A = n$ のとき唯一つの解をもち, また $|A| \neq 0$ である. 与えられた連立 1 次方程式の両辺に左から逆行列をかけると

$$A^{-1}A\boldsymbol{x} = E_n\boldsymbol{x} = \boldsymbol{x} = A^{-1}\boldsymbol{b}$$

であるから余因子行列による表現 (3.14) 式より

$$\boldsymbol{x} = \frac{1}{|A|}\widetilde{A}\boldsymbol{b}$$

である. この式を成分でかくと

$$x_i = \frac{1}{|A|}\left(\widetilde{a}_{1i}b_1 + \widetilde{a}_{2i}b_2 + \cdots + \widetilde{a}_{ni}b_n\right) \quad (i = 1, 2, \ldots, n)$$

となるが, この式は (3.10) 式と比較すれば係数行列 A の第 i 列を定数ベクトル $\boldsymbol{b}$ と入れ替えた次の行列の行列式の第 i 列に関する余因子展開を $|A|$ で割ったものである.

$$\underset{\text{第 } i \text{ 列}}{\det\left(\boldsymbol{a}_1 \ \cdots \ \boldsymbol{b} \ \cdots \ \boldsymbol{a}_n\right)} = \begin{vmatrix} a_{11} & \cdots & b_1 & \cdots & a_{1n} \\ \vdots & & \vdots & & \vdots \\ a_{i1} & \cdots & b_i & \cdots & a_{in} \\ \vdots & & \vdots & & \vdots \\ a_{n1} & \cdots & b_n & \cdots & a_{nn} \end{vmatrix}.$$

ステップ 9：公式　**クラメールの公式**

従って n 次正則行列 A を係数行列とする非同次連立 1 次方程式

$$\left(\boldsymbol{a}_1 \ \cdots \ \boldsymbol{a}_i \ \cdots \ \boldsymbol{a}_n\right)\begin{pmatrix} x_1 \\ \vdots \\ x_i \\ \vdots \\ x_n \end{pmatrix} = \boldsymbol{b}$$

の解は

$$第\ i\ 列$$

$$x_i = \frac{\det\begin{pmatrix} \boldsymbol{a}_1 & \cdots & \boldsymbol{b} & \cdots & \boldsymbol{a}_n \end{pmatrix}}{|A|} \quad (i = 1, 2, \ldots, n)$$

である．これを**クラメールの公式**という．

─例題 3.7─

非同次連立 1 次方程式

$$\begin{pmatrix} 3 & -4 & 1 \\ -2 & 1 & -2 \\ 4 & -3 & 3 \end{pmatrix} \begin{pmatrix} x_1 \\ x_2 \\ x_3 \end{pmatrix} = \begin{pmatrix} 1 \\ -1 \\ 2 \end{pmatrix}$$

をクラメールの公式を利用して解け．

解答 係数行列 $A = \begin{pmatrix} \boldsymbol{a}_1 & \boldsymbol{a}_2 & \boldsymbol{a}_3 \end{pmatrix}$, 定数項ベクトルを $\boldsymbol{b}$ とおきサラスの方法を利用すると

$$|A| = \{3 \times 1 \times 3 + (-4) \times (-2) \times 4 + 1 \times (-2) \times (-3)\}$$
$$\qquad - \{3 \times (-2) \times (-3) + (-4) \times (-2) \times 3 + 1 \times 1 \times 4\} = 1,$$

$$\det\begin{pmatrix} \boldsymbol{b} & \boldsymbol{a}_2 & \boldsymbol{a}_3 \end{pmatrix} = \{1 \times 1 \times 3 + (-4) \times (-2) \times 2 + 1 \times (-1) \times (-3)\}$$
$$\qquad\qquad - \{1 \times (-2) \times (-3) + (-4) \times (-1) \times 3 + 1 \times 1 \times 2\}$$
$$\qquad = 2,$$

$$\det\begin{pmatrix} \boldsymbol{a}_1 & \boldsymbol{b} & \boldsymbol{a}_3 \end{pmatrix} = \{3 \times (-1) \times 3 + 1 \times (-2) \times 4 + 1 \times (-2) \times 2\}$$
$$\qquad\qquad - \{3 \times (-2) \times 2 + 1 \times (-2) \times 3 + 1 \times (-1) \times 4\} = 1,$$

$$\det\begin{pmatrix} \boldsymbol{a}_1 & \boldsymbol{a}_2 & \boldsymbol{b} \end{pmatrix} = \{3 \times 1 \times 2 + (-4) \times (-1) \times 4 + 1 \times (-2) \times (-3)\}$$
$$\qquad\qquad - \{3 \times (-1) \times (-3) + (-4) \times (-2) \times 2 + 1 \times 1 \times 4\}$$
$$\qquad = -1$$

より，

$$x_1 = \frac{2}{1} = 2, \quad x_2 = \frac{1}{1} = 1, \quad x_3 = \frac{-1}{1} = -1. \qquad \square$$

✅ チェック問題 3.7 非同次連立 1 次方程式

$$\begin{pmatrix} a-2 & 1 & a+1 \\ 2a-3 & 2 & -a+4 \\ 3 & -4 & a-1 \end{pmatrix} \begin{pmatrix} x_1 \\ x_2 \\ x_3 \end{pmatrix} = \begin{pmatrix} a-1 \\ 2a-7 \\ 6 \end{pmatrix}$$

について次の問に答えよ.

(1) すべての実数 a に対して唯一つの解をもつことを示せ.

(2) x_1 と x_2 を a を用いて表せ.

(3) 解の x_1 が -1, x_2 が -2 であるとき, a と x_3 の値を求めよ.

(**注意**) クラメールの公式は解を求める公式としてはすっきりとした形をしている. しかしながら n 次行列式を $n+1$ 個計算する必要があるので, n が大きくなればその計算量は膨大となる. また電子計算機を用いた数値計算では, 多くの加減算において桁落ちがしばしば生じてしまい, 計算精度が落ちるという問題点がある.

3 章の演習問題

□**1** 行または列に関する行列式の性質を利用して次の行列式の値を求めよ.

(1) $\begin{vmatrix} 0 & 0 & -10 \\ 0 & 13 & -25 \\ 8 & 35 & 61 \end{vmatrix}$ (2) $\begin{vmatrix} 15 & 17 & 13 \\ 13 & 15 & 17 \\ 17 & 13 & 11 \end{vmatrix}$ (3) $\begin{vmatrix} 13 & -25 & -13 \\ -13 & 8 & -5 \\ 12 & -7 & 5 \end{vmatrix}$

(4) $\begin{vmatrix} -1 & 2 & -3 & 4 \\ 1 & -3 & 4 & -5 \\ -1 & 4 & -5 & 6 \\ 1 & -5 & 6 & -7 \end{vmatrix}$ (5) $\begin{vmatrix} 0 & 0 & 0 & 2 & 0 \\ 0 & 0 & 4 & -17 & 0 \\ 0 & 0 & 18 & 13 & 8 \\ 0 & 16 & -13 & -22 & -12 \\ 32 & 11 & 24 & -15 & -23 \end{vmatrix}$

□**2** 次の問に答えよ.

(1) A を m 次正方行列, B を n 次正方行列とするとき, 次の式を示せ.

$$\begin{vmatrix} A & X \\ O_{n,m} & B \end{vmatrix} = \begin{vmatrix} A & O_{m,n} \\ Y & B \end{vmatrix} = |A||B|.$$

(2) (1) を利用して行列式

$$\begin{vmatrix} 2 & 0 & 3 & 0 & 0 \\ -1 & -2 & 1 & 0 & 0 \\ 2 & 2 & 2 & 0 & 0 \\ 5 & 4 & -8 & -2 & -5 \\ 3 & -3 & 0 & -3 & -6 \end{vmatrix}$$

の値を求めよ.

3 次の問に答えよ.

(1) A, B を n 次正方行列とするとき

$$\begin{vmatrix} A & B \\ B & A \end{vmatrix} = |A+B||A-B|$$

となることを示せ.

(2) (1) を利用して行列式

$$\begin{vmatrix} 5 & 2 & -3 & 1 \\ -4 & 1 & 1 & -2 \\ -3 & 1 & 5 & 2 \\ 1 & -2 & -4 & 1 \end{vmatrix}$$

の値を求めよ.

4 次の式を証明せよ[11].

$$\begin{vmatrix} 1 & 1 & \cdots & 1 \\ x_1 & x_2 & \cdots & x_n \\ x_1^2 & x_2^2 & \cdots & x_n^2 \\ \vdots & \vdots & & \vdots \\ x_1^{n-1} & x_2^{n-1} & \cdots & x_n^{n-1} \end{vmatrix}$$
$$= (x_n - x_{n-1})(x_n - x_{n-2})\cdots(x_n - x_2)(x_n - x_1)$$
$$\times (x_{n-1} - x_{n-2})\cdots(x_{n-1} - x_2)(x_{n-1} - x_1)$$
$$\cdots\cdots\cdots$$
$$\times (x_3 - x_2)(x_3 - x_1)$$
$$\times (x_2 - x_1)$$

5 n 次正方行列

$$A = \begin{pmatrix} & & & x_1 \\ & 0 & & x_2 \\ & & \ddots & \\ & \ddots & & 0 \\ x_n & & & \end{pmatrix}$$

について次の問に答えよ.

(1) 余因子展開を用いて $|A|$ を計算せよ.

(2) A の余因子行列 $\widetilde{A}$ を求めよ.

(3) $x_1, x_2, \ldots, x_n$ が 0 でないとき, A の逆行列 A^{-1} を求めよ.

---

[11] この行列式を**ヴァンデルモンドの行列式**という. チェック問題 3.3 の行列式を転置したものは $n=4$ の場合である.

第 4 章

ベクトル空間と線形写像

　本章ではベクトルの和とスカラー倍をもとに構成されるベクトル空間という概念を導入する．特に数ベクトルのようなこれまでの狭い意味でのベクトルだけでなく，多項式等も対象にした一般的な（抽象的な）ベクトル空間を考える．これにより微分方程式やフーリエ解析といった分野における数学的な表現が線形代数の拡張として理解できるようになる．ベクトル空間とその部分空間について，その性質を明確にする上で重要な概念は次元と基底である．2 次元平面や 3 次元空間の基本ベクトルだけでなくそれ以外の基底を考えることで，ベクトル空間内のベクトルの表現において多様性が生まれ，アプローチの幅が拡がる．

　次に固有値問題等の基礎であり，応用面でも重要である線形写像について説明する．本章では次元公式や表現行列といった内容について説明するが，抽象的な部分もあり難しく感じるかも知れない．その場合には列ベクトルと行列の積で与えられる具体的な線形写像に戻って復習しながら理解を進めることも効果的である．

[4 章の内容]

ベクトル空間と部分空間

ベクトル空間のベクトルの 1 次独立，1 次従属

ベクトル空間の基底と次元

線 形 写 像

4.1 ベクトル空間と部分空間
—ベクトル空間およびその部分空間の考え方を理解する

■ ベクトル空間と部分空間 ■

　本節ではベクトル空間とその部分空間について学ぶ．列ベクトルの場合だけでなく一般的な集合の元に対しても演算として和とスカラー倍を定義し，それがベクトル空間の公理とよばれる性質を満たすときその集合をベクトル空間といい，その元をあらためてベクトルという．例えば数ベクトルとは一見性質が違うようにみえる，高々 n 次の多項式やある区間で定義された連続関数等もベクトルである．また本節では部分空間についても学ぶが，特に同次連立1次方程式の解の集合が解空間とよばれるベクトル空間となることは重要である．

(I) ベクトル空間とは

　2章の最後に列ベクトルの1次独立，1次従属や列ベクトルの組の1次独立なベクトルの最大数と列ベクトルで構成される行列の階数との関係について学んだ．その際ベクトルの和とスカラー倍は行列の演算として自然に定義されるものとして扱った．しかし別のベクトル全体の集合に対しては，あらためてそれぞれの集合におけるベクトルの和とスカラー倍を定義し，それにより成立する性質を明らかにしておく必要がある．ここではまずベクトル空間とは何かについて説明しよう．

　集合 V に次の2つの演算

・和
$$\boldsymbol{u} + \boldsymbol{v} \quad (\boldsymbol{u}, \boldsymbol{v} \in V)$$

・スカラー倍（実数倍）
$$k\boldsymbol{u} \quad (\boldsymbol{u} \in V, k \in \boldsymbol{R})$$

が定義され（V の元として定まり），以下の8つの性質 (V1)〜(V8) が成立するとき，V を $\boldsymbol{R}$ 上の**ベクトル空間**もしくは**線形空間**といい[1]，V の元を**ベクトル**という．

---
[1] 本書ではベクトル空間に統一する．また実数体 $\boldsymbol{R}$ のかわりに複素数体 $\boldsymbol{C}$ で定義する場合には，$\boldsymbol{C}$ 上のベクトル空間というが，本書では当面は実数体で議論を進め，単にベクトル空間とかかれている場合には $\boldsymbol{R}$ 上のベクトル空間をさすこととする．

（**性質**）任意の $\boldsymbol{u},\,\boldsymbol{v},\,\boldsymbol{w}\in V,\,k,\,l\in\boldsymbol{R}$ に対して

(V1) $\boldsymbol{u}+\boldsymbol{v}=\boldsymbol{v}+\boldsymbol{u}$（交換法則）

(V2) $(\boldsymbol{u}+\boldsymbol{v})+\boldsymbol{w}=\boldsymbol{u}+(\boldsymbol{v}+\boldsymbol{w})$（結合法則）

(V3) 零ベクトルとよばれるベクトル $\boldsymbol{0}\in V$ が唯一つ存在し，
$$\boldsymbol{u}+\boldsymbol{0}=\boldsymbol{0}+\boldsymbol{u}=\boldsymbol{u}.$$

(V4) $\boldsymbol{u}$ に対し，$\boldsymbol{u}+\boldsymbol{u}'=\boldsymbol{0}$ を満たすベクトル $\boldsymbol{u}'$ が唯一つ存在する．この $\boldsymbol{u}'$ を $-\boldsymbol{u}$ とかき，$\boldsymbol{u}$ の逆ベクトルとよぶ．

(V5) $(k+l)\boldsymbol{u}=k\boldsymbol{u}+l\boldsymbol{u}$

(V6) $k(\boldsymbol{u}+\boldsymbol{v})=k\boldsymbol{u}+k\boldsymbol{v}$

(V7) $(kl)\boldsymbol{u}=k(l\boldsymbol{u})$

(V8) $1\boldsymbol{u}=\boldsymbol{u}$

この性質を**ベクトル空間の公理**という．この公理から以下の演算法則を導くことができる．

(1) 公理 (V3), (V6) から $k\in\boldsymbol{R}$ に対して
$$k(\boldsymbol{0}+\boldsymbol{0})=k\boldsymbol{0}+k\boldsymbol{0}=k\boldsymbol{0}$$
より $k\boldsymbol{0}=\boldsymbol{0}$ である．

(2) 公理 (V5) から $\boldsymbol{u}\in V$ に対して（$0+0=0$ であるので）
$$0\boldsymbol{u}=(0+0)\boldsymbol{u}=0\boldsymbol{u}+0\boldsymbol{u}$$
より $0\boldsymbol{u}=\boldsymbol{0}$ である．

(3) 公理 (V4), (V5) から $\boldsymbol{u}\in V,\,k\in\boldsymbol{R}$ に対して
$$k\boldsymbol{u}+(-k)\boldsymbol{u}=\bigl\{k+(-k)\bigr\}\boldsymbol{u}=0\boldsymbol{u}=\boldsymbol{0}$$
より $(-k)\boldsymbol{u}=-k\boldsymbol{u}$ である．特に $k=1$ のとき，$(-1)\boldsymbol{u}=-\boldsymbol{u}$ であるから公理 (V7) より
$$k(-\boldsymbol{u})=(-k)\boldsymbol{u}=-k\boldsymbol{u}$$
である．

次にベクトル空間の例をいくつか紹介しよう．

例 4.1 実数を成分とする n 次の列ベクトル全体の集合 $\boldsymbol{R}^n$ において, 行列としての和とスカラー倍を $\boldsymbol{R}^n$ における和とスカラー倍と定義すれば, $\boldsymbol{R}^n$ はベクトル空間である[2]. □

例 4.2 実数を成分とする n 次の行ベクトル全体の集合 $\boldsymbol{R}_n$ において, 行列としての和とスカラー倍を $\boldsymbol{R}_n$ における和とスカラー倍と定義すれば, $\boldsymbol{R}_n$ はベクトル空間である[3]. □

例 4.3 1つの文字 x についての実数を係数とする高々 n 次の多項式全体 (多項式の次数が n または n より小さい多項式全体) の集合を

$$\boldsymbol{R}[x]_n = \left\{ f(x) = a_0 + a_1 x + \cdots + a_n x^n \mid a_i \in \boldsymbol{R} \ (i = 0, 1, \ldots, n) \right\}$$

とかく. 多項式の加法および実数と多項式の積をそれぞれ $\boldsymbol{R}[x]_n$ における和とスカラー倍と定義すれば, $\boldsymbol{R}[x]_n$ はベクトル空間である[4]. □

例 4.4 区間 I で定義された連続な実数値関数全体の集合を $\boldsymbol{F}$ とかくと,
- 和 $\qquad\qquad (f + g)(x) = f(x) + g(x) \quad (f(x), g(x) \in \boldsymbol{F})$
- スカラー倍 (実数倍) $\quad (kf)(x) = kf(x) \quad (f(x) \in \boldsymbol{F}, k \in \boldsymbol{R})$

と定義すれば, $\boldsymbol{F}$ はベクトル空間である. □

(II) 部分空間

ある条件を満たすような V の元からなる集合 W を考えると, この集合 W は V の部分集合である. この W が V で定義された和やスカラー倍と同じ和やスカラー倍に関してベクトル空間となるとき, W を V の**部分空間**という.

ステップ1:キーポイント 部分空間

V の空でない部分集合 W が V の部分空間であるためには, 以下の2つの条件が満たされることが必要十分条件である.

(SU1) $\boldsymbol{u}, \boldsymbol{v} \in W$ ならば $\boldsymbol{u} + \boldsymbol{v} \in W$ である.

(SU2) $\boldsymbol{u} \in W, k \in \boldsymbol{R}$ ならば $k\boldsymbol{u} \in W$ である.

---

[2] 成分の計算により (V1)〜(V8) が成立することを確認せよ.

[3] $n = 1$ の場合, すなわち $\boldsymbol{R}$ もベクトル空間である.

[4] (V1)〜(V8) が成立することを確認せよ.

―**例題 4.1**―

行列 A を $m \times n$ 型行列とするとき，

$$W = \{x \in \mathbf{R}^n \mid Ax = 0\}$$

はベクトル空間 $\mathbf{R}^n$ の部分空間であることを示せ．

解答 まず，$\mathbf{0}_{\mathbf{R}^n}$ について[5]，

$$A\mathbf{0}_{\mathbf{R}^n} = \mathbf{0}$$

であるので，$\mathbf{0}_{\mathbf{R}^n} \in W$ より W は空ではない．条件 (SU1) と (SU2) が成り立つことを示す．

(SU1) $u, v \in W$ ならば

$$Au = \mathbf{0}, \quad Av = \mathbf{0}$$

であるので，

$$A(u + v) = Au + Av = \mathbf{0} + \mathbf{0} = \mathbf{0}$$

より，$u + v \in W$ である．

(SU2) $u \in W, k \in \mathbf{R}$ ならば

$$A(ku) = kAu = k\mathbf{0} = \mathbf{0}$$

であるので，$ku \in W$ である．

よって，W は $\mathbf{R}^n$ の部分空間である． □

ステップ2：キーポイント **同次連立1次方程式の解空間**

部分空間

$$W = \{x \in \mathbf{R}^n \mid Ax = 0\}$$

は，ベクトル空間 $\mathbf{R}^n$ の元である n 次の列ベクトル全体から，同次連立1次方程式

$$Ax = 0$$

の解である元を取り出した $\mathbf{R}^n$ の部分集合である．この W が部分空間となることから，これを**同次連立1次方程式の解空間**という[6]．

---

[5] $\mathbf{R}^n$ の零ベクトルと同次連立1次方程式の右辺の零ベクトルとを区別するためにこのように表記している．

[6] 解集合であるだけでなく解空間と，ベクトル空間として与えられることに注意しよう．

この解空間の幾何的な意味を簡単な例で説明しよう.

例 4.5　集合

$$W = \left\{ \begin{pmatrix} x \\ y \end{pmatrix} \ \middle| \ ax + by = 0 \right\}$$

に対して, W の元 $\boldsymbol{x} = \begin{pmatrix} x \\ y \end{pmatrix}$ を xy 平面上のベクトルと対応づけて考えると, W は原点を通る直線 $ax + by = 0$ 上の点の集合である. 一方 W は例題 4.1 の $n = 2$, $A = \begin{pmatrix} a & b \end{pmatrix}$ の場合であるので, $\boldsymbol{R}^2$ の部分空間であり, 方程式 $ax + by = 0$ の解空間である. □

──例題 4.2──

$a \neq 0$ とする. このとき

$$W = \left\{ \begin{pmatrix} x \\ y \end{pmatrix} \in \boldsymbol{R}^2 \ \middle| \ ax + by = 1 \right\}$$

はベクトル空間 $\boldsymbol{R}^2$ の部分空間ではないことを示せ.

解答

$$\boldsymbol{a} = \begin{pmatrix} \frac{1}{a} \\ 0 \end{pmatrix} \in W$$

である.

$$0\boldsymbol{a} = \begin{pmatrix} 0 \\ 0 \end{pmatrix} \notin W$$

であるので W は $\boldsymbol{R}^2$ の部分空間ではない. □

(注意)　ベクトル空間 V の零ベクトル $\boldsymbol{0}_V$ が $\boldsymbol{0}_V \notin W$ である場合には, W は V の部分空間ではない.

✔ チェック問題 4.1　次の問に答えよ.

(1)　$W = \left\{ \begin{pmatrix} a_1 \\ a_2 \\ a_3 \end{pmatrix} \in \boldsymbol{R}^3 \ \middle| \ \dfrac{a_1 - 4}{2} = -\dfrac{a_2 + 6}{3} = a_3 - 2 \right\}$ は $\boldsymbol{R}^3$ の部分空間かどうか調べよ.

(2)　$W = \left\{ \begin{pmatrix} a_1 & a_2 & a_3 \end{pmatrix} \in \boldsymbol{R}_3 \ \middle| \ \begin{cases} a_1 = 2a_2 - 3a_3 \\ a_2 = 1 + a_1 \end{cases} \right\}$ は $\boldsymbol{R}_3$ の部分空間かどうか調べよ.

(3)　$W = \left\{ f(x) \in \boldsymbol{R}[x]_4 \ \middle| \ f'(x) + 2f(x) = 0 \right\}$ は $\boldsymbol{R}[x]_4$ の部分空間かどうか調べよ.

4.2 ベクトル空間のベクトルの 1 次独立，1 次従属
—ベクトル空間における 1 次独立，1 次従属の考え方を理解する

> ■ ベクトル空間のベクトルの 1 次独立，1 次従属 ■
>
> 　本節ではまず一般的なベクトル空間におけるベクトルの 1 次独立，1 次従属について学ぶ．基本的な考え方は 2 章の列ベクトルの場合と変わらない．次にいくつかのベクトルの 1 次結合により部分空間が生成されることや 1 次独立なベクトルの最大数の考え方を学ぶが，これらは次節のベクトル空間の基底を導入する上での基礎となる．また本節では行列の簡約化が唯一通りに決まることを証明する．

(I)　ベクトルの 1 次独立と 1 次従属

　ベクトル空間 V の n 個のベクトル $u_1, u_2, \ldots, u_n$ および実数 $c_1, c_2, \ldots, c_n$ に対して，スカラー倍と和で得られるベクトル

$$c_1 u_1 + c_2 u_2 + \cdots + c_n u_n$$

を $u_1, u_2, \ldots, u_n$ の**1 次結合**という．

　この 1 次結合のベクトルが V の零ベクトル 0 となるときの関係

$$c_1 u_1 + c_2 u_2 + \cdots + c_n u_n = 0 \tag{4.1}$$

をベクトル $u_1, u_2, \ldots, u_n$ の **1 次関係**という．列ベクトルの場合と同様に，$c_1 = c_2 = \cdots = c_n = 0$ の場合には常に 1 次関係は満たされるので，これを**自明な 1 次関係**という．(4.1) 式が自明でない解，すなわち $c_1 = c_2 = \cdots = c_n = 0$ 以外の解をもつとき，この場合の 1 次関係を**自明でない 1 次関係**という．また，$u_1, u_2, \ldots, u_n$ の間に自明でない 1 次関係が存在するとき，**1 次従属**であるといい，自明でない 1 次関係が存在しないとき **1 次独立**であるという．例をいくつか示そう．

例 4.6　n 次の列ベクトルの空間 $\boldsymbol{R}^n$ の n 個のベクトル（：(1.2) 式の m を n としたもの）

$$e_1 = \begin{pmatrix} 1 \\ 0 \\ 0 \\ \vdots \\ 0 \end{pmatrix}, \quad e_2 = \begin{pmatrix} 0 \\ 1 \\ 0 \\ \vdots \\ 0 \end{pmatrix}, \quad \ldots, \quad e_n = \begin{pmatrix} 0 \\ 0 \\ \vdots \\ 0 \\ 1 \end{pmatrix}$$

は 1 次独立である[7].　　　　　　　　　　　　　　　　　　　　　　　　□

例 4.7　n 次の行ベクトルの空間 $\boldsymbol{R}_n$ の次の n 個のベクトル（∵ (1.3) 式）

$$\boldsymbol{e}_1' = \begin{pmatrix} 1 & 0 & \cdots & 0 \end{pmatrix}, \quad \boldsymbol{e}_2' = \begin{pmatrix} 0 & 1 & \cdots & 0 \end{pmatrix}, \quad \ldots, \quad \boldsymbol{e}_n' = \begin{pmatrix} 0 & 0 & \cdots & 1 \end{pmatrix}$$

は 1 次独立である[8].　　　　　　　　　　　　　　　　　　　　　　　□

例 4.8　高々 n 次の多項式全体のベクトル空間 $\boldsymbol{R}[x]_n$ の $n+1$ 個のベクトル $1, x, \ldots, x^n$ について，零ベクトル $f_0(x)$ を多項式としての 0 とすると，1 次関係は

$$c_0 + c_1 x + \cdots + c_n x^n = 0$$

である．左辺に $x = 0$ を代入すると $c_0 = 0$ が得られる．次に両辺を微分して，左辺に $x = 0$ を代入すると $c_1 = 0$ が得られる．これを繰り返していくと，$c_0 = c_1 = \cdots = c_n = 0$ となるので，$1, x, \ldots, x^n$ は 1 次独立である．　　□

例題 4.3

次のベクトルが 1 次独立か 1 次従属か調べよ．

(1)　$\boldsymbol{a}_1 = \begin{pmatrix} 1 & -1 & 0 & 2 \end{pmatrix}, \boldsymbol{a}_2 = \begin{pmatrix} 3 & 0 & 1 & -1 \end{pmatrix},$

　　　$\boldsymbol{a}_3 = \begin{pmatrix} -1 & -1 & 0 & 2 \end{pmatrix} \in \boldsymbol{R}_4$

(2)　$f_1(x) = 2 - x + x^2, f_2(x) = 2x - x^2, f_3(x) = 14 + x + 3x^2 \in \boldsymbol{R}[x]_2$

解答　(1)　1 次関係

$$c_1 \boldsymbol{a}_1 + c_2 \boldsymbol{a}_2 + c_3 \boldsymbol{a}_3 = \begin{pmatrix} c_1 + 3c_2 - c_3 & -c_1 - c_3 & c_2 & 2c_1 - c_2 + 2c_3 \end{pmatrix} = \boldsymbol{0}$$

より同次連立 1 次方程式 $\begin{cases} c_1 + 3c_2 - c_3 = 0 \\ -c_1 - c_3 = 0 \\ c_2 = 0 \\ 2c_1 - c_2 + 2c_3 = 0 \end{cases}$ が得られるので，係数行列は

$A = \begin{pmatrix} 1 & 3 & -1 \\ -1 & 0 & -1 \\ 0 & 1 & 0 \\ 2 & -1 & 2 \end{pmatrix}$ である．A の簡約化は $\widehat{A} = \begin{pmatrix} 1 & 0 & 0 \\ 0 & 1 & 0 \\ 0 & 0 & 1 \\ 0 & 0 & 0 \end{pmatrix}$ となる[9]．従って，未知

---

[7] 各自確認せよ．これらは 2 章の n 次単位行列を列ベクトルでの分割表現として説明したものである．

[8] (4.1) 式から $\begin{pmatrix} c_1 & c_2 & \cdots & c_n \end{pmatrix} = \begin{pmatrix} 0 & 0 & \cdots & 0 \end{pmatrix}$ となり明らかである．

[9] 変形については各自計算せよ．以降，簡約化のみを示すこととし，途中の手順は省略する．

数の個数３個に対して $\operatorname{rank} A = 3$ より，自明な解のみ（自明な１次関係のみ）であるので１次独立である.

(2) １次関係は $\boldsymbol{R}[x]_2$ の零ベクトル $f_0(x)$ を多項式としての 0 とすると

$$c_1 f_1(x) + c_2 f_2(x) + c_3 f_3(x)$$
$$= c_1(2 - x + x^2) + c_2(2x - x^2) + c_3(14 + x + 3x^2)$$
$$= (2c_1 + 14c_3) + (-c_1 + 2c_2 + c_3)x + (c_1 - c_2 + 3c_3)x^2 = 0$$

より，同次連立１次方程式 $\begin{cases} 2c_1 + 14c_3 = 0 \\ -c_1 + 2c_2 + c_3 = 0 \\ c_1 - c_2 + 3c_3 = 0 \end{cases}$ が得られるので，係数行列は

$A = \begin{pmatrix} 2 & 0 & 14 \\ -1 & 2 & 1 \\ 1 & -1 & 3 \end{pmatrix}$ である. A の簡約化は $\hat{A} = \begin{pmatrix} 1 & 0 & 7 \\ 0 & 1 & 4 \\ 0 & 0 & 0 \end{pmatrix}$ となるから未知数の個数

３個に対して $\operatorname{rank} A = 2$ より，（自明でない１次関係が存在するので）１次従属である. $\qquad\square$

１次独立か１次従属かを調べるときに重要なことは，与えられたベクトルを別の１次独立なベクトルの組の１次結合で表して，その１次関係を同次連立１次方程式の問題として解けばよいということである.

――例題 4.4――

ベクトル空間 V の r 個のベクトル $\boldsymbol{u}_1, \boldsymbol{u}_2, \ldots, \boldsymbol{u}_r$ が１次独立であるとする. $\boldsymbol{u} \in V$ が $\boldsymbol{u}_1, \boldsymbol{u}_2, \ldots, \boldsymbol{u}_r$ の１次結合でかけないとき，$r+1$ 個のベクトル $\boldsymbol{u}_1, \boldsymbol{u}_2, \ldots, \boldsymbol{u}_r, \boldsymbol{u}$ は１次独立であることを示せ.

解答 １次関係

$$c_1 \boldsymbol{u}_1 + c_2 \boldsymbol{u}_2 + \cdots + c_r \boldsymbol{u}_r + c \boldsymbol{u} = \boldsymbol{0} \tag{4.2}$$

において $c \neq 0$ とすると，

$$\boldsymbol{u} = -\frac{c_1}{c} \boldsymbol{u}_1 - \frac{c_2}{c} \boldsymbol{u}_2 - \cdots - \frac{c_r}{c} \boldsymbol{u}_r$$

と１次結合でかけるので矛盾する. 従って $c = 0$ であるので (4.2) 式は

$$c_1 \boldsymbol{u}_1 + c_2 \boldsymbol{u}_2 + \cdots + c_r \boldsymbol{u}_r = \boldsymbol{0}$$

となり，$\boldsymbol{u}_1, \boldsymbol{u}_2, \ldots, \boldsymbol{u}_r$ が１次独立であるので，$c_1 = c_2 = \cdots = c_r = 0$ のみがこれを満たす. よって $\boldsymbol{u}_1, \boldsymbol{u}_2, \ldots, \boldsymbol{u}_r, \boldsymbol{u}$ は１次独立である[10]. $\qquad\square$

---

[10] この命題の対偶も重要であるので，理解しておこう.

次に，2つのベクトルの組において一方の組のベクトルがもう一方の組のベクトルの1次結合でかけるときに，その個数の関係において成り立つ性質について説明しよう．

ステップ3：定理 　**一方が他方の1次結合でかけるときのベクトルの組の個数が異なる場合の性質**

ベクトル空間 V の2組のベクトルの組 $\boldsymbol{u}_1, \boldsymbol{u}_2, \ldots, \boldsymbol{u}_t$ と $\boldsymbol{v}_1, \boldsymbol{v}_2, \ldots, \boldsymbol{v}_s$ について，$s > t$ であって，$\boldsymbol{v}_1, \boldsymbol{v}_2, \ldots, \boldsymbol{v}_s$ の各ベクトルが $\boldsymbol{u}_1, \boldsymbol{u}_2, \ldots, \boldsymbol{u}_t$ の1次結合でかけるとき，$\boldsymbol{v}_1, \boldsymbol{v}_2, \ldots, \boldsymbol{v}_s$ は1次従属である．

（証明）　1次結合でかけることから

$$
\begin{aligned}
\boldsymbol{v}_1 &= a_{11}\boldsymbol{u}_1 + a_{21}\boldsymbol{u}_2 + \cdots + a_{t1}\boldsymbol{u}_t, \\
\boldsymbol{v}_2 &= a_{12}\boldsymbol{u}_1 + a_{22}\boldsymbol{u}_2 + \cdots + a_{t2}\boldsymbol{u}_t, \\
&\cdots \\
\boldsymbol{v}_s &= a_{1s}\boldsymbol{u}_1 + a_{2s}\boldsymbol{u}_2 + \cdots + a_{ts}\boldsymbol{u}_t
\end{aligned}
\tag{4.3}
$$

である[11]．上の式の a_{ij} を (i, j) 成分とする $t \times s$ 型行列 $A = \left(a_{ij} \right)$ を係数行列とする同次連立1次方程式 $A\boldsymbol{c} = \boldsymbol{0}$（$\boldsymbol{c}$ は s 次の未知数ベクトル）を考えると，$s > t$ であるから，$\operatorname{rank} A \leq t < s$ より2章のステップ6からこの同次連立1次方程式は自明でない解をもつ．この自明でない解を

$$
\boldsymbol{c} = \begin{pmatrix} c_1 \\ c_2 \\ \vdots \\ c_s \end{pmatrix} \neq \boldsymbol{0}
$$

とすると，

$$
\begin{aligned}
c_1\boldsymbol{v}_1 + c_2\boldsymbol{v}_2 + \cdots + c_s\boldsymbol{v}_s &= (a_{11}c_1 + a_{12}c_2 + \cdots + a_{1s}c_s)\boldsymbol{u}_1 \\
&\quad + (a_{21}c_1 + a_{22}c_2 + \cdots + a_{2s}c_s)\boldsymbol{u}_2 \\
&\quad + \cdots + (a_{t1}c_1 + a_{t2}c_2 + \cdots + a_{ts}c_s)\boldsymbol{u}_t \\
&= 0\boldsymbol{u}_1 + 0\boldsymbol{u}_2 + \cdots + 0\boldsymbol{u}_t = \boldsymbol{0}
\end{aligned}
$$

と自明でない1次関係が得られる．従って，$\boldsymbol{v}_1, \boldsymbol{v}_2, \ldots, \boldsymbol{v}_s$ は1次従属である．□

---

[11] 1次結合の係数 a_{ij} の成分の番号 i と j の付け方に注意しよう．

(II) 1次独立なベクトルの最大数

2.3 節の列ベクトルの場合と同じく, ベクトル空間 V から s 個のベクトルの組（集合）を取り出したとき, それらが1次独立である場合の取り出せる最大限のベクトルの個数 r $(\leq s)$ を **1次独立なベクトルの最大数**といい[12], その r 個の1次独立なベクトルの組を **1次独立最大の組**という.

ここではベクトル空間 V のベクトルの組 $\boldsymbol{v}_1, \boldsymbol{v}_2, \ldots, \boldsymbol{v}_s$ の1次独立なベクトルの最大数と1次独立最大の組を求めてみよう. $\boldsymbol{v}_1, \boldsymbol{v}_2, \ldots, \boldsymbol{v}_s$ が V の別の1次独立なベクトルの組 $\boldsymbol{u}_1, \boldsymbol{u}_2, \ldots, \boldsymbol{u}_t$ を用いて[13] (4.3) 式のように1次結合で表せるとする. ここで本章ステップ3の証明と同様に $t \times s$ 型行列 $A = \left(a_{ij} \right)$ とおき, 1次結合 $c_1\boldsymbol{v}_1 + c_2\boldsymbol{v}_2 + \cdots + c_s\boldsymbol{v}_s$ を1次独立なベクトルの組 $\boldsymbol{u}_1, \boldsymbol{u}_2, \ldots, \boldsymbol{u}_t$ の1次結合に変形すると

$$c_1\boldsymbol{v}_1 + c_2\boldsymbol{v}_2 + \cdots + c_s\boldsymbol{v}_s = \beta_1\boldsymbol{u}_1 + \beta_2\boldsymbol{u}_2 + \cdots + \beta_t\boldsymbol{u}_t$$

が得られる. ここで

$$\begin{pmatrix} \beta_1 \\ \beta_2 \\ \vdots \\ \beta_t \end{pmatrix} = A \begin{pmatrix} c_1 \\ c_2 \\ \vdots \\ c_s \end{pmatrix} = A\boldsymbol{c}$$

である. 1次関係 $c_1\boldsymbol{v}_1 + c_2\boldsymbol{v}_2 + \cdots + c_s\boldsymbol{v}_s = \boldsymbol{0}$ において, $\boldsymbol{u}_1, \boldsymbol{u}_2, \ldots, \boldsymbol{u}_t$ が1次独立であることから自明な1次関係 $\beta_1 = \beta_2 = \cdots = \beta_t = 0$ のみである. 従って同次連立1次方程式 $A\boldsymbol{c} = \boldsymbol{0}$ の解が1次関係 $c_1\boldsymbol{v}_1 + c_2\boldsymbol{v}_2 + \cdots + c_s\boldsymbol{v}_s = \boldsymbol{0}$ の $c_1, c_2, \ldots, c_s$ でもある. また

$$A = \left(\boldsymbol{a}_1 \ \ \boldsymbol{a}_2 \ \ \cdots \ \ \boldsymbol{a}_s \right)$$

と列ベクトルに分割して表現すると, 1次関係 $c_1\boldsymbol{a}_1 + c_2\boldsymbol{a}_2 + \cdots + c_s\boldsymbol{a}_s = A\boldsymbol{c} = \boldsymbol{0}$ と1次関係 $c_1\boldsymbol{v}_1 + c_2\boldsymbol{v}_2 + \cdots + c_s\boldsymbol{v}_s = \boldsymbol{0}$ は同じであることがわかる. すなわち, 行列 A が与えられれば簡約化 $\hat{A}$ を求めることにより, 1次独立なベクトルの最大数, 1次独立最大の組および1次関係が得られることになる[14]. 具体的な問題で確認しよう.

---

[12] ベクトルの集合からどのように $r+1$ 個のベクトルを取り出しても, それらは1次従属である.

[13] 1次独立なベクトルの組としては, 例 4.6～例 4.8 のようなものを選べばよい.

[14] $\boldsymbol{v}_1, \boldsymbol{v}_2, \ldots, \boldsymbol{v}_s$ が列ベクトルの場合には, 1次独立のベクトルの組 $\boldsymbol{u}_1, \boldsymbol{u}_2, \ldots, \boldsymbol{u}_t$ を例 4.6 のベクトルとすることによって $A = \left(\boldsymbol{v}_1 \ \ \boldsymbol{v}_2 \ \ \cdots \ \ \boldsymbol{v}_s \right)$ となる.

例題 4.5

$R[x]_3$ の 3 つのベクトルの組

$$f_1(x) = -3 + 4x - x^2 + 2x^3, \quad f_2(x) = 3 + x + x^2 + 3x^3,$$
$$f_3(x) = 3 - 2x + x^2$$

が 1 次独立か 1 次従属か調べ，もし 1 次従属なら 1 次独立なベクトルの最大数を求めよ．さらに 1 次独立最大の組を 1 組求め，他のベクトルをこれらの 1 次結合で表せ．

解答 1 次関係は $R[x]_3$ の零ベクトル $f_0(x)$ を多項式としての 0 とすると

$c_1 f_1(x) + c_2 f_2(x) + c_3 f_3(x)$

$= c_1(-3 + 4x - x^2 + 2x^3) + c_2(3 + x + x^2 + 3x^3) + c_3(3 - 2x + x^2)$

$= (-3c_1 + 3c_2 + 3c_3) + (4c_1 + c_2 - 2c_3)x + (-c_1 + c_2 + c_3)x^2 + (2c_1 + 3c_2)x^3$

$= 0$

より，同次連立 1 次方程式 $\begin{cases} -3c_1 + 3c_2 + 3c_3 = 0 \\ 4c_1 + c_2 - 2c_3 = 0 \\ -c_1 + c_2 + c_3 = 0 \\ 2c_1 + 3c_2 = 0 \end{cases}$ が得られるので，係数行列は

$A = \begin{pmatrix} -3 & 3 & 3 \\ 4 & 1 & -2 \\ -1 & 1 & 1 \\ 2 & 3 & 0 \end{pmatrix}$ である．A の簡約化は $\hat{A} = \begin{pmatrix} 1 & 0 & -\frac{3}{5} \\ 0 & 1 & \frac{2}{5} \\ 0 & 0 & 0 \\ 0 & 0 & 0 \end{pmatrix}$ となるから未知数の個

数 3 個に対して $\operatorname{rank} A = 2$ より，（自明でない 1 次関係が存在するので）1 次従属である．簡約化から 1 次独立なベクトルの最大数は 2 であり，$A = \begin{pmatrix} \boldsymbol{a}_1 & \boldsymbol{a}_2 & \boldsymbol{a}_3 \end{pmatrix}$ としたときの 1 次独立最大の組は $\boldsymbol{a}_1$ と $\boldsymbol{a}_2$ であるから，$f_1(x), f_2(x)$ が 1 次独立最大の組である．また $\boldsymbol{a}_3 = -\frac{3}{5}\boldsymbol{a}_1 + \frac{2}{5}\boldsymbol{a}_2$ であるので，$f_3(x) = -\frac{3}{5}f_1(x) + \frac{2}{5}f_2(x)$ が得られる． □

✓ チェック問題 4.2 $R[x]_3$ の 3 つのベクトルの組

$$f_1(x) = 1 - 3x + 2x^2 + x^3, \quad f_2(x) = 2 - 2x + 3x^2 + x^3,$$
$$f_3(x) = -1 + x + x^2 + x^3$$

が 1 次独立か 1 次従属か調べ，もし 1 次従属なら 1 次独立なベクトルの最大数を求めよ．さらに 1 次独立最大の組を 1 組求め，他のベクトルをこれらの 1 次結合で表せ．

(III)　ベクトル空間 V のベクトルの組が生成する（V の）部分空間

ベクトル空間 V の s 個のベクトル $\boldsymbol{u}_1, \boldsymbol{u}_2, \ldots, \boldsymbol{u}_s$ に対して，これらの 1 次結合で与えられるベクトル全体の集合

$$W = \{c_1\boldsymbol{u}_1 + c_2\boldsymbol{u}_2 + \cdots + c_s\boldsymbol{u}_s \mid c_1, c_2, \ldots, c_s \in \boldsymbol{R}\} \tag{4.4}$$

を考える．このとき W は明らかに空ではなく[15]，以下の通り (SU1), (SU2) を満たすので，W は V の部分空間である．

(SU1)　$\boldsymbol{v} = \alpha_1\boldsymbol{u}_1 + \alpha_2\boldsymbol{u}_2 + \cdots + \alpha_s\boldsymbol{u}_s$, $\boldsymbol{w} = \beta_1\boldsymbol{u}_1 + \beta_2\boldsymbol{u}_2 + \cdots + \beta_s\boldsymbol{u}_s$, $\alpha_1, \alpha_2, \ldots, \alpha_s, \beta_1, \beta_2, \ldots, \beta_s \in \boldsymbol{R}$ とすると，$\boldsymbol{v}, \boldsymbol{w} \in W$ である．このとき

$$\boldsymbol{v} + \boldsymbol{w} = (\alpha_1\boldsymbol{u}_1 + \alpha_2\boldsymbol{u}_2 + \cdots + \alpha_s\boldsymbol{u}_s) + (\beta_1\boldsymbol{u}_1 + \beta_2\boldsymbol{u}_2 + \cdots + \beta_s\boldsymbol{u}_s)$$
$$= (\alpha_1 + \beta_1)\boldsymbol{u}_1 + (\alpha_2 + \beta_2)\boldsymbol{u}_2 + \cdots + (\alpha_s + \beta_s)\boldsymbol{u}_s \in W.$$

(SU2)　(SU1) の $\boldsymbol{v} \in W, k \in \boldsymbol{R}$ に対して

$$k\boldsymbol{v} = k(\alpha_1\boldsymbol{u}_1 + \alpha_2\boldsymbol{u}_2 + \cdots + \alpha_s\boldsymbol{u}_s)$$
$$= (k\alpha_1)\boldsymbol{u}_1 + (k\alpha_2)\boldsymbol{u}_2 + \cdots + (k\alpha_s)\boldsymbol{u}_s \in W.$$

(4.4) 式の W をベクトル $\boldsymbol{u}_1, \boldsymbol{u}_2, \ldots, \boldsymbol{u}_s$ が**生成する**もしくは**張る** V の部分空間といい[16]，

$$L\{\boldsymbol{u}_1, \boldsymbol{u}_2, \ldots, \boldsymbol{u}_s\}$$

とかくことにする．

一方 2.3 節で列ベクトルの場合に説明したように，ベクトル空間 V から s 個のベクトルの組（集合）を取り出しその 1 次独立なベクトルの最大数を r（$< s$）とするとき，どの $r+1$ 個のベクトルも 1 次従属である．いま（必要なら並べ替えて番号を付け直して）$\boldsymbol{u}_1, \boldsymbol{u}_2, \ldots, \boldsymbol{u}_r$ が 1 次独立最大の組とし，それ以外の $s-r$ 個のベクトルを $\boldsymbol{u}_{r+1}, \boldsymbol{u}_{r+2}, \ldots, \boldsymbol{u}_s$ とする．このとき $r+1$ 個のベクトル $\boldsymbol{u}_1, \boldsymbol{u}_2, \ldots, \boldsymbol{u}_r, \boldsymbol{u}_{r+q}$（ただし $q = 1, 2, \ldots, s-r$）は 1 次従属であるから，

$$c_1\boldsymbol{u}_1 + c_2\boldsymbol{u}_2 + \cdots + c_r\boldsymbol{u}_r + c_{r+q}\boldsymbol{u}_{r+q} = \boldsymbol{0} \tag{4.5}$$

において自明でない 1 次関係が存在する．ここで $c_{r+q} = 0$ とすると，(4.5) 式は 1 次関係

$$c_1\boldsymbol{u}_1 + c_2\boldsymbol{u}_2 + \cdots + c_r\boldsymbol{u}_r = \boldsymbol{0}$$

となり，$c_i = 0$（$i = 1, 2, \ldots, r$）の中に 0 でないものが存在することになるが，$\boldsymbol{u}_1, \boldsymbol{u}_2, \ldots, \boldsymbol{u}_r$ は 1 次独立であるので矛盾する．従って $c_{r+q} \neq 0$ である．よっ

---

[15] $c_1 = c_2 = \cdots = c_s = 0$ のとき零ベクトル $\boldsymbol{0}$ であり，$\boldsymbol{0} \in W$ である．

[16] 本書では生成するに統一する．

て (4.5) 式の両辺を c_{r+q} で割って移項すれば，$\boldsymbol{u}_{r+q}$ は $\boldsymbol{u}_1,\ \boldsymbol{u}_2,\ \dots,\ \boldsymbol{u}_r$ の 1 次結合でかける[17]．

このことから，実は $L\{\boldsymbol{u}_1,\ \boldsymbol{u}_2,\ \dots,\ \boldsymbol{u}_s\}$ の任意のベクトル $\boldsymbol{u}$ は

$$
\begin{aligned}
\boldsymbol{u} &= c_1\boldsymbol{u}_1 + c_2\boldsymbol{u}_2 + \cdots + c_s\boldsymbol{u}_s \\
&= (c_1\boldsymbol{u}_1 + c_2\boldsymbol{u}_2 + \cdots + c_r\boldsymbol{u}_r) + (c_{r+1}\boldsymbol{u}_{r+1} + c_{r+2}\boldsymbol{u}_{r+2} + \cdots + c_s\boldsymbol{u}_s) \\
&= (c_1\boldsymbol{u}_1 + c_2\boldsymbol{u}_2 + \cdots + c_r\boldsymbol{u}_r) + c_{r+1}(c_{r+1,1}\boldsymbol{u}_1 + c_{r+1,2}\boldsymbol{u}_2 + \cdots + c_{r+1,r}\boldsymbol{u}_r) \\
&\quad + \cdots + c_s(c_{s,1}\boldsymbol{u}_1 + c_{s,2}\boldsymbol{u}_2 + \cdots + c_{s,r}\boldsymbol{u}_r) \\
&= \alpha_1\boldsymbol{u}_1 + \alpha_2\boldsymbol{u}_2 + \cdots + \alpha_r\boldsymbol{u}_r
\end{aligned}
$$

とかける．ただし $\alpha_i = c_i + c_{r+1}c_{r+1,i} + \cdots + c_s c_{s,i}\ (i = 1,\ 2,\ \dots,\ r)$ である．つまり $L\{\boldsymbol{u}_1, \boldsymbol{u}_2, \dots, \boldsymbol{u}_s\}$ はその中の 1 次独立最大の組によって $L\{\boldsymbol{u}_1, \boldsymbol{u}_2, \dots, \boldsymbol{u}_r\}$ となるのであり，重要なことは多くの数のベクトルの組から生成される部分空間は，実はそのベクトルの組から 1 次独立最大の組を選んで，それらから生成される部分空間を作れば十分であるということである．

⊘ **チェック問題 4.3**　ベクトル空間 V の 1 次独立な r 個のベクトル $\boldsymbol{u}_1,\ \boldsymbol{u}_2,\ \dots,\ \boldsymbol{u}_r$ が生成する部分空間 $L\{\boldsymbol{u}_1,\ \boldsymbol{u}_2,\ \dots,\ \boldsymbol{u}_r\}$ の任意のベクトル $\boldsymbol{u}$ を $\boldsymbol{u}_1,\ \boldsymbol{u}_2,\ \dots,\ \boldsymbol{u}_r$ の 1 次結合で表すとき，その表し方は唯一通りであることを示せ．

次に $m \times n$ 型行列の A を n 次の行ベクトルで $A = \begin{pmatrix} \boldsymbol{a}_1 \\ \boldsymbol{a}_2 \\ \vdots \\ \boldsymbol{a}_m \end{pmatrix}$ と表した場合について，$\mathrm{rank}\,A$ と行ベクトル $\boldsymbol{a}_1,\ \boldsymbol{a}_2,\ \dots,\ \boldsymbol{a}_m$ の 1 次独立な行ベクトルの最大数との関係を調べよう．

A の m 個の行ベクトルの 1 次独立な最大数を r とし，A の簡約化 $\hat{A}$ の同じく m 個の行ベクトル $\hat{\boldsymbol{a}}_1,\ \hat{\boldsymbol{a}}_2,\ \dots,\ \hat{\boldsymbol{a}}_m$ の 1 次独立な最大数を s とする．2.2 節で説明したように，簡約化は行列 A に基本行列をその変形順に左からかけていくことによって得られる．この m 次基本行列の積を $X = \begin{pmatrix} \alpha_{ij} \end{pmatrix}$ とすると，

$$
\hat{A} = \begin{pmatrix} \hat{\boldsymbol{a}}_1 \\ \hat{\boldsymbol{a}}_2 \\ \vdots \\ \hat{\boldsymbol{a}}_m \end{pmatrix} = XA = \begin{pmatrix} \alpha_{11} & \alpha_{12} & \cdots & \alpha_{1m} \\ \alpha_{21} & \alpha_{22} & \cdots & \alpha_{2m} \\ \vdots & \vdots & & \vdots \\ \alpha_{m1} & \alpha_{m2} & \cdots & \alpha_{mm} \end{pmatrix} \begin{pmatrix} \boldsymbol{a}_1 \\ \boldsymbol{a}_2 \\ \vdots \\ \boldsymbol{a}_m \end{pmatrix}
$$

---

[17] 逆にあるベクトルの組から 1 組の 1 次独立なベクトルの組を取り出したとき，残りのすべてのベクトルが取り出したベクトルの 1 次結合でかけるならば，それが 1 次独立最大の組である．

$$= \begin{pmatrix} \alpha_{11}\boldsymbol{a}_1 + \alpha_{12}\boldsymbol{a}_2 + \cdots + \alpha_{1m}\boldsymbol{a}_m \\ \alpha_{21}\boldsymbol{a}_1 + \alpha_{22}\boldsymbol{a}_2 + \cdots + \alpha_{2m}\boldsymbol{a}_m \\ \vdots \\ \alpha_{m1}\boldsymbol{a}_1 + \alpha_{m2}\boldsymbol{a}_2 + \cdots + \alpha_{mm}\boldsymbol{a}_m \end{pmatrix}$$

と表されるので，簡約化 $\widehat{A}$ の各行ベクトルは A の行ベクトルの1次結合でかける．すなわち $\widehat{\boldsymbol{a}}_1$, $\widehat{\boldsymbol{a}}_2$, ..., $\widehat{\boldsymbol{a}}_m$ は A の行ベクトルの1次独立最大の r 個の行ベクトルの組が生成する部分空間の元である．従って本章ステップ3の定理から $\widehat{\boldsymbol{a}}_1$, $\widehat{\boldsymbol{a}}_2$, ..., $\widehat{\boldsymbol{a}}_m$ から取り出した $r+1$ 個以上のベクトルは1次従属であるので，$s \leq r$ である．

一方簡約化 $\widehat{A}$ に対して，簡約化するときに行ったそれぞれの手順の基本変形の逆の変形を行っていけば A が得られる．このとき，それぞれの手順の逆の行基本変形に対応する基本行列をその変形順に左からかけていくことによって最終的にその積は X^{-1} となる．これを $\widehat{A}$ に左からかけることになるので，$A = X^{-1}\widehat{A}$ からやはり $\boldsymbol{a}_1$, $\boldsymbol{a}_2$, ..., $\boldsymbol{a}_m$ は $\widehat{A}$ の行ベクトルの1次独立最大の s 個の行ベクトルの組が生成する部分空間の元となる．従って同様に本章ステップ3の定理から $\boldsymbol{a}_1$, $\boldsymbol{a}_2$, ..., $\boldsymbol{a}_m$ から取り出した $s+1$ 個以上のベクトルは1次従属であるので，$r \leq s$ である．

以上から，2つの行ベクトルの組の1次独立な（行ベクトルの）最大数[18]について $r = s$ であり，従って rank $A = (A$ の行ベクトルの1次独立な最大数) である．また2章ステップ9から，n 次正方行列が正則である必要十分条件が A の n 個の列ベクトルが1次独立であることであったが，これは行ベクトルについても必要十分条件となる．つまり

ステップ4：定理 **行列の階数と1次独立な列および行ベクトルの最大数**

$$\text{rank } A = (A \text{ の列ベクトルの1次独立な最大数})$$
$$= (A \text{ の行ベクトルの1次独立な最大数})$$

である[19]．また特に n 次正方行列 A が正則である必要十分条件は，A の n 個の列および行ベクトルが1次独立であることである．

この節の最後に以下のことを示そう．

$m \times n$ 型行列 A の簡約化 $\widehat{A}$ が唯一通りに決まること

---

[18] 以降，「1次独立な最大数」と「ベクトルの」を省略することがある．

[19] 転置行列は行と列を入れ替えたものなので，rank $A = $ rank ${}^t A$ である．

（証明）　$A = \begin{pmatrix} \boldsymbol{a}_1 & \boldsymbol{a}_2 & \cdots & \boldsymbol{a}_n \end{pmatrix}$, $\widehat{A} = \begin{pmatrix} \widehat{\boldsymbol{a}}_1 & \widehat{\boldsymbol{a}}_2 & \cdots & \widehat{\boldsymbol{a}}_n \end{pmatrix}$ と m 次列ベクトルで表現して，$\widehat{\boldsymbol{a}}_k$ $(k = 1, 2, \ldots, n)$ が唯一通りに決まることを以下のように場合分けして証明する．

(I)　$k = 1$ のとき

(I-i)　$\boldsymbol{a}_1 = \boldsymbol{0}$ の場合

　第 1 列はすべて成分が 0 なので，行基本変形では第 1 列は零ベクトルのままである．従って $\widehat{\boldsymbol{a}}_1 = \boldsymbol{0}$ である．

(I-ii)　$\boldsymbol{a}_1 \neq \boldsymbol{0}$ の場合

　必要ならば行の入れ替えを行い第 1 列の 0 でない成分を第 1 行に移動し，その数で割り主成分を 1 とする．その後第 2 行以下の成分を基本変形 (2) で 0 にすることにより $\widehat{\boldsymbol{a}}_1$ は $\boldsymbol{R}^m$ の基本ベクトル $\boldsymbol{e}_1$ である．

(II)　$2 \leq k \leq n$ のとき

　$\boldsymbol{a}_1, \boldsymbol{a}_2, \ldots, \boldsymbol{a}_{k-1}$ の組の 1 次独立な列ベクトルの最大数を r_{k-1} とする．$\boldsymbol{a}_1, \boldsymbol{a}_2, \ldots, \boldsymbol{a}_{k-1}$ と $\widehat{\boldsymbol{a}}_1, \widehat{\boldsymbol{a}}_2, \ldots, \widehat{\boldsymbol{a}}_{k-1}$ の 1 次関係は同じなので，いずれの組の 1 次独立なベクトルの最大数も r_{k-1} であり，$\widehat{\boldsymbol{a}}_1, \widehat{\boldsymbol{a}}_2, \ldots, \widehat{\boldsymbol{a}}_{k-1}$ の中に r_{k-1} 個の $\boldsymbol{R}^m$ の基本ベクトル $\boldsymbol{e}_1 \sim \boldsymbol{e}_{r_{k-1}}$ が含まれる．

(II-i)　$\boldsymbol{a}_k$ が $\boldsymbol{a}_1, \boldsymbol{a}_2, \ldots, \boldsymbol{a}_{k-1}$ の 1 次結合でかけないとき

　$\boldsymbol{a}_1, \boldsymbol{a}_2, \ldots, \boldsymbol{a}_{k-1}$ の組から r_{k-1} 個の 1 次独立最大の組を取り出し，これに $\boldsymbol{a}_k$ を含めたベクトルは例題 4.4 より 1 次独立である．同様に $\widehat{\boldsymbol{a}}_1, \widehat{\boldsymbol{a}}_2, \ldots, \widehat{\boldsymbol{a}}_{k-1}$ の中から取り出した $\boldsymbol{e}_1 \sim \boldsymbol{e}_{r_{k-1}}$ に $\widehat{\boldsymbol{a}}_k$ を含めたベクトルが 1 次独立であるので，簡約化の規則から $\widehat{\boldsymbol{a}}_k$ は $\boldsymbol{R}^m$ の基本ベクトル $\boldsymbol{e}_{r_{k-1}+1}$ である．このとき $r_k = r_{k-1}+1$ となる．

(II-ii)　$\boldsymbol{a}_k$ が $\boldsymbol{a}_1, \boldsymbol{a}_2, \ldots, \boldsymbol{a}_{k-1}$ の 1 次結合でかけるとき

　$\boldsymbol{a}_k$ は $\boldsymbol{a}_1, \boldsymbol{a}_2, \ldots, \boldsymbol{a}_{k-1}$ までのベクトルの r_{k-1} 個の 1 次独立最大の組のベクトルの 1 次結合でかける．(II-i) と同様に考えると 1 次関係が同じであるので，$\widehat{\boldsymbol{a}}_k$ の r_{k-1} 行までの各成分は $\widehat{\boldsymbol{a}}_k$ を $\boldsymbol{e}_1 \sim \boldsymbol{e}_{r_{k-1}}$ の 1 次結合でかいたときの各係数となる[20]．チェック問題 4.3 から，1 次独立なベクトルの 1 次結合の表し方は唯一通りであるので，$\widehat{\boldsymbol{a}}_k$ は唯一通りに決まる．この場合では $r_k = r_{k-1}$ である．

　以上から A の簡約化 $\widehat{A}$ は唯一通りである．　　　　□

---

[20] 例題 2.11 (2)，チェック問題 2.7 等を参照のこと．なお $\widehat{\boldsymbol{a}}_k$ の r_{k-1} 行より下の成分はすべて 0 である．

4.3 ベクトル空間の基底と次元
―ベクトル空間の基底の性質と次元について理解する

ベクトル空間の基底と次元

　本節ではベクトル空間の基底と次元について学ぶ．ベクトル空間の任意のベクトルを1次結合で表すために必要十分なベクトルの個数をそのベクトル空間の次元といい，それに必要な次元の個数のベクトルの組を基底という．基底と次元の具体的な例としては xy 平面や xyz 空間の座標軸の方向の基本ベクトルとその個数があり，これらはすでに学んでいるものである．

(I)　ベクトル空間の基底

　ベクトル空間 V にある有限個のベクトルが存在し，V のすべてのベクトルがそれらの1次結合でかかれるとき，V は**有限次元**であるという．V が有限次元でないとき，V は**無限次元**であるという[21]．まず有限次元として代表的な2次元平面や3次元空間について復習しよう．

　xy 平面上の点を原点に関する位置ベクトル（原点を始点，各点を終点とするベクトル $\boldsymbol{r}$）で表すことを考えると，この位置ベクトルは幾何的には x 軸方向の単位ベクトル（$\boldsymbol{i}$）のスカラー倍（x 倍）と y 軸方向の単位ベクトル（$\boldsymbol{j}$）のスカラー倍（y 倍）の2つのベクトルの和で与えられる．すなわち

$$\boldsymbol{r} = x\boldsymbol{i} + y\boldsymbol{j}$$

と $\boldsymbol{i}$ と $\boldsymbol{j}$ の1次結合ですべての点（位置ベクトル）を表すことができ，スカラー「x」を x 成分，「y」を y 成分とよぶ．また $\boldsymbol{r} = \boldsymbol{0}$ を考えれば，$\boldsymbol{i}$ と $\boldsymbol{j}$ が1次独立であるということは容易にわかる．さらに xyz 空間でも座標軸を導入すれば空間内の点について各軸の単位ベクトルの1次結合ですべての点（位置ベクトル）を表すことができ，3個の軸方向の単位ベクトルは1次独立であることがわかる．

　以上の幾何的な具体例のように，あるベクトル空間が与えられたとき，そのすべての元を必要十分な個数のベクトルの1次結合で表す（生成する）上で必要な概念とは何かを考える．前節のベクトルの組から生成される部分空間をもとに考えると，すべての元を1次結合で表す上では，1次独立最大の組を選べば十分であることが示された．このことから与えられたベクトル空間 V に対して以下の**基底**もしくは基

[21) 例4.4のベクトル空間 $\boldsymbol{F}$ は無限次元の例であるが，本書では詳しくは取り扱わない．

とよばれるベクトルの組を定義する[22].

ステップ 5 : キーポイント　ベクトル空間の基底

ベクトル空間 V のベクトルの組 $u_1, u_2, \ldots, u_n$ が次の 2 つの条件を満たすとき, $u_1, u_2, \ldots, u_n$ は V の**基底**という.

(B1)　$u_1, u_2, \ldots, u_n$ は 1 次独立である.

(B2)　V の任意のベクトルは $u_1, u_2, \ldots, u_n$ の 1 次結合でかける. これを $u_1, u_2, \ldots, u_n$ は V を**生成する**という. すなわち

$$V = L\{u_1, u_2, \ldots, u_n\}.$$

なお基底 $u_1, u_2, \ldots, u_n$ について, 単なるベクトルの組ではなく V の基底であることを区別するため, これを $\langle u_1, u_2, \ldots, u_n \rangle$ と表すことにする. また基底を表すときには, その順序についても考慮に入れ, 同じ構成のベクトルの組でもその順序が違う場合には, 基底としては異なるものと考える.

例 4.9　例 4.6〜例 4.8 で与えられた各ベクトル空間の 1 次独立なベクトルの組はそれぞれのベクトル空間を生成する. 例えば例 4.8 の場合には, 任意の実数 $c_0, c_1, \ldots, c_n$ に対して

$$f(x) = c_0 + c_1 x + \cdots + c_n x^n \in \mathbf{R}[x]_n$$

と $1, x, \ldots, x^n$ の 1 次結合で表されるので, $1, x, \ldots, x^n$ は V を生成する[23].

- 例 4.6 : $\langle e_1, e_2, \ldots, e_n \rangle$ は $\mathbf{R}^n$ の基底であり, これを**標準基底**という.
- 例 4.7 : $\langle e'_1, e'_2, \ldots, e'_n \rangle$ は $\mathbf{R}_n$ の基底である.
- 例 4.8 : $\langle 1, x, \ldots, x^n \rangle$ は $\mathbf{R}[x]_n$ の基底である.

□

次にベクトル空間の部分空間の基底の例をいくつか示そう.

例 4.10　ベクトル空間 V の s 個のベクトルの組が生成する部分空間 W は, s 個の中の 1 次独立最大の組 $u_1, u_2, \ldots, u_r$ が生成する部分空間 $L\{u_1, u_2, \ldots, u_r\}$ であるので, W の基底は $\langle u_1, u_2, \ldots, u_r \rangle$ である.　□

---

[22] 本書では基底に統一する.

[23] 他の 2 つの例については各自確認せよ.

例 4.11 本章ステップ 2 の同次連立 1 次方程式の解空間（係数行列 A を $m \times n$ 型行列とするとき，）$W = \{\boldsymbol{x} \in \boldsymbol{R}^n \mid A\boldsymbol{x} = \boldsymbol{0}\}$ の基底は基本解である． □

ここでベクトル空間 V の基底となるベクトルの組が何組も存在することを簡単な例で示そう．

例 4.12 2 次の列ベクトルの空間 $\boldsymbol{R}^2$ において，列ベクトルを xy 平面上の位置ベクトルと対応させると標準基底 $\langle \boldsymbol{e}_1, \boldsymbol{e}_2 \rangle$ はそれぞれ x 軸および y 軸方向の単位ベクトル $\boldsymbol{i}$ と $\boldsymbol{j}$ である．これらを原点の周りに 2π の整数倍ではない角 θ だけ反時計回りに回転させると，

$$\boldsymbol{u}_1 = \begin{pmatrix} \cos\theta \\ \sin\theta \end{pmatrix}, \quad \boldsymbol{u}_2 = \begin{pmatrix} -\sin\theta \\ \cos\theta \end{pmatrix}$$

が得られるが，これらが (B1) と (B2) の条件を満たすことを示す．

(B1) $c_1, c_2 \in \boldsymbol{R}$ に対して $c_1\boldsymbol{u}_1 + c_2\boldsymbol{u}_2 = \boldsymbol{0}$ の 1 次関係を考えると，

$$c_1\boldsymbol{u}_1 + c_2\boldsymbol{u}_2 = \begin{pmatrix} c_1\cos\theta - c_2\sin\theta \\ c_1\sin\theta + c_2\cos\theta \end{pmatrix} = \begin{pmatrix} 0 \\ 0 \end{pmatrix}$$

から $c_1 = c_2 = 0$（自明な 1 次関係）のみが得られる．従って $\boldsymbol{u}_1, \boldsymbol{u}_2$ は 1 次独立である．

(B2) $c_1, c_2 \in \boldsymbol{R}$ に対して

$$\boldsymbol{u} = c_1\boldsymbol{u}_1 + c_2\boldsymbol{u}_2 = \begin{pmatrix} c_1\cos\theta - c_2\sin\theta \\ c_1\sin\theta + c_2\cos\theta \end{pmatrix}$$

$$= (c_1\cos\theta - c_2\sin\theta)\boldsymbol{e}_1 + (c_1\sin\theta + c_2\cos\theta)\boldsymbol{e}_2 = \alpha_1\boldsymbol{e}_1 + \alpha_2\boldsymbol{e}_2$$

であり，α_1, α_2 は任意の実数であるので $\boldsymbol{u}_1, \boldsymbol{u}_2$ は $\boldsymbol{R}^2$ を生成する．

以上から $\langle \boldsymbol{u}_1, \boldsymbol{u}_2 \rangle$ は $\boldsymbol{R}^2$ の 1 組の基底である． □

有限次元のベクトル空間 $V \neq \{\boldsymbol{0}\}$（零ベクトルのみからなる場合ではない）においては基底は必ず存在する．具体的に V の t 個の 1 次独立なベクトルの組 $\boldsymbol{u}_1, \boldsymbol{u}_2, \ldots, \boldsymbol{u}_t$ が与えられたとき，これに有限個のベクトルを加えれば V の基底が得られることを示そう[24]．

（証明） もし $V = L\{\boldsymbol{u}_1, \boldsymbol{u}_2, \ldots, \boldsymbol{u}_t\}$ であれば $\boldsymbol{u}_1, \boldsymbol{u}_2, \ldots, \boldsymbol{u}_t$ は V の基底であるので，V のベクトルの中に $\boldsymbol{u}_1, \boldsymbol{u}_2, \ldots, \boldsymbol{u}_t$ の 1 次結合でかけないものがある場合を考える．

---

[24] 基底補充定理という．

V が有限次元であることから，ある s 個のベクトルの組 $\boldsymbol{w}_1, \boldsymbol{w}_2, \ldots, \boldsymbol{w}_s$ が存在して，$V = L\{\boldsymbol{w}_1, \boldsymbol{w}_2, \ldots, \boldsymbol{w}_s\}$ とする．与えられたベクトルの組 $\boldsymbol{u}_1, \boldsymbol{u}_2, \ldots, \boldsymbol{u}_t$ に $\boldsymbol{w}_1, \boldsymbol{w}_2, \ldots, \boldsymbol{w}_s$ の各ベクトルを 1 個ずつ加えて 1 次独立となるかどうかを順に調べる．

(i)　$\boldsymbol{u}_1, \boldsymbol{u}_2, \ldots, \boldsymbol{u}_t, \boldsymbol{w}_1$ が 1 次独立であれば $\boldsymbol{u}_{t+1} = \boldsymbol{w}_1$ のように番号付けしてこれを加えて新たな 1 次独立の組とし，1 次従属なら $\boldsymbol{w}_1$ は加えないこととする．

(ii)　(i) で得られたベクトルの組に $\boldsymbol{w}_2$ を加えたベクトルの組が 1 次独立なら $\boldsymbol{w}_2$ を番号付けして加えたベクトルの組を新たな 1 次独立の組とし，1 次従属なら $\boldsymbol{w}_2$ は加えないこととする．

(iii)　この手順を $\boldsymbol{w}_s$ まで繰り返して，最終的に得られた 1 次独立の組を $\boldsymbol{u}_1, \boldsymbol{u}_2, \ldots, \boldsymbol{u}_t, \boldsymbol{u}_{t+1}, \ldots, \boldsymbol{u}_{t+l}$ とすると $\boldsymbol{w}_1, \boldsymbol{w}_2, \ldots, \boldsymbol{w}_s$ の中から l 個のベクトルが $\boldsymbol{u}_1, \boldsymbol{u}_2, \ldots, \boldsymbol{u}_t$ に加わったことになる．

ここで，加えられなかったベクトルはこの最終的な組に加えると 1 次従属になり，最終的な 1 次独立の組 $\boldsymbol{u}_1, \boldsymbol{u}_2, \ldots, \boldsymbol{u}_t, \boldsymbol{u}_{t+1}, \ldots, \boldsymbol{u}_{t+l}$ のベクトルの 1 次結合でかける．従って

$$V = L\{\boldsymbol{w}_1, \boldsymbol{w}_2, \ldots, \boldsymbol{w}_s\} = L\{\boldsymbol{u}_1, \boldsymbol{u}_2, \ldots, \boldsymbol{u}_t, \boldsymbol{u}_{t+1}, \ldots, \boldsymbol{u}_{t+l}\}$$

であるので，最終的なベクトルの組は V の基底となる．　　　　　　　□

(II)　ベクトル空間の次元

ベクトル空間の基底は何組も存在することがわかったが，ここでベクトル空間 V の 2 組の基底 $\langle \boldsymbol{u}_1, \boldsymbol{u}_2, \ldots, \boldsymbol{u}_n \rangle$ と $\langle \boldsymbol{v}_1, \boldsymbol{v}_2, \ldots, \boldsymbol{v}_m \rangle$ を考える．基底を構成するベクトルは当然 V のベクトルである．従って $\boldsymbol{v}_1, \boldsymbol{v}_2, \ldots, \boldsymbol{v}_m$ の各ベクトルは $\boldsymbol{u}_1, \boldsymbol{u}_2, \ldots, \boldsymbol{u}_n$ の 1 次結合でかける．このとき本章ステップ 3 の定理より $m > n$ であれば $\boldsymbol{v}_1, \boldsymbol{v}_2, \ldots, \boldsymbol{v}_m$ は 1 次従属であるので，基底であることに矛盾するから $m \le n$ である．逆の場合を考えると $n \le m$ であることが示せるので $m = n$ であり，基底を構成するベクトルの個数は不変である．これから

ステップ 6：キーポイント　　**ベクトル空間の次元**

有限次元ベクトル空間 V の基底を構成するベクトルの個数 n を V の**次元**といい，$\dim V$ とかく[25]．ただし $V = \{\boldsymbol{0}\}$ の場合（V が零ベクトルのみからなる場合）の次元は 0 と定め，このベクトル空間を**零空間**という．

---

[25] V の 1 次独立なベクトルの最大数が V の次元であり，1 次独立最大の組は V の基底である．

例 4.13 例 4.9, 例 4.10 より

- 例 4.6 : $\dim \boldsymbol{R}^n = n$,
- 例 4.7 : $\dim \boldsymbol{R}_n = n$,
- 例 4.8 : $\dim \boldsymbol{R}[x]_n = n + 1$,
- 例 4.10 : $\dim W = \dim \left(L\left\{ \boldsymbol{u}_1, \boldsymbol{u}_2, \ldots, \boldsymbol{u}_r \right\} \right) = r$.

□

例 4.14 例 4.11 より同次連立 1 次方程式の解空間（係数行列 A を $m \times n$ 型行列とするとき,）$W = \{\boldsymbol{x} \in \boldsymbol{R}^n \mid A\boldsymbol{x} = \boldsymbol{0}\}$ において, 未知数の個数は n であり, 主成分に対応する変数の個数は $\operatorname{rank} A$ である. 解の自由度, すなわち基本解の個数は $(n - \operatorname{rank} A)$ 個であるので, $\dim W = n - \operatorname{rank} A$ である. □

---**例題 4.6**---

次の係数行列 A の場合の同次連立 1 次方程式 $A\boldsymbol{x} = \boldsymbol{0}$ の解空間 W の次元と 1 組の基底を求めよ.

$$W = \left\{ \boldsymbol{x} \in \boldsymbol{R}^5 \mid A\boldsymbol{x} = \boldsymbol{0} \right\}, \quad A = \begin{pmatrix} 1 & 0 & 2 & 1 & 2 \\ -1 & 1 & -3 & 0 & 1 \\ 1 & 2 & 0 & -2 & 3 \end{pmatrix}$$

解答 $\boldsymbol{x} = \begin{pmatrix} x_1 \\ x_2 \\ x_3 \\ x_4 \\ x_5 \end{pmatrix}$ とする. 係数行列 A の簡約化は $\hat{A} = \begin{pmatrix} 1 & 0 & 2 & 0 & 1 \\ 0 & 1 & -1 & 0 & 2 \\ 0 & 0 & 0 & 1 & 1 \end{pmatrix}$ となるか

ら簡約化が示す連立 1 次方程式は $\begin{cases} x_1 + 2x_3 + x_5 = 0 \\ x_2 - x_3 + 2x_5 = 0 \\ x_4 + x_5 = 0 \end{cases}$ である. 主成分に対応しな

い未知数について $x_3 = C_1$, $x_5 = C_2$ とおくと解は

$$\boldsymbol{x} = \begin{pmatrix} x_1 \\ x_2 \\ x_3 \\ x_4 \\ x_5 \end{pmatrix} = \begin{pmatrix} -2C_1 - C_2 \\ C_1 - 2C_2 \\ C_1 \\ -C_2 \\ C_2 \end{pmatrix} = C_1 \begin{pmatrix} -2 \\ 1 \\ 1 \\ 0 \\ 0 \end{pmatrix} + C_2 \begin{pmatrix} -1 \\ -2 \\ 0 \\ -1 \\ 1 \end{pmatrix}$$

$(C_1, C_2$ は任意定数$)$.

ここで $\boldsymbol{a}_1 = \begin{pmatrix} -2 \\ 1 \\ 1 \\ 0 \\ 0 \end{pmatrix}$, $\boldsymbol{a}_2 = \begin{pmatrix} -1 \\ -2 \\ 0 \\ -1 \\ 1 \end{pmatrix}$ とおくと, 基本解 $\boldsymbol{a}_1$, $\boldsymbol{a}_2$ は 1 次独立かつ W

を生成するので，W の 1 組の基底である．よって，$\dim W = 2$ で 1 組の基底は上記の $\langle \boldsymbol{a}_1, \boldsymbol{a}_2 \rangle$ である． □

---**例題 4.7**---

ベクトル空間

$$W = \left\{ f(x) \in \boldsymbol{R}[x]_3 \mid f(1) = 0, f'(-1) = 0 \right\}$$

の次元と 1 組の基底を求めよ．

解答 $f(x) = a_0 + a_1 x + a_2 x^2 + a_3 x^3$ とおくと，$f'(x) = a_1 + 2a_2 x + 3a_3 x^2$ である．$f(1) = 0$, $f'(-1) = 0$ から同次連立 1 次方程式 $\begin{cases} a_0 + a_1 + a_2 + a_3 = 0 \\ a_1 - 2a_2 + 3a_3 = 0 \end{cases}$ が得られるので，係数行列は $A = \begin{pmatrix} 1 & 1 & 1 & 1 \\ 0 & 1 & -2 & 3 \end{pmatrix}$ である．A の簡約化は $\hat{A} = \begin{pmatrix} 1 & 0 & 3 & -2 \\ 0 & 1 & -2 & 3 \end{pmatrix}$

となるから簡約化が示す連立 1 次方程式は $\begin{cases} a_0 + 3a_2 - 2a_3 = 0 \\ a_1 - 2a_2 + 3a_3 = 0 \end{cases}$ である．主成分に対応しない未知数について $a_2 = C_1$, $a_3 = C_2$ とおくと解は

$$f(x) = (-3C_1 + 2C_2) + (2C_1 - 3C_2)x + C_1 x^2 + C_2 x^3$$
$$= C_1(-3 + 2x + x^2) + C_2(2 - 3x + x^3) \quad (C_1, C_2 \text{ は任意定数}).$$

$f_1(x) = -3 + 2x + x^2$, $f_2(x) = 2 - 3x + x^3$ とおくと，$f_1(x), f_2(x)$ は 1 次独立でかつ W を生成するので，W の 1 組の基底である．よって，$\dim W = 2$ で上記の $\langle f_1(x), f_2(x) \rangle$ が 1 組の基底である． □

✅ **チェック問題 4.4** 次のベクトル空間 W の次元と 1 組の基底を求めよ．

(1) $W = \left\{ \boldsymbol{x} \in \boldsymbol{R}^5 \;\middle|\; \begin{pmatrix} 2 & 2 & 0 & 2 & 0 \\ 1 & 1 & -1 & 1 & 2 \\ -1 & -1 & 1 & 2 & 1 \end{pmatrix} \boldsymbol{x} = \boldsymbol{0} \right\}$

(2) $W = \left\{ f(x) \in \boldsymbol{R}[x]_4 \mid f(1) = 0, f(-1) = 0, f'(1) = 0 \right\}$

（**注意**） 証明は省略するが，ベクトル空間 V の次元が既知の場合には，次元の個数のベクトルの組が 1 次独立であるか，V を生成するかのいずれかが成り立てば，そのベクトルの組は V の基底である．

4.4 線形写像
―線形写像の性質を理解し，その行列を用いた表現方法を習得する

線形写像

　本節ではあるベクトル空間から別のベクトル空間への線形写像について学ぶ．線形写像は抽象的な部分が多いので，難しいと感じた場合には，列ベクトルと行列の積で与えられる線形写像に戻って考察すると理解しやすい．同様に次元定理等についても，同次連立 1 次方程式の解空間や列ベクトルの組で生成される部分空間を具体例として考えればわかりやすい．最後に抽象的な線形写像を行列を利用して表現する方法を学ぶ．これによりある基底に関する座標ベクトルや異なる基底への変換行列が与えられる．よく知られた基本ベクトルによる座標だけでなく，違った基底による別の座標表現を導入することにより応用の範囲が拡がる．

(I)　線形写像

　最初に**写像**について復習しておこう．

　2 つの集合 A, B があって，任意の $a \in A$ に対し，ある規則によって B のある元 b が対応しているとき，この対応を集合 A から集合 B への写像といい

$$F: A \to B \quad \text{あるいは} \quad A \xrightarrow{F} B$$

とかく．また元と元の対応関係は $b = F(a)$ とかかれ，b を a の写像 F による**像**という．また A の元の F による像全体の集合を

$$F(A) = \{ F(a) \mid a \in A \}$$

とかき，A の F による像という．$F(A)$ は B の部分集合である．特に $F(A) = B$ となるとき，写像 F を A から B への**上への写像**という．また集合 A の任意の異なる 2 つの元 a_1, a_2 の F による像が常に $F(a_1) \neq F(a_2)$ となるとき，写像 F を **1 対 1 写像**という．2 つの写像 $F: A \to B, G: A \to B$ において，A のすべての元 a に対して，$F(a) = G(a)$ が成り立つとき，F と G は等しいといい，$F = G$ とかく．

　集合 A から集合 B への写像 $F: A \to B$ と集合 B から集合 C への写像 $G: B \to C$ が与えられたとき，A の任意の元 a に対して C の元 $c = G(F(a))$ を対応させる A から C への写像を F と G の**合成写像**といい，$G \circ F$ とかく．

集合 A から A 自身への写像を A の**変換**という.A の任意の元 a に対して $F(a) = a$ となる A の変換を**恒等変換**といい,I_A とかく.

一方,写像 $F: A \to B$ が A から B への上への写像であって,また1対1写像でもあるとき,B から A への写像 $G: B \to A$ を考える.写像 F と G について $G \circ F = I_A$,$F \circ G = I_B$ が成り立つとき,G を F の**逆写像**といい,F^{-1} とかく.

以上のことをふまえて線形写像を定義しよう.

ステップ7:キーポイント **線形写像**

2つのベクトル空間 U と V に対して,写像 $T: U \to V$ が以下の2つの条件を満たすとき,T を**線形写像**もしくは**1次写像**という[26].

(T1) 任意の $\boldsymbol{u}_1, \boldsymbol{u}_2 \in U$ に対して,$T(\boldsymbol{u}_1 + \boldsymbol{u}_2) = T(\boldsymbol{u}_1) + T(\boldsymbol{u}_2)$.

(T2) 任意の $\boldsymbol{u} \in U, k \in \boldsymbol{R}$ に対して,$T(k\boldsymbol{u}) = kT(\boldsymbol{u})$.

特にベクトル空間 U から自分自身への線形写像のことを**線形変換**あるいは**1次変換**という[27].

(注意) ベクトル空間 U と V の零ベクトルをそれぞれ $\boldsymbol{0}_U$,$\boldsymbol{0}_V$ とすると,条件 (T2) の $k = 0$ の場合を考えれば次のようになる.

$$T(0\boldsymbol{u}) = T(\boldsymbol{0}_U) = 0T(\boldsymbol{u}) = \boldsymbol{0}_V.$$

例 4.15 $m \times n$ 型行列 A によって定まる $\boldsymbol{R}^n$ から $\boldsymbol{R}^m$ への写像 T_A を

$$T_A(\boldsymbol{x}) = A\boldsymbol{x} \quad (\boldsymbol{x} \in \boldsymbol{R}^n) \tag{4.6}$$

で定義する.この写像 T_A は以下に示すように線形写像である.

(T1) 任意の $\boldsymbol{x}, \boldsymbol{y} \in \boldsymbol{R}^n$ に対して,

$$T_A(\boldsymbol{x} + \boldsymbol{y}) = A(\boldsymbol{x} + \boldsymbol{y}) = A\boldsymbol{x} + A\boldsymbol{y} = T_A(\boldsymbol{x}) + T_A(\boldsymbol{y}).$$

(T2) 任意の $\boldsymbol{x} \in \boldsymbol{R}^n, k \in \boldsymbol{R}$ に対して,

$$T_A(k\boldsymbol{x}) = A(k\boldsymbol{x}) = k(A\boldsymbol{x}) = kT_A(\boldsymbol{x}).$$

特に $A = O_{m,n}$ の場合には,$\boldsymbol{R}^n$ の元はすべて $\boldsymbol{R}^m$ の零ベクトル $\boldsymbol{0}$ にうつされる.

逆に $\boldsymbol{R}^n$ から $\boldsymbol{R}^m$ への線形写像 T について,$\boldsymbol{R}^n$ の標準基底 $\langle \boldsymbol{e}_1, \boldsymbol{e}_2, \ldots, \boldsymbol{e}_n \rangle$,

---

[26] 本書では線形写像に統一する.

[27] 本書では線形変換に統一する.

$\boldsymbol{R}^m$ の標準基底 $\langle \boldsymbol{e}'_1, \boldsymbol{e}'_2, \ldots, \boldsymbol{e}'_m \rangle^{28)}$ に対して

$$T(\boldsymbol{e}_j) = a_{1j}\boldsymbol{e}'_1 + a_{2j}\boldsymbol{e}'_2 + \cdots + a_{mj}\boldsymbol{e}'_m \quad (j = 1, 2, \ldots, n)$$

とかける．ここで上式の係数 a_{ij} を成分とする $m \times n$ 型行列 $A = \begin{pmatrix} a_{ij} \end{pmatrix}$ を定義し，任意の $\boldsymbol{x} \in \boldsymbol{R}^n$ を

$$\boldsymbol{x} = \begin{pmatrix} \alpha_1 \\ \alpha_2 \\ \vdots \\ \alpha_n \end{pmatrix} = \alpha_1\boldsymbol{e}_1 + \alpha_2\boldsymbol{e}_2 + \cdots + \alpha_n\boldsymbol{e}_n$$

とおけば

$$\begin{aligned} T(\boldsymbol{x}) &= T(\alpha_1\boldsymbol{e}_1 + \alpha_2\boldsymbol{e}_2 + \cdots + \alpha_n\boldsymbol{e}_n) \\ &= \alpha_1 T(\boldsymbol{e}_1) + \alpha_2 T(\boldsymbol{e}_2) + \cdots + \alpha_n T(\boldsymbol{e}_n) \\ &= \alpha_1 \left(a_{11}\boldsymbol{e}'_1 + a_{21}\boldsymbol{e}'_2 + \cdots + a_{m1}\boldsymbol{e}'_m \right) \\ &\quad + \alpha_2 \left(a_{12}\boldsymbol{e}'_1 + a_{22}\boldsymbol{e}'_2 + \cdots + a_{m2}\boldsymbol{e}'_m \right) \\ &\quad + \cdots + \alpha_n \left(a_{1n}\boldsymbol{e}'_1 + a_{2n}\boldsymbol{e}'_2 + \cdots + a_{mn}\boldsymbol{e}'_m \right) \\ &= A \begin{pmatrix} \alpha_1 \\ \alpha_2 \\ \vdots \\ \alpha_n \end{pmatrix} = A\boldsymbol{x} \end{aligned}$$

であるので，$T = T_A$ となることがわかる． □

──例題 4.8──

次の写像が線形写像かどうか調べよ．

(1) $T \colon \boldsymbol{R}^2 \to \boldsymbol{R},\, T\left(\begin{pmatrix} x \\ y \end{pmatrix} \right) = -x + 2y$

(2) $T \colon \boldsymbol{R}^2 \to \boldsymbol{R}^2,\, T\left(\begin{pmatrix} x \\ y \end{pmatrix} \right) = \begin{pmatrix} |x| \\ y \end{pmatrix}$

解答 (1)

$$T\left(\begin{pmatrix} x \\ y \end{pmatrix} \right) = -x + 2y = \begin{pmatrix} -1 & 2 \end{pmatrix} \begin{pmatrix} x \\ y \end{pmatrix}$$

---

28) 便宜上 $\boldsymbol{R}^m$ の標準基底のベクトルに「 $'$ 」が付いているが，例 4.7 の $\boldsymbol{R}_m$ の基底と間違えないようにしよう．

より，例 4.15 の線形写像（(4.6) 式）で $A = \begin{pmatrix} -1 & 2 \end{pmatrix}$ の場合であり線形写像である.

(2)　$\boldsymbol{x}_1 = \begin{pmatrix} 1 \\ 0 \end{pmatrix}$, $\boldsymbol{x}_2 = \begin{pmatrix} -1 \\ 0 \end{pmatrix}$ とすると，$\boldsymbol{x}_1 + \boldsymbol{x}_2 = \begin{pmatrix} 0 \\ 0 \end{pmatrix}$ である. 条件 (T1) について

$$T(\boldsymbol{x}_1 + \boldsymbol{x}_2) = T\left(\begin{pmatrix} 0 \\ 0 \end{pmatrix} \right) = \begin{pmatrix} 0 \\ 0 \end{pmatrix},$$

$$T(\boldsymbol{x}_1) + T(\boldsymbol{x}_2) = \begin{pmatrix} |1| \\ 0 \end{pmatrix} + \begin{pmatrix} |-1| \\ 0 \end{pmatrix} = \begin{pmatrix} 1 \\ 0 \end{pmatrix} + \begin{pmatrix} 1 \\ 0 \end{pmatrix} = \begin{pmatrix} 2 \\ 0 \end{pmatrix}$$

であるので満たさない. 従って線形写像ではない.　　　　　　　　　　□

⊘ チェック問題 4.5　$T\colon \boldsymbol{R}^2 \to \boldsymbol{R}^2$, $T\left(\begin{pmatrix} x \\ y \end{pmatrix} \right) = \begin{pmatrix} x - y \\ 2 \end{pmatrix}$ は線形写像かどうか調べよ.

　またベクトル空間 U から V への線形写像 $T\colon U \to V$ が，U から V への上への写像であって，かつ 1 対 1 写像であるとき，T を**同型写像**という. また 2 つのベクトル空間に対して同型写像 $T\colon U \to V$ が存在するとき，U と V は**同型**であるという.

例 4.16　n 次正則行列 A によって定まる $\boldsymbol{R}^n$ の線形変換 T_A は同型写像（**同型変換**）である[29]. なお

$$T_A^{-1}\colon \boldsymbol{R}^n \to \boldsymbol{R}^n, \quad T_A^{-1}(\boldsymbol{x}) = A^{-1}\boldsymbol{x}$$

である.　　　　　　　　　　　　　　　　　　　　　　　　　　　□

(II)　線形写像の次元定理

　線形写像 $T\colon U \to V$ に対して，この写像 T によって成り立つ次元定理について説明する.

◆ ベクトル空間 U の T による像 $T(U)$ とその次元

$$T(U) = \{ T(\boldsymbol{u}) \mid \boldsymbol{u} \in U \}$$

について考えよう[30]. 前述のように $T(U)$ は V の部分集合であるが，これが V の部分空間であることを示す.

---

[29] 各自証明してみよ.

[30] $T(U)$ は $\mathrm{Im}(T)$ とかくことがある.

（証明）　U と V の零ベクトルをそれぞれ $\mathbf{0}_U$, $\mathbf{0}_V$ とすれば，$T(\mathbf{0}_U) = \mathbf{0}_V$ であるので $T(U)$ は空ではない．部分空間となる条件 (SU1) および (SU2) を示す．

(SU1)　$\boldsymbol{u}_1, \boldsymbol{u}_2 \in U$ に対して，$\boldsymbol{u}_1 + \boldsymbol{u}_2 \in U$ である．ここで $T(\boldsymbol{u}_1) = \boldsymbol{v}_1$, $T(\boldsymbol{u}_2) = \boldsymbol{v}_2 \in T(U)$ とすると次のようになる．

$$\boldsymbol{v}_1 + \boldsymbol{v}_2 = T(\boldsymbol{u}_1) + T(\boldsymbol{u}_2) = T(\boldsymbol{u}_1 + \boldsymbol{u}_2) \in T(U).$$

(SU2)　$\boldsymbol{u} \in U, k \in \boldsymbol{R}$ に対して，$k\boldsymbol{u} \in U$ である．ここで $T(\boldsymbol{u}) = \boldsymbol{v} \in T(U)$ とすると次のようになる．

$$k\boldsymbol{v} = kT(\boldsymbol{u}) = T(k\boldsymbol{u}) \in T(U).$$

以上より，$T(U)$ は V の部分空間であるので，次元 $\dim T(U)$ の個数のベクトルから構成される基底が存在する[31]．　□

例 4.17　例 4.15 の線形写像 T_A の場合は $T_A(\boldsymbol{R}^n) = \{A\boldsymbol{x} \mid \boldsymbol{x} \in \boldsymbol{R}^n\}$ であるが，

$$A = \begin{pmatrix} \boldsymbol{a}_1 & \boldsymbol{a}_2 & \cdots & \boldsymbol{a}_n \end{pmatrix}, \boldsymbol{x} = \begin{pmatrix} x_1 \\ x_2 \\ \vdots \\ x_n \end{pmatrix} \in \boldsymbol{R}^n$$ とすると

$$\begin{aligned} T_A(\boldsymbol{R}^n) &= \{x_1\boldsymbol{a}_1 + x_2\boldsymbol{a}_2 + \cdots + x_n\boldsymbol{a}_n \mid x_1, x_2, \ldots, x_n \in \boldsymbol{R}\} \\ &= L\{\boldsymbol{a}_1, \boldsymbol{a}_2, \ldots, \boldsymbol{a}_n\} \end{aligned}$$

である．従って $L\{\boldsymbol{a}_1, \boldsymbol{a}_2, \ldots, \boldsymbol{a}_n\}$ はベクトルの組 $\boldsymbol{a}_1, \boldsymbol{a}_2, \ldots, \boldsymbol{a}_n$ の中の 1 次独立最大の組が生成する $\boldsymbol{R}^m$ の部分空間であるので，

$$\dim T_A(\boldsymbol{R}^n) = \operatorname{rank} A = (A \text{ の列ベクトルの 1 次独立な最大数}).$$　□

◆ T の核とその次元

$$\operatorname{Ker} T = \{\boldsymbol{u} \in U \mid T(\boldsymbol{u}) = \mathbf{0}_V\}$$

について考えよう．$\operatorname{Ker} T$ は U の部分集合であるが，これを線形写像 T の**核**という．これが U の部分空間であることを示そう．

（証明）　$T(\mathbf{0}_U) = \mathbf{0}_V$ から $\mathbf{0}_U \in \operatorname{Ker} T$ であるので $\operatorname{Ker} T$ は空ではない．部分空間となる条件 (SU1) および (SU2) を示す．

(SU1)　$\boldsymbol{u}_1, \boldsymbol{u}_2 \in \operatorname{Ker} T$ に対して，

$$T(\boldsymbol{u}_1 + \boldsymbol{u}_2) = T(\boldsymbol{u}_1) + T(\boldsymbol{u}_2) = \mathbf{0}_V + \mathbf{0}_V = \mathbf{0}_V$$

より，$\boldsymbol{u}_1 + \boldsymbol{u}_2 \in \operatorname{Ker} T$ である．

---

[31] U の T による像 $T(U)$ の次元を T の**階数**といい，$\operatorname{rank} T$ とかくことがある．

(SU2)　$\boldsymbol{u} \in \operatorname{Ker} T$, $k \in \boldsymbol{R}$ に対して,

$$T(k\boldsymbol{u}) = kT(\boldsymbol{u}) = k\boldsymbol{0}_V = \boldsymbol{0}_V$$

より, $k\boldsymbol{u} \in \operatorname{Ker} T$ である.

以上より, $\operatorname{Ker} T$ は U の部分空間であるので, 次元 $\dim(\operatorname{Ker} T)$ の個数のベクトルから構成される基底が存在する[32].　　　　　　　　　□

例 4.18　例 4.15 の線形写像 T_A の場合は $\operatorname{Ker} T_A = \{\boldsymbol{x} \in \boldsymbol{R}^n \mid A\boldsymbol{x} = \boldsymbol{0}\}$ であるので, 同次連立 1 次方程式の解空間である. 従って, $\operatorname{Ker} T_A$ の次元は解の自由度であり, 例 4.14 より

$$\dim(\operatorname{Ker} T_A) = n - \operatorname{rank} A.$$　　　　　□

上記の例 4.17, 例 4.18 から, 例 4.15 の線形写像 T_A の場合においては次が成り立つことがわかる.

$$\dim T_A(\boldsymbol{R}^n) + \dim(\operatorname{Ker} T_A) = n. \tag{4.7}$$

── 例題 4.9 ──

行列 $A = \begin{pmatrix} -2 & -1 & 1 & 3 \\ -1 & 1 & -1 & 0 \\ 1 & 2 & -2 & -3 \\ 1 & -4 & 4 & 3 \end{pmatrix}$ が定める $\boldsymbol{R}^4$ の線形変換 T_A について次の問に答えよ.

(1)　$\operatorname{Ker} T_A$ の次元と 1 組の基底を求めよ.

(2)　$T_A(\boldsymbol{R}^4)$ の次元と 1 組の基底を求めよ.

解答　(1)　$A = \begin{pmatrix} -2 & -1 & 1 & 3 \\ -1 & 1 & -1 & 0 \\ 1 & 2 & -2 & -3 \\ 1 & -4 & 4 & 3 \end{pmatrix}$, $\boldsymbol{x} = \begin{pmatrix} x_1 \\ x_2 \\ x_3 \\ x_4 \end{pmatrix}$ として同次連立 1 次方程式

$$A\boldsymbol{x} = \boldsymbol{0}$$

の解を求める.

$$A = \begin{pmatrix} -2 & -1 & 1 & 3 \\ -1 & 1 & -1 & 0 \\ 1 & 2 & -2 & -3 \\ 1 & -4 & 4 & 3 \end{pmatrix} \to \cdots \to \begin{pmatrix} 1 & 0 & 0 & -1 \\ 0 & 1 & -1 & -1 \\ 0 & 0 & 0 & 0 \\ 0 & 0 & 0 & 0 \end{pmatrix}$$

$$= \widehat{A} = \begin{pmatrix} \widehat{\boldsymbol{a}}_1 & \widehat{\boldsymbol{a}}_2 & \widehat{\boldsymbol{a}}_3 & \widehat{\boldsymbol{a}}_4 \end{pmatrix}$$

---

[32] T の核 $\operatorname{Ker} T$ の次元を**退化次数**といい, $\operatorname{null}(T)$ とかくことがある.

より，簡約化が示す連立 1 次方程式は $\begin{cases} x_1 - x_4 = 0 \\ x_2 - x_3 - x_4 = 0 \end{cases}$ であるので，主成分に

対応しない未知数について $x_3 = C_1$, $x_4 = C_2$ とおくと解は

$$\boldsymbol{x} = \begin{pmatrix} x_1 \\ x_2 \\ x_3 \\ x_4 \end{pmatrix} = \begin{pmatrix} C_2 \\ C_1 + C_2 \\ C_1 \\ C_2 \end{pmatrix} = C_1 \begin{pmatrix} 0 \\ 1 \\ 1 \\ 0 \end{pmatrix} + C_2 \begin{pmatrix} 1 \\ 1 \\ 0 \\ 1 \end{pmatrix}$$

$$(C_1, C_2 \text{ は任意定数}).$$

従って，$\operatorname{Ker} T_A$ の次元は 2 であり 1 組の基底は $\left\langle \begin{pmatrix} 0 \\ 1 \\ 1 \\ 0 \end{pmatrix}, \begin{pmatrix} 1 \\ 1 \\ 0 \\ 1 \end{pmatrix} \right\rangle$.

(2) $A = \begin{pmatrix} \boldsymbol{a}_1 & \boldsymbol{a}_2 & \boldsymbol{a}_3 & \boldsymbol{a}_4 \end{pmatrix}$ とすると，(1) の簡約化の結果から $\hat{\boldsymbol{a}}_1$ と $\hat{\boldsymbol{a}}_2$ が 1 次独立であり，$\hat{\boldsymbol{a}}_3$ と $\hat{\boldsymbol{a}}_4$ は $\hat{\boldsymbol{a}}_1$ と $\hat{\boldsymbol{a}}_2$ の 1 次結合でかける．従って $\boldsymbol{a}_1, \boldsymbol{a}_2$ が 1 次独立最大の組であり

$$T_A(\boldsymbol{R}^4) = L\{\boldsymbol{a}_1, \boldsymbol{a}_2, \boldsymbol{a}_3, \boldsymbol{a}_4\} = L\{\boldsymbol{a}_1, \boldsymbol{a}_2\}$$

である．よって $T_A(\boldsymbol{R}^4)$ の次元は 2 であり 1 組の基底は $\langle \boldsymbol{a}_1, \boldsymbol{a}_2 \rangle$ である． □

チェック問題 4.6 行列 $A = \begin{pmatrix} 1 & -3 & 2 & 5 & -1 \\ -2 & 6 & -4 & -5 & -3 \end{pmatrix}$ によって定まる線形写像 $T_A: \boldsymbol{R}^5 \to \boldsymbol{R}^2$ について次の問に答えよ．

(1) $\operatorname{Ker} T_A$ の次元と 1 組の基底を求めよ．

(2) $T_A(\boldsymbol{R}^5)$ の次元と 1 組の基底を求めよ．

次に有限次元のベクトル空間 U から V への線形写像 $T: U \to V$ について (4.7) 式と同様のことが成立することを説明しよう．

いま $\dim U = n$, $\dim(\operatorname{Ker} T) = r$ とし $\operatorname{Ker} T$ の基底を $\langle \boldsymbol{u}_1, \boldsymbol{u}_2, \ldots, \boldsymbol{u}_r \rangle$ とすると，次元補充定理により U の基底として，$\langle \boldsymbol{u}_1, \boldsymbol{u}_2, \ldots, \boldsymbol{u}_r, \boldsymbol{u}_{r+1}, \ldots, \boldsymbol{u}_{r+l} \rangle$ を得ることができる．$(r + l = n$ である．$)$

一方任意のベクトル $\boldsymbol{v} \in T(U)$ に対して $T(\boldsymbol{u}) = \boldsymbol{v}$ となる $\boldsymbol{u} \in U$ は必ず存在するので，これを U の基底の 1 次結合で

$$\boldsymbol{u} = c_1\boldsymbol{u}_1 + c_2\boldsymbol{u}_2 + \cdots + c_r\boldsymbol{u}_r + c_{r+1}\boldsymbol{u}_{r+1} + c_{r+2}\boldsymbol{u}_{r+2} + \cdots + c_{r+l}\boldsymbol{u}_{r+l}$$

と表すと，

$$\begin{aligned}
\boldsymbol{v} &= T(\boldsymbol{u}) \\
&= T(c_1\boldsymbol{u}_1 + c_2\boldsymbol{u}_2 + \cdots + c_r\boldsymbol{u}_r + c_{r+1}\boldsymbol{u}_{r+1} + c_{r+2}\boldsymbol{u}_{r+2} + \cdots + c_{r+l}\boldsymbol{u}_{r+l}) \\
&= c_1 T(\boldsymbol{u}_1) + c_2 T(\boldsymbol{u}_2) + \cdots + c_r T(\boldsymbol{u}_r) \\
&\quad + c_{r+1} T(\boldsymbol{u}_{r+1}) + c_{r+2} T(\boldsymbol{u}_{r+2}) + \cdots + c_{r+l} T(\boldsymbol{u}_{r+l}) \\
&= c_1 \boldsymbol{0}_V + c_2 \boldsymbol{0}_V + \cdots + c_r \boldsymbol{0}_V \\
&\quad + c_{r+1} T(\boldsymbol{u}_{r+1}) + c_{r+2} T(\boldsymbol{u}_{r+2}) + \cdots + c_{r+l} T(\boldsymbol{u}_{r+l}) \\
&= c_{r+1} T(\boldsymbol{u}_{r+1}) + c_{r+2} T(\boldsymbol{u}_{r+2}) + \cdots + c_{r+l} T(\boldsymbol{u}_{r+l})
\end{aligned}$$

であるから，次のようになる.

$$T(U) = L\bigl\{ T(\boldsymbol{u}_{r+1}), T(\boldsymbol{u}_{r+2}), \ldots, T(\boldsymbol{u}_{r+l}) \bigr\}.$$

次に $T(\boldsymbol{u}_{r+1}), T(\boldsymbol{u}_{r+2}), \ldots, T(\boldsymbol{u}_{r+l})$ の 1 次関係

$$c_{r+1} T(\boldsymbol{u}_{r+1}) + c_{r+2} T(\boldsymbol{u}_{r+2}) + \cdots + c_{r+l} T(\boldsymbol{u}_{r+l}) = \boldsymbol{0}_V \qquad (4.8)$$

を考える．U のベクトル $c_{r+1}\boldsymbol{u}_{r+1} + c_{r+2}\boldsymbol{u}_{r+2} + \cdots + c_{r+l}\boldsymbol{u}_{r+l}$ の T による像は (4.8) 式より

$$\begin{aligned}
&T(c_{r+1}\boldsymbol{u}_{r+1} + c_{r+2}\boldsymbol{u}_{r+2} + \cdots + c_{r+l}\boldsymbol{u}_{r+l}) \\
&= c_{r+1} T(\boldsymbol{u}_{r+1}) + c_{r+2} T(\boldsymbol{u}_{r+2}) + \cdots + c_{r+l} T(\boldsymbol{u}_{r+l}) = \boldsymbol{0}_V
\end{aligned}$$

となるので，$c_{r+1}\boldsymbol{u}_{r+1} + c_{r+2}\boldsymbol{u}_{r+2} + \cdots + c_{r+l}\boldsymbol{u}_{r+l} \in \operatorname{Ker} T$ である．従って

$$c_{r+1}\boldsymbol{u}_{r+1} + c_{r+2}\boldsymbol{u}_{r+2} + \cdots + c_{r+l}\boldsymbol{u}_{r+l} = -\alpha_1\boldsymbol{u}_1 - \alpha_2\boldsymbol{u}_2 - \cdots - \alpha_r\boldsymbol{u}_r$$

とかけるので，1 次関係

$$\alpha_1\boldsymbol{u}_1 + \alpha_2\boldsymbol{u}_2 + \cdots + \alpha_r\boldsymbol{u}_r + c_{r+1}\boldsymbol{u}_{r+1} + c_{r+2}\boldsymbol{u}_{r+2} + \cdots + c_{r+l}\boldsymbol{u}_{r+l} = \boldsymbol{0}_U$$

において，基底が 1 次独立であることから

$$\alpha_1 = \alpha_2 = \cdots = \alpha_r = c_{r+1} = c_{r+2} = \cdots = c_{r+l} = 0$$

である．すなわち (4.8) 式の 1 次関係で $c_{r+1} = c_{r+2} = \cdots = c_{r+l} = 0$ であるので，$T(\boldsymbol{u}_{r+1}), T(\boldsymbol{u}_{r+2}), \ldots, T(\boldsymbol{u}_{r+l})$ は 1 次独立である．

従って，$T(\boldsymbol{u}_{r+1}), T(\boldsymbol{u}_{r+2}), \ldots, T(\boldsymbol{u}_{r+l})$ は基底の条件 (B1) と (B2) を満たすので $T(U)$ の基底であり，$\dim T(U) = l$ である．以上から，

ステップ 8：定理　　線形写像の次元定理

U と V を有限次元のベクトル空間とする．線形写像 $T : U \to V$ において次が成り立つ．

$$\dim U = \dim(\operatorname{Ker} T) + \dim T(U).$$

(III)　線形写像の表現行列

◆ 基底の変換行列と座標ベクトル　有限次元のベクトル空間の 1 次結合表現を考え
ると，例えば高々 n 次の多項式全体のベクトル空間 $\boldsymbol{R}[x]_n$ のベクトル

$$a_0 + a_1 x + \cdots + a_n x^n$$

は $n+1$ 次の列ベクトル $\begin{pmatrix} a_0 \\ a_1 \\ \vdots \\ a_n \end{pmatrix} = a_0 \boldsymbol{e}_1 + a_1 \boldsymbol{e}_2 + \cdots + a_n \boldsymbol{e}_{n+1}$ と同じ形であると

みなせる．このようにベクトル空間や線形写像について，行列やベクトル空間 $\boldsymbol{R}^n$
と対応させて考えれば表現しやすく，またそれらの性質も理解しやすくなると考え
られる．

まず**基底の変換行列**を定義しよう．

ステップ 9：キーポイント　　**基底の変換行列**

次元が n であるベクトル空間 U の 2 組の基底 $\langle \boldsymbol{u}_1, \boldsymbol{u}_2, \ldots, \boldsymbol{u}_n \rangle$ と
$\langle \boldsymbol{u}_1', \boldsymbol{u}_2', \ldots, \boldsymbol{u}_n' \rangle$ について，(4.3) 式のように，一方の基底の各ベクトル
をもう一方の基底のベクトルの 1 次結合でかいて

$$\begin{aligned}
\boldsymbol{u}_1' &= p_{11} \boldsymbol{u}_1 + p_{21} \boldsymbol{u}_2 + \cdots + p_{n1} \boldsymbol{u}_n, \\
\boldsymbol{u}_2' &= p_{12} \boldsymbol{u}_1 + p_{22} \boldsymbol{u}_2 + \cdots + p_{n2} \boldsymbol{u}_n, \\
&\cdots \\
\boldsymbol{u}_n' &= p_{1n} \boldsymbol{u}_1 + p_{2n} \boldsymbol{u}_2 + \cdots + p_{nn} \boldsymbol{u}_n
\end{aligned} \tag{4.9}$$

と表す．このとき n 次正方行列 $P = \begin{pmatrix} p_{ij} \end{pmatrix}$ を $\langle \boldsymbol{u}_1, \boldsymbol{u}_2, \ldots, \boldsymbol{u}_n \rangle$ から
$\langle \boldsymbol{u}_1', \boldsymbol{u}_2', \ldots, \boldsymbol{u}_n' \rangle$ への基底の変換行列という．

ここで 4.2 節で説明したように，$P = \begin{pmatrix} \boldsymbol{p}_1 & \boldsymbol{p}_2 & \cdots & \boldsymbol{p}_n \end{pmatrix}$ としたとき，$\boldsymbol{u}_1', \boldsymbol{u}_2',$
$\ldots, \boldsymbol{u}_n'$ の 1 次関係と n 次列ベクトル $\boldsymbol{p}_1, \boldsymbol{p}_2, \ldots, \boldsymbol{p}_n$ の 1 次関係は同じである．
$\boldsymbol{u}_1', \boldsymbol{u}_2', \ldots, \boldsymbol{u}_n'$ は 1 次独立であるから $\boldsymbol{p}_1, \boldsymbol{p}_2, \ldots, \boldsymbol{p}_n$ も 1 次独立であり，基底
の変換行列 P は正則行列である．

例 4.19　$\boldsymbol{R}^n$ の標準基底 $\langle \boldsymbol{e}_1, \boldsymbol{e}_2, \ldots, \boldsymbol{e}_n \rangle$ から基底 $\langle \boldsymbol{a}_1, \boldsymbol{a}_2, \ldots, \boldsymbol{a}_n \rangle$ への基
底の変換行列は

$$\begin{aligned}
\boldsymbol{a}_1 &= p_{11} \boldsymbol{e}_1 + p_{21} \boldsymbol{e}_2 + \cdots + p_{n1} \boldsymbol{e}_n, \\
\boldsymbol{a}_2 &= p_{12} \boldsymbol{e}_1 + p_{22} \boldsymbol{e}_2 + \cdots + p_{n2} \boldsymbol{e}_n, \\
&\cdots
\end{aligned}$$

$$\boldsymbol{a}_n = p_{1n}\boldsymbol{e}_1 + p_{2n}\boldsymbol{e}_2 + \cdots + p_{nn}\boldsymbol{e}_n$$

から $\boldsymbol{a}_j = \begin{pmatrix} a_{1j} \\ a_{2j} \\ \vdots \\ a_{nj} \end{pmatrix}$ $(j = 1, 2, \ldots, n)$ とすると，$a_{ij} = p_{ij}$ $(i = 1, 2, \ldots, n;$

$j = 1, 2, \ldots, n)$ であるので

$$P = \begin{pmatrix} \boldsymbol{a}_1 & \boldsymbol{a}_2 & \cdots & \boldsymbol{a}_n \end{pmatrix}. \tag{4.10} \ \square$$

　次に座標ベクトルの考え方について説明しよう．次元が n であるベクトル空間 U の 1 組の基底 $\langle \boldsymbol{u}_1, \boldsymbol{u}_2, \ldots, \boldsymbol{u}_n \rangle$ を固定する．このとき U の任意のベクトル $\boldsymbol{u}$ は一意的に

$$\boldsymbol{u} = x_1\boldsymbol{u}_1 + x_2\boldsymbol{u}_2 + \cdots + x_n\boldsymbol{u}_n$$

とかける．ここで写像 $\varphi(\boldsymbol{u}) = \begin{pmatrix} x_1 \\ x_2 \\ \vdots \\ x_n \end{pmatrix}$ を定義すれば，写像 φ は U から $\boldsymbol{R}^n$ への同

型写像であることがわかる．従って U と $\boldsymbol{R}^n$ は同型である．この $\varphi(\boldsymbol{u}) \in \boldsymbol{R}^n$ を基底 $\langle \boldsymbol{u}_1, \boldsymbol{u}_2, \ldots, \boldsymbol{u}_n \rangle$ に関する $\boldsymbol{u}$ の座標ベクトルという．

　U の 2 組の基底 $\langle \boldsymbol{u}_1, \boldsymbol{u}_2, \ldots, \boldsymbol{u}_n \rangle$ と $\langle \boldsymbol{u}_1', \boldsymbol{u}_2', \ldots, \boldsymbol{u}_n' \rangle$ を固定したとき，それぞれの基底に関する座標ベクトルの関係を考えよう．1 つの基底を選ぶと U の任意のベクトルに対して U から $\boldsymbol{R}^n$ の同型写像を 1 つ選ぶことになるので，上記の 2 つの基底に関する座標ベクトルを与える同型写像をそれぞれ φ と ψ とする．このとき U の任意のベクトル $\boldsymbol{u}$ に対して $\varphi(\boldsymbol{u}) = \boldsymbol{a}_\varphi \in \boldsymbol{R}^n$ と $\psi(\boldsymbol{u}) = \boldsymbol{a}_\psi \in \boldsymbol{R}^n$ の関係は

$$\boldsymbol{a}_\varphi = \varphi\bigl(\psi^{-1}(\boldsymbol{a}_\psi)\bigr) = \varphi \circ \psi^{-1}(\boldsymbol{a}_\psi)$$

である．例 4.16 を参考にすれば，写像 $\varphi \circ \psi^{-1}$ は n 次の正則行列の定める線形変換（同型変換）であり，U の任意のベクトル $\boldsymbol{u}$ を

$$\boldsymbol{u} = x_1\boldsymbol{u}_1 + x_2\boldsymbol{u}_2 + \cdots + x_n\boldsymbol{u}_n = x_1'\boldsymbol{u}_1' + x_2'\boldsymbol{u}_2' + \cdots + x_n'\boldsymbol{u}_n' \tag{4.11}$$

と表せば，これから得られる座標ベクトル

$$\varphi(\boldsymbol{u}) = \boldsymbol{a}_\varphi = \begin{pmatrix} x_1 \\ x_2 \\ \vdots \\ x_n \end{pmatrix}, \quad \psi(\boldsymbol{u}) = \boldsymbol{a}_\psi = \begin{pmatrix} x_1' \\ x_2' \\ \vdots \\ x_n' \end{pmatrix}$$

の関係について，基底の変換行列 P の定める線形変換

$$\boldsymbol{a}_\varphi = \begin{pmatrix} x_1 \\ x_2 \\ \vdots \\ x_n \end{pmatrix} = T_P(\boldsymbol{a}_\psi) = P \begin{pmatrix} x_1' \\ x_2' \\ \vdots \\ x_n' \end{pmatrix} = P\boldsymbol{a}_\psi \tag{4.12}$$

であることが示される[33]．また (4.12) 式から

$$\begin{pmatrix} x_1' \\ x_2' \\ \vdots \\ x_n' \end{pmatrix} = P^{-1} \begin{pmatrix} x_1 \\ x_2 \\ \vdots \\ x_n \end{pmatrix}. \tag{4.13}$$

さらに $\boldsymbol{u}$ をもう 1 組の基底 $\langle \boldsymbol{u}_1'', \boldsymbol{u}_2'', \ldots, \boldsymbol{u}_n'' \rangle$ の 1 次結合

$$\boldsymbol{u} = x_1'' \boldsymbol{u}_1'' + x_2'' \boldsymbol{u}_2'' + \cdots + x_n'' \boldsymbol{u}_n''$$

と表すと，Q を $\langle \boldsymbol{u}_1, \boldsymbol{u}_2, \ldots, \boldsymbol{u}_n \rangle$ から基底 $\langle \boldsymbol{u}_1'', \boldsymbol{u}_2'', \ldots, \boldsymbol{u}_n'' \rangle$ への基底の変換行列とすれば，(4.12) 式と同様にして

$$\begin{pmatrix} x_1 \\ x_2 \\ \vdots \\ x_n \end{pmatrix} = Q \begin{pmatrix} x_1'' \\ x_2'' \\ \vdots \\ x_n'' \end{pmatrix}$$

である．よって上式と (4.13) 式から

$$\begin{pmatrix} x_1' \\ x_2' \\ \vdots \\ x_n' \end{pmatrix} = P^{-1}Q \begin{pmatrix} x_1'' \\ x_2'' \\ \vdots \\ x_n'' \end{pmatrix} \tag{4.14}$$

とそれぞれの基底に関する座標ベクトルの関係が得られる．

例 4.20 $\boldsymbol{R}[x]_{n-1}$ $(n > 1)$ の基底 $\langle 1, x, \ldots, x^{n-1} \rangle$ から $\boldsymbol{R}[x]_{n-1}$ のもう 1 つの基底 $\langle g_1(x), g_2(x), \ldots, g_n(x) \rangle$ への基底の変換行列は

$$g_1(x) = p_{11}1 + p_{21}x + \cdots + p_{n1}x^{n-1},$$
$$g_2(x) = p_{12}1 + p_{22}x + \cdots + p_{n2}x^{n-1},$$
$$\cdots$$

---

[33] (4.11) 式に (4.9) 式を代入して各自確認せよ．

$$g_n(x) = p_{1n}1 + p_{2n}x + \cdots + p_{nn}x^{n-1}$$

から $g_j(x) = g_{1j} + g_{2j}x + \cdots + g_{nj}x^{n-1}$ $(j = 1, 2, \ldots, n)$ とすると，$g_{ij} = p_{ij}$ $(i = 1, 2, \ldots, n;\ j = 1, 2, \ldots, n)$ であるので $P = \left(g_{ij} \right)$ である.　　□

─例題 4.10─

$\mathbf{R}^3$ の 2 組の基底

$$\left\langle \boldsymbol{a}_1 = \begin{pmatrix} 1 \\ -1 \\ -3 \end{pmatrix},\ \boldsymbol{a}_2 = \begin{pmatrix} 0 \\ 2 \\ 1 \end{pmatrix},\ \boldsymbol{a}_3 = \begin{pmatrix} 1 \\ 0 \\ -3 \end{pmatrix} \right\rangle,$$

$$\left\langle \boldsymbol{b}_1 = \begin{pmatrix} 1 \\ 3 \\ 0 \end{pmatrix},\ \boldsymbol{b}_2 = \begin{pmatrix} 1 \\ 1 \\ 5 \end{pmatrix},\ \boldsymbol{b}_3 = \begin{pmatrix} 0 \\ -1 \\ 2 \end{pmatrix} \right\rangle$$

について次の問に答えよ.

(1)　標準基底 $\langle \boldsymbol{e}_1, \boldsymbol{e}_2, \boldsymbol{e}_3 \rangle$ から基底 $\langle \boldsymbol{a}_1, \boldsymbol{a}_2, \boldsymbol{a}_3 \rangle$ への基底の変換行列を P，標準基底 $\langle \boldsymbol{e}_1, \boldsymbol{e}_2, \boldsymbol{e}_3 \rangle$ から基底 $\langle \boldsymbol{b}_1, \boldsymbol{b}_2, \boldsymbol{b}_3 \rangle$ への基底の変換行列を Q とするとき，行列 P および Q を求めよ.

(2)　$\boldsymbol{x} = 2\boldsymbol{e}_1 - 5\boldsymbol{e}_2 + 4\boldsymbol{e}_3$ とする. $\boldsymbol{x}$ の基底 $\langle \boldsymbol{a}_1, \boldsymbol{a}_2, \boldsymbol{a}_3 \rangle$ および $\langle \boldsymbol{b}_1, \boldsymbol{b}_2, \boldsymbol{b}_3 \rangle$ に関する座標ベクトルをそれぞれ求め，(4.14) 式を確認せよ.

解答　(1)

$$P = \left(\boldsymbol{a}_1\ \ \boldsymbol{a}_2\ \ \boldsymbol{a}_3 \right) = \begin{pmatrix} 1 & 0 & 1 \\ -1 & 2 & 0 \\ -3 & 1 & -3 \end{pmatrix},$$

$$Q = \left(\boldsymbol{b}_1\ \ \boldsymbol{b}_2\ \ \boldsymbol{b}_3 \right) = \begin{pmatrix} 1 & 1 & 0 \\ 3 & 1 & -1 \\ 0 & 5 & 2 \end{pmatrix}.$$

(2)　P と Q の逆行列は簡約化によって

$$\left(P\ \middle|\ E_3 \right) = \begin{pmatrix} 1 & 0 & 1 & 1 & 0 & 0 \\ -1 & 2 & 0 & 0 & 1 & 0 \\ -3 & 1 & -3 & 0 & 0 & 1 \end{pmatrix}$$

$$\to \cdots \to \begin{pmatrix} 1 & 0 & 0 & 6 & -1 & 2 \\ 0 & 1 & 0 & 3 & 0 & 1 \\ 0 & 0 & 1 & -5 & 1 & -2 \end{pmatrix} = \left(E_3\ \middle|\ P^{-1} \right),$$

$$\left(Q \mid E_3 \right) = \begin{pmatrix} 1 & 1 & 0 \\ 3 & 1 & -1 \\ 0 & 5 & 2 \end{pmatrix} \left| \begin{matrix} 1 & 0 & 0 \\ 0 & 1 & 0 \\ 0 & 0 & 1 \end{matrix} \right.$$

$$\rightarrow \cdots \rightarrow \begin{pmatrix} 1 & 0 & 0 \\ 0 & 1 & 0 \\ 0 & 0 & 1 \end{pmatrix} \left| \begin{matrix} 7 & -2 & -1 \\ -6 & 2 & 1 \\ 15 & -5 & -2 \end{matrix} \right. = \left(E_3 \mid Q^{-1} \right)$$

より $P^{-1} = \begin{pmatrix} 6 & -1 & 2 \\ 3 & 0 & 1 \\ -5 & 1 & -2 \end{pmatrix}$, $Q^{-1} = \begin{pmatrix} 7 & -2 & -1 \\ -6 & 2 & 1 \\ 15 & -5 & -2 \end{pmatrix}$ である．よって $\boldsymbol{x}$ の基底

$\langle \boldsymbol{a}_1, \boldsymbol{a}_2, \boldsymbol{a}_3 \rangle$ に関する座標ベクトルは

$$P^{-1} \begin{pmatrix} 2 \\ -5 \\ 4 \end{pmatrix} = \begin{pmatrix} 6 & -1 & 2 \\ 3 & 0 & 1 \\ -5 & 1 & -2 \end{pmatrix} \begin{pmatrix} 2 \\ -5 \\ 4 \end{pmatrix} = \begin{pmatrix} 25 \\ 10 \\ -23 \end{pmatrix}$$

である．$\boldsymbol{x}$ の基底 $\langle \boldsymbol{b}_1, \boldsymbol{b}_2, \boldsymbol{b}_3 \rangle$ に関する座標ベクトルは

$$Q^{-1} \begin{pmatrix} 2 \\ -5 \\ 4 \end{pmatrix} = \begin{pmatrix} 7 & -2 & -1 \\ -6 & 2 & 1 \\ 15 & -5 & -2 \end{pmatrix} \begin{pmatrix} 2 \\ -5 \\ 4 \end{pmatrix} = \begin{pmatrix} 20 \\ -18 \\ 47 \end{pmatrix}$$

である．また (4.14) 式は

$$P^{-1}Q \begin{pmatrix} 20 \\ -18 \\ 47 \end{pmatrix} = \begin{pmatrix} 6 & -1 & 2 \\ 3 & 0 & 1 \\ -5 & 1 & -2 \end{pmatrix} \begin{pmatrix} 1 & 1 & 0 \\ 3 & 1 & -1 \\ 0 & 5 & 2 \end{pmatrix} \begin{pmatrix} 20 \\ -18 \\ 47 \end{pmatrix} = \begin{pmatrix} 25 \\ 10 \\ -23 \end{pmatrix}. \quad \square$$

✅ **チェック問題 4.7** $\boldsymbol{R}^3$ の 2 組の基底

$$\left\langle \boldsymbol{a}_1 = \begin{pmatrix} 1 \\ 0 \\ 1 \end{pmatrix}, \boldsymbol{a}_2 = \begin{pmatrix} 3 \\ 1 \\ 1 \end{pmatrix}, \boldsymbol{a}_3 = \begin{pmatrix} 1 \\ 1 \\ 0 \end{pmatrix} \right\rangle,$$

$$\left\langle \boldsymbol{b}_1 = \begin{pmatrix} 4 \\ -2 \\ 1 \end{pmatrix}, \boldsymbol{b}_2 = \begin{pmatrix} 0 \\ 1 \\ 1 \end{pmatrix}, \boldsymbol{b}_3 = \begin{pmatrix} 1 \\ 0 \\ 1 \end{pmatrix} \right\rangle$$

について次の問に答えよ．

(1) 標準基底 $\langle \boldsymbol{e}_1, \boldsymbol{e}_2, \boldsymbol{e}_3 \rangle$ から基底 $\langle \boldsymbol{a}_1, \boldsymbol{a}_2, \boldsymbol{a}_3 \rangle$ への基底の変換行列を P，標準基底 $\langle \boldsymbol{e}_1, \boldsymbol{e}_2, \boldsymbol{e}_3 \rangle$ から基底 $\langle \boldsymbol{b}_1, \boldsymbol{b}_2, \boldsymbol{b}_3 \rangle$ への基底の変換行列を Q とするとき，行列 P および Q を求めよ．

(2) $\boldsymbol{x} = -\boldsymbol{e}_1 + 3\boldsymbol{e}_2 - 2\boldsymbol{e}_3$ とする．$\boldsymbol{x}$ の基底 $\langle \boldsymbol{a}_1, \boldsymbol{a}_2, \boldsymbol{a}_3 \rangle$ および $\langle \boldsymbol{b}_1, \boldsymbol{b}_2, \boldsymbol{b}_3 \rangle$ に関する座標ベクトルをそれぞれ求めよ．

◆ 線形写像の表現行列　上記のある基底に関する座標ベクトルを与える同型写像の考え方を用いて，ベクトル空間 U から V への線形写像 $T\colon U \to V$ の行列表現を考えよう．

いま次元が n のベクトル空間 U の 1 組の基底 $\langle \boldsymbol{u}_1, \boldsymbol{u}_2, \dots, \boldsymbol{u}_n \rangle$ と次元が m のベクトル空間 V の 1 組の基底 $\langle \boldsymbol{v}_1, \boldsymbol{v}_2, \dots, \boldsymbol{v}_m \rangle$ を固定しておく．それぞれのベクトル空間で固定された基底に関する座標ベクトルを与える同型写像をそれぞれ φ と ψ とする．すなわち任意の $\boldsymbol{u} \in U$, $\boldsymbol{v} = T(\boldsymbol{u}) \in V$ に対して図 4.1 に示す各写像の元の対応関係式を

$$\varphi(\boldsymbol{u}) = \boldsymbol{a}_\varphi \in \boldsymbol{R}^n, \quad \psi(\boldsymbol{v}) = \boldsymbol{b}_\psi \in \boldsymbol{R}^m$$

とすると

$$\boldsymbol{b}_\psi = \psi(\boldsymbol{v}) = \psi\big(T(\boldsymbol{u})\big) = \psi \circ T(\boldsymbol{u})$$
$$= \psi \circ T\big(\varphi^{-1}(\boldsymbol{a}_\varphi)\big) = \psi \circ T \circ \varphi^{-1}(\boldsymbol{a}_\varphi) \tag{4.15}$$

であるので，(4.15) 式から線形写像 $\psi \circ T \circ \varphi^{-1}\colon \boldsymbol{R}^n \to \boldsymbol{R}^m$ はある $m \times n$ 型行列 A によって定められる線形写像 $T_A\colon \boldsymbol{R}^n \to \boldsymbol{R}^m$ と一致し，$T_A = \psi \circ T \circ \varphi^{-1}$ である．ここで任意の $\boldsymbol{x} \in \boldsymbol{R}^n$ に対して $T_A \boldsymbol{x} = A\boldsymbol{x}$ である．

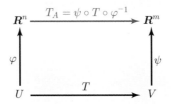

図 4.1　線形写像の同型写像を用いた行列表現

すなわち

ステップ 10：キーポイント　線形写像の表現行列

U の基底 $\langle \boldsymbol{u}_1, \boldsymbol{u}_2, \dots, \boldsymbol{u}_n \rangle$ に関する任意の $\boldsymbol{u} \in U$ の座標ベクトル $\boldsymbol{a}_\varphi$ と V の基底 $\langle \boldsymbol{v}_1, \boldsymbol{v}_2, \dots, \boldsymbol{v}_m \rangle$ に関する $T(\boldsymbol{u})$ の座標ベクトル $\boldsymbol{b}_\psi$ に対して

$$\boldsymbol{b}_\psi = A\boldsymbol{a}_\varphi$$

となる $m \times n$ 型行列 $A = \big(a_{ij} \big)$ を基底 $\langle \boldsymbol{u}_1, \boldsymbol{u}_2, \dots, \boldsymbol{u}_n \rangle$ と $\langle \boldsymbol{v}_1, \boldsymbol{v}_2, \dots, \boldsymbol{v}_m \rangle$ に関する線形写像 T の**表現行列**という．特に線形変換 $T\colon U \to U$ の場合には，U の 1 組の基底 $\langle \boldsymbol{u}_1, \boldsymbol{u}_2, \dots, \boldsymbol{u}_n \rangle$ に関する $\boldsymbol{u}$ と $T(\boldsymbol{u})$ の座標ベクトルをそ

れぞれ $\boldsymbol{a}_\varphi$ と $\boldsymbol{b}_\varphi$ とすれば

$$\boldsymbol{b}_\varphi = A\boldsymbol{a}_\varphi$$

となる n 次正方行列 A を基底 $\langle \boldsymbol{u}_1, \boldsymbol{u}_2, \ldots, \boldsymbol{u}_n \rangle$ に関する線形変換 T の表現行列という.

表現行列 A の具体的な求め方としては, U の基底 $\langle \boldsymbol{u}_1, \boldsymbol{u}_2, \ldots, \boldsymbol{u}_n \rangle$ のそれぞれのベクトルの写像 T による像 $T(\boldsymbol{u}_i) \in V$ を V の基底 $\langle \boldsymbol{v}_1, \boldsymbol{v}_2, \ldots, \boldsymbol{v}_m \rangle$ の 1 次結合で表して

$$T(\boldsymbol{u}_i) = a_{1i}\boldsymbol{v}_1 + a_{2i}\boldsymbol{v}_2 + \cdots + a_{mi}\boldsymbol{v}_m \quad (i = 1, 2, \ldots, n) \tag{4.16}$$

と決めればよい. このとき $\varphi(\boldsymbol{u}) = \boldsymbol{a}_\varphi = \begin{pmatrix} x_1 \\ x_2 \\ \vdots \\ x_n \end{pmatrix}$, $\psi\left(T(\boldsymbol{u})\right) = \boldsymbol{b}_\psi = \begin{pmatrix} y_1 \\ y_2 \\ \vdots \\ y_m \end{pmatrix}$ とすると

$$\begin{aligned} T(\boldsymbol{u}) &= \left(\sum_{i=1}^{n} a_{1i}x_i\right)\boldsymbol{v}_1 + \left(\sum_{i=1}^{n} a_{2i}x_i\right)\boldsymbol{v}_2 + \cdots + \left(\sum_{i=1}^{n} a_{mi}x_i\right)\boldsymbol{v}_m \\ &= y_1\boldsymbol{v}_1 + y_2\boldsymbol{v}_2 + \cdots + y_m\boldsymbol{v}_m \end{aligned}$$

より

$$\boldsymbol{b}_\psi = A\boldsymbol{a}_\varphi$$

となる.

U のもう 1 組の基底 $\langle \boldsymbol{u}_1', \boldsymbol{u}_2', \ldots, \boldsymbol{u}_n' \rangle$ と V のもう 1 組の基底 $\langle \boldsymbol{v}_1', \boldsymbol{v}_2', \ldots, \boldsymbol{v}_m' \rangle$ に関する線形写像 T の表現行列を $B = \left(b_{ij} \right)$ とする. この場合には (4.16) 式と同様に

$$T(\boldsymbol{u}_i') = b_{1i}\boldsymbol{v}_1' + b_{2i}\boldsymbol{v}_2' + \cdots + b_{mi}\boldsymbol{v}_m' \quad (i = 1, 2, \ldots, n) \tag{4.17}$$

となる. ここで U の基底 $\langle \boldsymbol{u}_1, \boldsymbol{u}_2, \ldots, \boldsymbol{u}_n \rangle$ から基底 $\langle \boldsymbol{u}_1', \boldsymbol{u}_2', \ldots, \boldsymbol{u}_n' \rangle$ への基底の変換行列を $P = \left(p_{ij} \right)$ とすれば, (4.10) 式から

$$\boldsymbol{u}_i' = p_{1i}\boldsymbol{u}_1 + p_{2i}\boldsymbol{u}_2 + \cdots + p_{ni}\boldsymbol{u}_n \quad (i = 1, 2, \ldots, n) \tag{4.18}$$

であり, 同様に V の基底 $\langle \boldsymbol{v}_1, \boldsymbol{v}_2, \ldots, \boldsymbol{v}_m \rangle$ から基底 $\langle \boldsymbol{v}_1', \boldsymbol{v}_2', \ldots, \boldsymbol{v}_m' \rangle$ への基底の変換行列を $Q = \left(q_{ij} \right)$ とすれば

$$\boldsymbol{v}'_i = q_{1i}\boldsymbol{v}_1 + q_{2i}\boldsymbol{v}_2 + \cdots + q_{mi}\boldsymbol{v}_m \quad (i = 1, 2, \ldots, m) \qquad (4.19)$$

である. 従って $T(\boldsymbol{u}'_i)$ を (4.16) 式と (4.18) 式を利用して表すと

$$
\begin{aligned}
T(\boldsymbol{u}'_i) &= T(p_{1i}\boldsymbol{u}_1 + p_{2i}\boldsymbol{u}_2 + \cdots + p_{ni}\boldsymbol{u}_n) \\
&= p_{1i}T(\boldsymbol{u}_1) + p_{2i}T(\boldsymbol{u}_2) + \cdots + p_{ni}T(\boldsymbol{u}_n) \\
&= p_{1i}(a_{11}\boldsymbol{v}_1 + a_{21}\boldsymbol{v}_2 + \cdots + a_{m1}\boldsymbol{v}_m) \\
&\quad + p_{2i}(a_{12}\boldsymbol{v}_1 + a_{22}\boldsymbol{v}_2 + \cdots + a_{m2}\boldsymbol{v}_m) \\
&\quad + \cdots + p_{ni}(a_{1n}\boldsymbol{v}_1 + a_{2n}\boldsymbol{v}_2 + \cdots + a_{mn}\boldsymbol{v}_m) \\
&= \left(\sum_{j=1}^{n} a_{1j}p_{ji}\right)\boldsymbol{v}_1 + \left(\sum_{j=1}^{n} a_{2j}p_{ji}\right)\boldsymbol{v}_2 + \cdots + \left(\sum_{j=1}^{n} a_{mj}p_{ji}\right)\boldsymbol{v}_m \\
&= \alpha_{1i}\boldsymbol{v}_1 + \alpha_{2i}\boldsymbol{v}_2 + \cdots + \alpha_{mi}\boldsymbol{v}_m \quad (i = 1, 2, \ldots, n)
\end{aligned}
$$

である. ただし, 上式の α_{ki} は行列の積 AP の (k, i) 成分である.

一方 $T(\boldsymbol{u}'_i)$ について (4.17) 式と (4.19) 式を利用して表すと

$$
\begin{aligned}
T(\boldsymbol{u}'_i) &= b_{1i}\boldsymbol{v}'_1 + b_{2i}\boldsymbol{v}'_2 + \cdots + b_{mi}\boldsymbol{v}'_m \\
&= b_{1i}(q_{11}\boldsymbol{v}_1 + q_{21}\boldsymbol{v}_2 + \cdots + q_{m1}\boldsymbol{v}_m) \\
&\quad + b_{2i}(q_{12}\boldsymbol{v}_1 + q_{22}\boldsymbol{v}_2 + \cdots + q_{m2}\boldsymbol{v}_m) \\
&\quad + \cdots + b_{mi}(q_{1m}\boldsymbol{v}_1 + q_{2m}\boldsymbol{v}_2 + \cdots + q_{mm}\boldsymbol{v}_m) \\
&= \left(\sum_{j=1}^{m} q_{1j}b_{ji}\right)\boldsymbol{v}_1 + \left(\sum_{j=1}^{m} q_{2j}b_{ji}\right)\boldsymbol{v}_2 + \cdots + \left(\sum_{j=1}^{n} q_{mj}b_{ji}\right)\boldsymbol{v}_m \\
&= \beta_{1i}\boldsymbol{v}_1 + \beta_{2i}\boldsymbol{v}_2 + \cdots + \beta_{mi}\boldsymbol{v}_m \quad (i = 1, 2, \ldots, n)
\end{aligned}
$$

である. ただし, 上式の β_{ki} は行列の積 QB の (k, i) 成分である.

基底 $\langle \boldsymbol{v}_1, \boldsymbol{v}_2, \ldots, \boldsymbol{v}_m \rangle$ の 1 次結合の表し方は唯一通りであるので, 2 つの行列の成分がすべて等しく ($\alpha_{ki} = \beta_{ki}$), $AP = QB$ が成り立つ. 従って,

$$B = Q^{-1}AP \qquad (4.20)$$

という関係が得られる.

また同様の考察から線形変換 $T: U \to U$ において, U のある 1 組の基底 $\langle \boldsymbol{u}_1, \boldsymbol{u}_2, \ldots, \boldsymbol{u}_n \rangle$ に関する T の表現行列を A, もう 1 組の基底 $\langle \boldsymbol{u}'_1, \boldsymbol{u}'_2, \ldots, \boldsymbol{u}'_n \rangle$ に関する T の表現行列を B とする. また基底 $\langle \boldsymbol{u}_1, \boldsymbol{u}_2, \ldots, \boldsymbol{u}_n \rangle$ から $\langle \boldsymbol{u}'_1, \boldsymbol{u}'_2, \ldots, \boldsymbol{u}'_n \rangle$ への基底の変換行列を P とするとき, 次が成り立つ.

$$B = P^{-1}AP. \qquad (4.21)$$

具体的に線形写像 $T\colon U \to V$ における U の1組の基底 $\langle \boldsymbol{u}_1, \boldsymbol{u}_2, \ldots, \boldsymbol{u}_n \rangle$ と V の1組の基底 $\langle \boldsymbol{v}_1, \boldsymbol{v}_2, \ldots, \boldsymbol{v}_m \rangle$ に関する T の表現行列を求めるには，(4.16) 式から直接連立1次方程式を解いて求めればよい．また別に (4.20) 式から求める方法がある．この場合には，例 4.6〜例 4.8 で紹介した基底を用いると一方の基底の組に関する表現行列（A）や基底の変換行列（P および Q）が求めやすい．具体的な問題で確認してみよう．

例題 4.11

線形写像 $T\colon U \to V$, $T(\boldsymbol{x}) = \begin{pmatrix} 0 & 1 & 2 \\ 1 & 3 & 0 \end{pmatrix}\boldsymbol{x}$ について次の問に答えよ．

(1) U の基底として $\boldsymbol{R}^3$ の標準基底 $\langle \boldsymbol{e}_1, \boldsymbol{e}_2, \boldsymbol{e}_3 \rangle$，$V$ の基底として $\boldsymbol{R}^2$ の標準基底 $\langle \boldsymbol{e}'_1, \boldsymbol{e}'_2 \rangle$ を考えるとき[34]，これらの基底に関する T の表現行列 A を求めよ．

(2) U と V の次の基底に関する T の表現行列 B を

(i) (4.16) 式から連立1次方程式を解いて求める方法，

(ii) (1) の結果を利用して (4.20) 式から求める方法

の2通りの方法でそれぞれ求めよ．

$$U \text{ の基底：} \left\langle \boldsymbol{a}_1 = \begin{pmatrix} 1 \\ 0 \\ 1 \end{pmatrix}, \boldsymbol{a}_2 = \begin{pmatrix} -2 \\ 1 \\ 0 \end{pmatrix}, \boldsymbol{a}_3 = \begin{pmatrix} -1 \\ 2 \\ 1 \end{pmatrix} \right\rangle,$$

$$V \text{ の基底：} \left\langle \boldsymbol{b}_1 = \begin{pmatrix} 2 \\ -1 \end{pmatrix}, \boldsymbol{b}_2 = \begin{pmatrix} -1 \\ 1 \end{pmatrix} \right\rangle.$$

解答 (1)

$$T(\boldsymbol{e}_1) = \begin{pmatrix} 0 & 1 & 2 \\ 1 & 3 & 0 \end{pmatrix}\begin{pmatrix} 1 \\ 0 \\ 0 \end{pmatrix} = \begin{pmatrix} 0 \\ 1 \end{pmatrix} = 0\boldsymbol{e}'_1 + 1\boldsymbol{e}'_2,$$

$$T(\boldsymbol{e}_2) = \begin{pmatrix} 0 & 1 & 2 \\ 1 & 3 & 0 \end{pmatrix}\begin{pmatrix} 0 \\ 1 \\ 0 \end{pmatrix} = \begin{pmatrix} 1 \\ 3 \end{pmatrix} = 1\boldsymbol{e}'_1 + 3\boldsymbol{e}'_2,$$

$$T(\boldsymbol{e}_3) = \begin{pmatrix} 0 & 1 & 2 \\ 1 & 3 & 0 \end{pmatrix}\begin{pmatrix} 0 \\ 0 \\ 1 \end{pmatrix} = \begin{pmatrix} 2 \\ 0 \end{pmatrix} = 2\boldsymbol{e}'_1 + 0\boldsymbol{e}'_2$$

34) 便宜上 $\boldsymbol{R}^2$ の標準基底のベクトルに「$'$」が付いているが，例 4.7 の $\boldsymbol{R}_2$ の基底と間違えないようにしよう．

より
$$A = \begin{pmatrix} 0 & 1 & 2 \\ 1 & 3 & 0 \end{pmatrix}.$$

(2)　(i)

$$T(\boldsymbol{a}_1) = \begin{pmatrix} 0 & 1 & 2 \\ 1 & 3 & 0 \end{pmatrix} \begin{pmatrix} 1 \\ 0 \\ 1 \end{pmatrix} = \begin{pmatrix} 2 \\ 1 \end{pmatrix} = b_{11}\boldsymbol{b}_1 + b_{21}\boldsymbol{b}_2 = \begin{pmatrix} 2b_{11} - b_{21} \\ -b_{11} + b_{21} \end{pmatrix},$$

$$T(\boldsymbol{a}_2) = \begin{pmatrix} 0 & 1 & 2 \\ 1 & 3 & 0 \end{pmatrix} \begin{pmatrix} -2 \\ 1 \\ 0 \end{pmatrix} = \begin{pmatrix} 1 \\ 1 \end{pmatrix} = b_{12}\boldsymbol{b}_1 + b_{22}\boldsymbol{b}_2 = \begin{pmatrix} 2b_{12} - b_{22} \\ -b_{12} + b_{22} \end{pmatrix},$$

$$T(\boldsymbol{a}_3) = \begin{pmatrix} 0 & 1 & 2 \\ 1 & 3 & 0 \end{pmatrix} \begin{pmatrix} -1 \\ 2 \\ 1 \end{pmatrix} = \begin{pmatrix} 4 \\ 5 \end{pmatrix} = b_{13}\boldsymbol{b}_1 + b_{23}\boldsymbol{b}_2 = \begin{pmatrix} 2b_{13} - b_{23} \\ -b_{13} + b_{23} \end{pmatrix}$$

を解くと, $b_{11} = 3$, $b_{21} = 4$, $b_{12} = 2$, $b_{22} = 3$, $b_{13} = 9$, $b_{23} = 14$ であるので

$$B = \begin{pmatrix} 3 & 2 & 9 \\ 4 & 3 & 14 \end{pmatrix}.$$

(ii)　(4.10) 式より $P = \begin{pmatrix} 1 & -2 & -1 \\ 0 & 1 & 2 \\ 1 & 0 & 1 \end{pmatrix}$, $Q = \begin{pmatrix} 2 & -1 \\ -1 & 1 \end{pmatrix}$ であるから,

$$B = Q^{-1}AP = \begin{pmatrix} 1 & 1 \\ 1 & 2 \end{pmatrix} \begin{pmatrix} 0 & 1 & 2 \\ 1 & 3 & 0 \end{pmatrix} \begin{pmatrix} 1 & -2 & -1 \\ 0 & 1 & 2 \\ 1 & 0 & 1 \end{pmatrix} = \begin{pmatrix} 3 & 2 & 9 \\ 4 & 3 & 14 \end{pmatrix}. \quad \square$$

✅ **チェック問題 4.8**　線形変換 $T: U \to U$, $T(\boldsymbol{x}) = \begin{pmatrix} 1 & 0 & -1 \\ -2 & -2 & 1 \\ 0 & 1 & 2 \end{pmatrix} \boldsymbol{x}$ について次の問に

答えよ.

(1)　U の基底として $\boldsymbol{R}^3$ の標準基底 $\langle \boldsymbol{e}_1, \boldsymbol{e}_2, \boldsymbol{e}_3 \rangle$ に関する T の表現行列 A を求めよ.

(2)　U の基底 $\left\langle \boldsymbol{a}_1 = \begin{pmatrix} -1 \\ 1 \\ -1 \end{pmatrix}, \boldsymbol{a}_2 = \begin{pmatrix} 2 \\ 0 \\ 1 \end{pmatrix}, \boldsymbol{a}_3 = \begin{pmatrix} 0 \\ 1 \\ -1 \end{pmatrix} \right\rangle$ に関する T の表現行列 B を

　　(i)　(4.16) 式から連立 1 次方程式を解いて求める方法,

　　(ii)　(1) の結果を利用して (4.21) 式から求める方法

の 2 通りの方法でそれぞれ求めよ.

4 章の演習問題

□**1** W_1 と W_2 がともにベクトル空間 V の部分空間であるとき，W_1 と W_2 の共通部分 $W_1 \cap W_2$ も V の部分空間であることを示せ.

□**2** ベクトル $\boldsymbol{u}_1$, $\boldsymbol{u}_2$, ..., $\boldsymbol{u}_n$ が 1 次独立のとき，それらの 1 次結合で表された次のベクトルの組 $\boldsymbol{v}_1$, $\boldsymbol{v}_2$, ..., $\boldsymbol{v}_m$ が 1 次独立か 1 次従属か調べよ.

(1) $\boldsymbol{v}_1 = \boldsymbol{u}_1 - 2\boldsymbol{u}_2$, $\boldsymbol{v}_2 = \boldsymbol{u}_2 - \boldsymbol{u}_3$, $\boldsymbol{v}_3 = -3\boldsymbol{u}_1 + 4\boldsymbol{u}_2 + 2\boldsymbol{u}_3$

(2) $\boldsymbol{v}_1 = \boldsymbol{u}_1 - 2\boldsymbol{u}_2 + 3\boldsymbol{u}_3 - 3\boldsymbol{u}_4$,

$\boldsymbol{v}_2 = 2\boldsymbol{u}_1 + \boldsymbol{u}_2 + \boldsymbol{u}_4$,

$\boldsymbol{v}_3 = -\boldsymbol{u}_1 + 5\boldsymbol{u}_2 - \boldsymbol{u}_3 + \boldsymbol{u}_4$,

$\boldsymbol{v}_4 = -2\boldsymbol{u}_1 + 3\boldsymbol{u}_2 - 4\boldsymbol{u}_3 + \boldsymbol{u}_4$

(3) $\boldsymbol{v}_1 = \boldsymbol{u}_2 - \boldsymbol{u}_3 + 2\boldsymbol{u}_4$,

$\boldsymbol{v}_2 = \boldsymbol{u}_1 + \boldsymbol{u}_2 + 2\boldsymbol{u}_3 - \boldsymbol{u}_4$,

$\boldsymbol{v}_3 = 2\boldsymbol{u}_1 + 3\boldsymbol{u}_3 - \boldsymbol{u}_4$,

$\boldsymbol{v}_4 = \boldsymbol{u}_1 + 4\boldsymbol{u}_2 + 2\boldsymbol{u}_3$

□**3** 次の問に答えよ.

(1) $\begin{pmatrix} 1 \\ 2 \\ a \end{pmatrix} \in L \left\{ \begin{pmatrix} -1 \\ 2 \\ 1 \end{pmatrix}, \begin{pmatrix} 1 \\ -1 \\ 3 \end{pmatrix} \right\}$ のとき，a の値を求めよ.

(2) $\begin{pmatrix} 0 \\ a \\ -4 \\ 2 \end{pmatrix} \in L \left\{ \begin{pmatrix} 2 \\ -1 \\ -2 \\ -1 \end{pmatrix}, \begin{pmatrix} 1 \\ -2 \\ 1 \\ 2 \end{pmatrix}, \begin{pmatrix} 1 \\ 0 \\ 1 \\ 3 \end{pmatrix} \right\}$ のとき，a の値を求めよ.

□**4** 次のベクトルの組が 1 次独立か 1 次従属か調べ，もし 1 次従属なら 1 次独立なベクトルの最大数を求めよ. さらに 1 次独立最大の組を 1 組求め，他のベクトルをこれらの 1 次結合で表せ.

(1) $\boldsymbol{a}_1 = \begin{pmatrix} 1 & 0 & -4 & -2 \end{pmatrix}$,

$\boldsymbol{a}_2 = \begin{pmatrix} -1 & 1 & 2 & 1 \end{pmatrix}$,

$\boldsymbol{a}_3 = \begin{pmatrix} 2 & -1 & -3 & 0 \end{pmatrix}$,

$\boldsymbol{a}_4 = \begin{pmatrix} 0 & -2 & 2 & 0 \end{pmatrix}$

(2) $f_1(x) = 5 - x + 2x^2 + 4x^3$,

$f_2(x) = 1 - 2x - 5x^2 - x^3$,

$f_3(x) = 1 + 2x + 7x^2 + 3x^3$,

$f_4(x) = 2 - x - x^2 + x^3$

□**5** 以下の同次連立 1 次方程式の解空間 W_1 と W_2 について次の問に答えよ.

$$W_1 = \left\{ \boldsymbol{x} \in \boldsymbol{R}^5 \ \middle| \ \begin{pmatrix} 1 & -2 & -1 & 0 & -1 \\ -1 & 2 & 0 & 1 & 3 \end{pmatrix} \boldsymbol{x} = \boldsymbol{0} \right\},$$

$$W_2 = \left\{ \boldsymbol{x} \in \boldsymbol{R}^5 \ \middle| \ \begin{pmatrix} 0 & 1 & 2 & 1 & 0 \\ 1 & -1 & 0 & 0 & -1 \\ 0 & 1 & 1 & 1 & 1 \end{pmatrix} \boldsymbol{x} = \boldsymbol{0} \right\}.$$

(1)　W_1 と W_2 の次元と 1 組の基底をそれぞれ求めよ.

(2)　$\boldsymbol{R}^5$ の部分空間 $W_1 \cap W_2$ の次元と 1 組の基底を求めよ.

□**6**　ベクトル空間 $U = \boldsymbol{R}[x]_2$ の線形変換

$$T: U \to U, \quad T(f(x)) = xf'(x) - f(x) + f'(1) + f(0)x^2$$

について次の問に答えよ.

(1)　T は線形変換であることを示せ.

(2)　$\mathrm{Ker}\, T$ の次元と 1 組の基底を求めよ.

(3)　$\boldsymbol{R}[x]_2$ の基底 $\langle 1, x, x^2 \rangle$ に関する T の表現行列 A を求め,この結果を用いて (4.21) 式からもう 1 組の U の基底

$$\left\langle f_1(x) = 1 + x - 2x^2, \quad f_2(x) = 2 - x^2, \quad f_3(x) = -x + 2x^2 \right\rangle$$

に関する T の表現行列 B を求めよ.

第5章
固有値問題と行列の対角化

　固有値問題は量子力学や振動力学等の多くの物理学の分野において非常に重要な位置をしめる問題である．本章では線形変換の固有値，固有ベクトルについて学ぶ前に，まず基本となる行列の固有値，固有ベクトルについて説明する．固有値は行列式を用いて表される固有方程式を解くことによって求められ，各々の固有値に対して同次連立1次方程式を解くことによって固有ベクトルが求められるが，実正方行列の固有値は実数の場合ばかりではなく虚数の場合も存在する．線形変換の固有値はその表現行列の固有値を考えることになるので，定義されている空間がどのような空間であるかによって取扱いが異なる．次に本章では固有値，固有ベクトルを応用した行列の対角化について学ぶ．対角化は線形微分方程式の解を構成する場合等応用面でも重要であるが，ここでは対角化可能となる条件をきちんと理解した上で対角化を用いた行列のべき乗の求め方を習得する．

---[5 章の内容]---
行列の固有値，固有ベクトル
線形変換の固有値，固有ベクトル
行列の対角化

5.1　行列の固有値，固有ベクトル
—行列の固有値，固有ベクトルの意味を理解しその求め方を習得する

━━━━━━ **行列の固有値，固有ベクトル** ━━━━━━

　本節では n 次正方行列の固有値，固有ベクトルの求め方とその性質について学ぶ．固有値は固有方程式とよばれる行列式を展開して得られる n 次方程式の解として与えられる．従って変数を含む行列式を展開する必要があり，行列式の性質を利用して求めることになる．また得られた固有値に対する固有ベクトルは，同次連立 1 次方程式の自明でない解であるので簡約化により求められる．行列の固有値，固有ベクトルは次節以降の線形変換の固有値，固有ベクトルを具体的に求める際に必要となるので，その求め方をしっかりと習得しておくことが肝要である．また最後にハミルトン–ケーリーの定理について説明する．

(I)　行列の固有値，固有ベクトル，固有空間

　まず行列の固有値，固有ベクトルとは何かについて説明しよう．

　n 次実正方行列 $A = \left(a_{ij} \right)$ に対して，零ベクトルでない $\boldsymbol{x} \in \boldsymbol{C}^n$ とスカラー $\lambda \in \boldsymbol{C}$ が存在して[1]

$$A\boldsymbol{x} = \lambda\boldsymbol{x} \tag{5.1}$$

となるとき，λ を行列 A の**固有値**，$\boldsymbol{x}$ を固有値 λ に対する行列 A の**固有ベクトル**という．(5.1) 式の意味を考えれば，固有ベクトルとは行列 A との積がそれ自身の定数倍になるようなベクトルであり，その定数が固有値であることがわかる．また零ベクトルが (5.1) 式を満たすことは自明であるので零ベクトルは除外する．

　まず固有値を求めよう．(5.1) 式の右辺を単位行列を用いて

$$\lambda\boldsymbol{x} = \lambda E_n \boldsymbol{x}$$

として左辺を右辺に移項してまとめると

$$(\lambda E_n - A)\boldsymbol{x} = \boldsymbol{0} \tag{5.2}$$

という係数行列が $\lambda E_n - A$ である同次連立 1 次方程式が得られる．ここで固有ベクトルは零ベクトルではないので，$\boldsymbol{x}$ は (5.2) 式の自明でない解である．ここで (5.2) 式が自明でない解をもつ条件は $\lambda E_n - A$ が正則ではないことであるので

---

[1]　実数体 $\boldsymbol{R}$ ではなく複素数体 $\boldsymbol{C}$ であることに注意しよう．$\boldsymbol{C}^n$ は複素数が成分である n 次列ベクトル全体の集合であり，n 次元のベクトル空間である．

$$|\lambda E_n - A| = \begin{vmatrix} \lambda - a_{11} & -a_{12} & \cdots & -a_{1n} \\ -a_{21} & \lambda - a_{22} & \cdots & -a_{2n} \\ \cdots & \cdots & \cdots & \cdots \\ -a_{n1} & -a_{n2} & \cdots & \lambda - a_{nn} \end{vmatrix}$$
$$= 0$$

を満たす解 λ が行列 A の固有値である．そこであらためて λ のかわりに

ステップ1：キーポイント　**行列の固有値**

変数を x とする多項式

$$\Phi_A(x) = |xE_n - A|$$
$$= \begin{vmatrix} x - a_{11} & -a_{12} & \cdots & -a_{1n} \\ -a_{21} & x - a_{22} & \cdots & -a_{2n} \\ \cdots & \cdots & \cdots & \cdots \\ -a_{n1} & -a_{n2} & \cdots & x - a_{nn} \end{vmatrix} \qquad (5.3)$$

を定義し $\Phi_A(x)$ を行列 A の**固有多項式**もしくは**特性多項式**という[2]．また固有多項式（行列式）は n 次多項式であり，n 次方程式

$$\Phi_A(x) = 0$$

を**固有方程式**または**特性方程式**という[3]．固有方程式を因数分解すると

$$\Phi_A(x) = (x - \lambda_1)^{k_1}(x - \lambda_2)^{k_2} \cdots (x - \lambda_s)^{k_s}$$
$$= 0 \qquad (5.4)$$

と変形できる．これから得られる固有方程式の相異なる解 λ_1（重複度 k_1），λ_2（重複度 k_2），..., λ_s（重複度 k_s）を行列 A の**特性根**という．ここで

$$k_1 + k_2 + \cdots + k_s = n$$

である．行列 A の固有値は複素数の範囲で考えているので A の特性根と一致する[4]．またこの特性根 λ_i の重複度を固有値 λ_i の**代数的重複度**という．

---

n 次正方行列 A の固有値を（重複も含めて）$\lambda_1, \lambda_2, ..., \lambda_n$ として (5.3) 式と (5.4) 式を書き直した固有多項式から

---

[2] 本書では固有多項式に統一する．

[3] 本書では固有方程式に統一する．

[4] なお固有値を実数の範囲のみで考える場合には，行列 A の固有値は特性根のうちの実根と一致する．

$$\Phi_A(x) = \begin{vmatrix} x - a_{11} & -a_{12} & \cdots & -a_{1n} \\ -a_{21} & x - a_{22} & \cdots & -a_{2n} \\ \cdots & \cdots & & \cdots \\ -a_{n1} & -a_{n2} & \cdots & x - a_{nn} \end{vmatrix}$$

$$= (x - \lambda_1)(x - \lambda_2) \cdots (x - \lambda_n) \tag{5.5}$$

が得られるが，(5.5) 式の行列式を展開した式は行列式の定義式より

$$\Phi_A(x) = (x - a_{11})(x - a_{22}) \cdots (x - a_{nn}) + (x \ \mathcal{O} \ n - 2 \ 次以下の項)$$

であり，(5.5) 式の右辺と $n - 1$ 次の項を比較すると

$$a_{11} + a_{22} + \cdots + a_{nn} = \lambda_1 + \lambda_2 + \cdots + \lambda_n$$

が成り立つ[5]．一方 (5.5) 式で $x = 0$ の場合を考えると行列式の性質 A を利用すれば

$$\Phi_A(0) = |0E_n - A| = |-A|$$
$$= (-1)^n |A| = (-1)^n \lambda_1 \lambda_2 \cdots \lambda_n$$

より

$$|A| = \lambda_1 \lambda_2 \cdots \lambda_n \tag{5.6}$$

が成り立つ．(5.6) 式から正方行列 A が正則である条件はすべての固有値が 0 でないこととわかる．

　　例 5.1　　上三角行列 A の固有方程式は例 3.5 より

$$\Phi_A(x) = \begin{vmatrix} x - a_{11} & -a_{12} & -a_{13} & \cdots & -a_{1n} \\ 0 & x - a_{22} & -a_{23} & \cdots & -a_{2n} \\ \vdots & 0 & x - a_{33} & \cdots & -a_{3n} \\ \vdots & \vdots & \ddots & \ddots & \vdots \\ 0 & 0 & \cdots & 0 & x - a_{nn} \end{vmatrix}$$

$$= (x - a_{11})(x - a_{22}) \cdots (x - a_{nn})$$
$$= 0$$

となり，固有値は（重複を含めて）$a_{11}, a_{22}, \ldots, a_{nn}$ である[6]．　　　□

　次に相異なる固有値それぞれに対する固有ベクトルを求めよう．いま

---

[5] 正方行列 A の対角成分の和 $a_{11} + a_{22} + \cdots + a_{nn}$ を A のトレースといい，$\mathrm{tr}\, A$ とかく．

[6] 下三角行列についても同様に対角要素が固有値となる．

ステップ2：キーポイント　行列の固有ベクトル

固有値 λ_i に対する固有ベクトルを $\boldsymbol{x}_i$ とすると，$\boldsymbol{x}_i$ は同次連立1次方程式

$$(\lambda_i E_n - A)\boldsymbol{x}_i = \boldsymbol{0} \quad (i = 1, 2, \ldots, s) \tag{5.7}$$

の解であり，行基本変形を用いて自明でない解を求めればよい．ここで同次連立1次方程式の解空間，すなわち固有値 λ_i に対する固有ベクトル全体に零ベクトルを加えたベクトル空間 W_{λ_i} を固有値 λ_i に対する**固有空間**という．

ここで (5.7) 式の同次連立1次方程式において，係数行列 $\lambda_i E_n - A$ の階数が r であれば $n - r$ 個の1次独立な解が得られる．いま固有値 λ_i に対して (5.7) 式の $n - r$ 個の1次独立な解 $\boldsymbol{x}_{i,1}, \boldsymbol{x}_{i,2}, \ldots, \boldsymbol{x}_{i,n-r}$ が得られたとすると，

$$(\lambda_i E_n - A)(c_1 \boldsymbol{x}_{i,1} + c_2 \boldsymbol{x}_{i,2} + \cdots + c_{n-r} \boldsymbol{x}_{i,n-r})$$
$$= c_1(\lambda_i E_n - A)\boldsymbol{x}_{i,1} + c_2(\lambda_i E_n - A)\boldsymbol{x}_{i,2} + \cdots + c_{n-r}(\lambda_i E_n - A)\boldsymbol{x}_{i,n-r}$$
$$= c_1 \boldsymbol{0} + c_2 \boldsymbol{0} + \cdots + c_{n-r} \boldsymbol{0} = \boldsymbol{0}$$

であるから，固有ベクトルの1次結合でかかれる（零ベクトルでない）ベクトルも固有ベクトルである．すなわち固有値 λ_i に対する固有空間は

$$W_{\lambda_i} = L\{\boldsymbol{x}_{i,1}, \boldsymbol{x}_{i,2}, \ldots, \boldsymbol{x}_{i,n-r}\}.$$

（**注意**）　虚数が固有値である場合には (5.7) 式は虚数を成分とする係数行列の同次連立1次方程式であり，これを解いて得られる固有空間は $\boldsymbol{C}^n$ の部分空間となる．一方，固有値が実数の場合には実ベクトルの固有ベクトルが与えられるので，固有空間は $\boldsymbol{R}^n$ の部分空間である．次の例題で示すが，$\boldsymbol{C}^n$ の範囲が必要な場合には複素数の範囲での表現を用い，実固有値の場合にはこれまでと同様に実数の範囲での表現を用いることにする．（実固有値の場合も複素数の範囲の表現を用いてもよい．）

例題 5.1

次の行列の固有値と固有ベクトルを求めよ．また各固有値の固有空間を求めよ．

(1) $A = \begin{pmatrix} 1 & -4 \\ -2 & -1 \end{pmatrix}$ 　(2) $A = \begin{pmatrix} 1 & 1 \\ -1 & 3 \end{pmatrix}$ 　(3) $A = \begin{pmatrix} 0 & -3 \\ 3 & 0 \end{pmatrix}$

解答　(1)　固有方程式は

$$\Phi_A(x) = \begin{vmatrix} x-1 & 4 \\ 2 & x+1 \end{vmatrix} = (x-1)(x+1) - 8 = x^2 - 9 = (x+3)(x-3) = 0$$

より固有値 $\lambda_1 = 3, \lambda_2 = -3$ である．

(i)　固有値 $\lambda_1 = 3$ に対する固有ベクトル $\boldsymbol{x}_1 = \begin{pmatrix} x_{11} \\ x_{21} \end{pmatrix}$ について

$$(3E_2 - A)\boldsymbol{x}_1 = \begin{pmatrix} 2 & 4 \\ 2 & 4 \end{pmatrix} \begin{pmatrix} x_{11} \\ x_{21} \end{pmatrix} = \boldsymbol{0}$$

の係数行列 $\begin{pmatrix} 2 & 4 \\ 2 & 4 \end{pmatrix}$ の簡約化は $\begin{pmatrix} 1 & 2 \\ 0 & 0 \end{pmatrix}$ となるから簡約化が示す連立 1 次方程式は $x_{11} + 2x_{21} = 0$ である．主成分に対応しない未知数について $x_{21} = C$ とおくと固有ベクトルは $\boldsymbol{x}_1 = \begin{pmatrix} -2C \\ C \end{pmatrix} = C \begin{pmatrix} -2 \\ 1 \end{pmatrix}$ (C は 0 でない任意定数)．また固有値 $\lambda_1 = 3$ に対する固有空間は

$$W_{\lambda_1} = \left\{ C \begin{pmatrix} -2 \\ 1 \end{pmatrix} \,\middle|\, C \in \boldsymbol{R} \right\}.$$

(ii)　固有値 $\lambda_2 = -3$ に対する固有ベクトル $\boldsymbol{x}_2 = \begin{pmatrix} x_{12} \\ x_{22} \end{pmatrix}$ について

$$(-3E_2 - A)\boldsymbol{x}_2 = \begin{pmatrix} -4 & 4 \\ 2 & -2 \end{pmatrix} \begin{pmatrix} x_{12} \\ x_{22} \end{pmatrix} = \boldsymbol{0}$$

の係数行列 $\begin{pmatrix} -4 & 4 \\ 2 & -2 \end{pmatrix}$ の簡約化は $\begin{pmatrix} 1 & -1 \\ 0 & 0 \end{pmatrix}$ となるから簡約化が示す連立 1 次方程式は $x_{12} - x_{22} = 0$ である．主成分に対応しない未知数について $x_{22} = C$ とおくと固有ベクトルは $\boldsymbol{x}_2 = \begin{pmatrix} C \\ C \end{pmatrix} = C \begin{pmatrix} 1 \\ 1 \end{pmatrix}$ (C は 0 でない任意定数)．また固有値 $\lambda_2 = -3$ に対する固有空間は

$$W_{\lambda_2} = \left\{ C \begin{pmatrix} 1 \\ 1 \end{pmatrix} \,\middle|\, C \in \boldsymbol{R} \right\}.$$

(2)　固有方程式は

$$\Phi_A(x) = \begin{vmatrix} x-1 & -1 \\ 1 & x-3 \end{vmatrix} = (x-1)(x-3) + 1 = x^2 - 4x + 4 = (x-2)^2 = 0$$

より固有値 $\lambda_1 = 2$（代数的重複度 2）である．

固有値 $\lambda_1 = 2$ に対する固有ベクトル $\boldsymbol{x}_1 = \begin{pmatrix} x_{11} \\ x_{21} \end{pmatrix}$ について

$$(2E_2 - A)\boldsymbol{x}_1 = \begin{pmatrix} 1 & -1 \\ 1 & -1 \end{pmatrix} \begin{pmatrix} x_{11} \\ x_{21} \end{pmatrix} = \boldsymbol{0}$$

の係数行列 $\begin{pmatrix} 1 & -1 \\ 1 & -1 \end{pmatrix}$ の簡約化は $\begin{pmatrix} 1 & -1 \\ 0 & 0 \end{pmatrix}$ となるから簡約化が示す連立 1 次方程式

は $x_{11} - x_{21} = 0$ である. 主成分に対応しない未知数について $x_{21} = C$ とおくと固有ベクトルは $\boldsymbol{x}_1 = \begin{pmatrix} C \\ C \end{pmatrix} = C \begin{pmatrix} 1 \\ 1 \end{pmatrix}$ (C は 0 でない任意定数). また固有値 $\lambda_1 = 2$ に対する固有空間は

$$W_{\lambda_1} = \left\{ C \begin{pmatrix} 1 \\ 1 \end{pmatrix} \,\middle|\, C \in \boldsymbol{R} \right\}.$$

(3) 固有方程式は

$$\Phi_A(x) = \begin{vmatrix} x & 3 \\ -3 & x \end{vmatrix} = x^2 + 9 = (x + 3i)(x - 3i) = 0$$

より固有値 $\lambda_1 = 3i$, $\lambda_2 = -3i$ である.

(i) 固有値 $\lambda_1 = 3i$ に対する固有ベクトル $\boldsymbol{x}_1 = \begin{pmatrix} x_{11} \\ x_{21} \end{pmatrix}$ について

$$(3iE_2 - A)\boldsymbol{x}_1 = \begin{pmatrix} 3i & 3 \\ -3 & 3i \end{pmatrix} \begin{pmatrix} x_{11} \\ x_{21} \end{pmatrix} = \boldsymbol{0}$$

の係数行列 $\begin{pmatrix} 3i & 3 \\ -3 & 3i \end{pmatrix}$ の簡約化は $\begin{pmatrix} 1 & -i \\ 0 & 0 \end{pmatrix}$ となるから簡約化が示す連立 1 次方程式は $x_{11} - ix_{21} = 0$ である. 主成分に対応しない未知数について $x_{21} = C$ とおくと固有ベクトルは $\boldsymbol{x}_1 = \begin{pmatrix} iC \\ C \end{pmatrix} = C \begin{pmatrix} i \\ 1 \end{pmatrix}$ (C は 0 でない任意定数 (複素数)). また固有値 $\lambda_1 = 3i$ に対する固有空間は

$$W_{\lambda_1} = \left\{ C \begin{pmatrix} i \\ 1 \end{pmatrix} \,\middle|\, C \in \boldsymbol{C} \right\}.$$

(ii) 固有値 $\lambda_2 = -3i$ に対する固有ベクトル $\boldsymbol{x}_2 = \begin{pmatrix} x_{12} \\ x_{22} \end{pmatrix}$ について

$$(-3iE_2 - A)\boldsymbol{x}_2 = \begin{pmatrix} -3i & 3 \\ -3 & -3i \end{pmatrix} \begin{pmatrix} x_{12} \\ x_{22} \end{pmatrix} = \boldsymbol{0}$$

の係数行列 $\begin{pmatrix} -3i & 3 \\ -3 & -3i \end{pmatrix}$ の簡約化は $\begin{pmatrix} 1 & i \\ 0 & 0 \end{pmatrix}$ となるから簡約化が示す連立 1 次方程式は $x_{12} + ix_{22} = 0$ である. 主成分に対応しない未知数について $x_{22} = C$ とおくと固有ベクトルは $\boldsymbol{x}_2 = \begin{pmatrix} -iC \\ C \end{pmatrix} = C \begin{pmatrix} -i \\ 1 \end{pmatrix}$ (C は 0 でない任意定数 (複素数)). また固有値 $\lambda_2 = -3i$ に対する固有空間は

$$W_{\lambda_2} = \left\{ C \begin{pmatrix} -i \\ 1 \end{pmatrix} \,\middle|\, C \in \boldsymbol{C} \right\}. \qquad \square$$

⚫ **チェック問題 5.1** 次の行列の固有値と固有ベクトルを求めよ．また各固有値の固有空間を求めよ．

(1) $A = \begin{pmatrix} 9 & -4 & -8 \\ 1 & -5 & 1 \\ 7 & -4 & -6 \end{pmatrix}$ (2) $A = \begin{pmatrix} 2 & 3 & 1 \\ -2 & -1 & -2 \\ 1 & -1 & 2 \end{pmatrix}$

n 次正方行列 A について，A の相異なる固有値を λ_i $(i = 1, 2, \ldots, s)$ とし，λ_i に対する固有ベクトルを $\boldsymbol{x}_i$ とするときの (5.1) 式

$$A\boldsymbol{x}_i = \lambda_i \boldsymbol{x}_i \tag{5.8}$$

の両辺に左から A をかけると

左辺：$A(A\boldsymbol{x}_i) = A^2 \boldsymbol{x}_i,$

右辺：$A(\lambda_i \boldsymbol{x}_i) = \lambda_i(A\boldsymbol{x}_i) = \lambda_i^2 \boldsymbol{x}_i$

より

$$A^2 \boldsymbol{x}_i = \lambda_i^2 \boldsymbol{x}_i$$

である．これを繰り返すと正の整数 l に対して，A^l の固有値は λ_i^l であり，固有値 λ_i^l に対する A^l の固有ベクトルは $\boldsymbol{x}_i$ であることがわかる．またある定数 α に対して αA の固有値は $\alpha \lambda_i$ である[7]．以上から $\alpha_0, \alpha_1, \ldots, \alpha_l$ を係数とする多項式

$$p(x) = \alpha_l x^l + \alpha_{l-1} x^{l-1} + \cdots + \alpha_1 x + \alpha_0$$

に対して，x を n 次正方行列 A と取り替えた

$$p(A) = \alpha_l A^l + \alpha_{l-1} A^{l-1} + \cdots + \alpha_1 A + \alpha_0 E_n \tag{5.9}$$

を定義するとき次が成り立つ．

$$\begin{aligned} p(A)\boldsymbol{x}_i &= (\alpha_l A^l + \alpha_{l-1} A^{l-1} + \cdots + \alpha_1 A + \alpha_0 E_n)\boldsymbol{x}_i \\ &= \alpha_l A^l \boldsymbol{x}_i + \alpha_{l-1} A^{l-1} \boldsymbol{x}_i + \cdots + \alpha_1 A \boldsymbol{x}_i + \alpha_0 E_n \boldsymbol{x}_i \\ &= \alpha_l \lambda_i^l \boldsymbol{x}_i + \alpha_{l-1} \lambda_i^{l-1} \boldsymbol{x}_i + \cdots + \alpha_1 \lambda_i \boldsymbol{x}_i + \alpha_0 \boldsymbol{x}_i \\ &= p(\lambda_i)\boldsymbol{x}_i \quad (i = 1, 2, \ldots, s). \end{aligned}$$

最後に相異なる固有値に対する固有ベクトルの間に成立する関係について説明しよう．

1 次関係式

$$c_1 \boldsymbol{x}_1 + c_2 \boldsymbol{x}_2 + \cdots + c_s \boldsymbol{x}_s = \boldsymbol{0} \tag{5.10}$$

---

[7] 各自示してみよ．

に対して，両辺に左から A をかけると

$$c_1\lambda_1\boldsymbol{x}_1 + c_2\lambda_2\boldsymbol{x}_2 + \cdots + c_s\lambda_s\boldsymbol{x}_s = \boldsymbol{0} \tag{5.11}$$

が得られる．(5.10) 式の両辺に λ_1 をかけた式から (5.11) 式を辺々引くと

$$c_2(\lambda_1 - \lambda_2)\boldsymbol{x}_2 + c_3(\lambda_1 - \lambda_3)\boldsymbol{x}_3 + \cdots + c_s(\lambda_1 - \lambda_s)\boldsymbol{x}_s = \boldsymbol{0} \tag{5.12}$$

が得られる．(5.12) 式の両辺に A をかけて得られる式は

$$c_2(\lambda_1 - \lambda_2)\lambda_2\boldsymbol{x}_2 + c_3(\lambda_1 - \lambda_3)\lambda_3\boldsymbol{x}_3 + \cdots + c_s(\lambda_1 - \lambda_s)\lambda_s\boldsymbol{x}_s = \boldsymbol{0} \tag{5.13}$$

であり，(5.12) 式の両辺に λ_2 をかけた式から (5.13) 式を辺々引くと

$$c_3(\lambda_1 - \lambda_3)(\lambda_2 - \lambda_3)\boldsymbol{x}_3 + c_4(\lambda_1 - \lambda_4)(\lambda_2 - \lambda_4)\boldsymbol{x}_4$$
$$+ \cdots + c_s(\lambda_1 - \lambda_s)(\lambda_2 - \lambda_s)\boldsymbol{x}_s = \boldsymbol{0}$$

となる．この計算を繰り返すと最終的に

$$c_s(\lambda_1 - \lambda_s)(\lambda_2 - \lambda_s)\cdots(\lambda_{s-1} - \lambda_s)\boldsymbol{x}_s = \boldsymbol{0}$$

が得られるが，固有値はすべて相異なり，$\boldsymbol{x}_s \neq \boldsymbol{0}$ であることから $c_s = 0$ である．これを直前に得られた式に代入すれば $c_{s-1} = 0$ が得られ，順に式に代入していくことにより，$c_1 = c_2 = \cdots = c_s = 0$ となるので自明な 1 次関係だけが得られる．従って，「相異なる固有値に対する固有ベクトルは 1 次独立である」ことがわかる．

例 5.2 正則行列 A の相異なる固有値を λ_i $(i = 1, 2, \ldots, s)$ とし，λ_i に対する固有ベクトルを $\boldsymbol{x}_i$ とする．$\lambda_i \neq 0$ より (5.8) 式の両辺に左から $\frac{1}{\lambda_i}A^{-1}$ をかけると

$$左辺：\frac{1}{\lambda_i}A^{-1}(A\boldsymbol{x}_i) = \frac{1}{\lambda_i}E_n\boldsymbol{x}_i$$
$$= \frac{1}{\lambda_i}\boldsymbol{x}_i,$$
$$右辺：\frac{1}{\lambda_i}A^{-1}(\lambda_i\boldsymbol{x}_i) = \left(\frac{1}{\lambda_i}\lambda_i\right)(A^{-1}\boldsymbol{x}_i)$$
$$= A^{-1}\boldsymbol{x}_i$$

であるので，A^{-1} の固有値は $\frac{1}{\lambda_i}$ であり，固有値 $\frac{1}{\lambda_i}$ に対する A^{-1} の固有ベクトルは $\boldsymbol{x}_i$ である． □

(II) ハミルトン–ケーリーの定理

(5.9) 式のように x を任意の n 次正方行列 A と取り替えた行列の多項式 $p(A)$ について，$p(A) = O$ となる多項式は存在するだろうか．このことについて固有多項式との関係を示した**ハミルトン–ケーリーの定理**を説明しよう．

固有多項式 $\Phi_A(x) = |xE_n - A|$ において

$$B(x) = xE_n - A$$

とおく．(3.13) 式より $B(x)$ と $B(x)$ の余因子行列 $\widetilde{B}(x)$ の積は

$$B(x)\widetilde{B}(x) = |B(x)|E_n = \Phi_A(x)E_n \tag{5.14}$$

である．ここで $\widetilde{B}(x)$ の各成分は $n-1$ 次の行列式で表されるので x の高々 $n-1$ 次の多項式となる．従って B_i $(i = 0, 1, \ldots, n-1)$ を定数を成分とする n 次正方行列として

$$\widetilde{B}(x) = x^{n-1}B_{n-1} + x^{n-2}B_{n-2} + \cdots + xB_1 + B_0$$

と表したとき，上式と $B(x) = xE_n - A$ を (5.14) 式に代入すると

$$(xE_n - A)\left(x^{n-1}B_{n-1} + x^{n-2}B_{n-2} + \cdots + xB_1 + B_0\right) = \Phi_A(x)E_n \tag{5.15}$$

が得られる．ここで固有多項式 $\Phi_A(x)$ は b_i $(i = 0, 1, \ldots, n-1)$ を定数として

$$\Phi_A(x) = x^n + b_{n-1}x^{n-1} + b_{n-2}x^{n-2} + \cdots + b_1 x + b_0 \tag{5.16}$$

と表せるので，(5.16) 式を (5.15) 式の右辺に代入し，両辺の x^i $(i = 0, 1, \ldots, n-1)$ の係数を比較する．すなわち

$$(xE_n - A)\left(x^{n-1}B_{n-1} + x^{n-2}B_{n-2} + \cdots + xB_1 + B_0\right)$$
$$= x^n(E_nB_{n-1}) + x^{n-1}(E_nB_{n-2} - AB_{n-1}) + \cdots + x^i(E_nB_{i-1} - AB_i)$$
$$\quad + \cdots + x(E_nB_0 - AB_1) - AB_0$$
$$= x^nE_n + x^{n-1}(b_{n-1}E_n) + \cdots + x^i(b_iE_n) + \cdots + x(b_1E_n) + b_0E_n$$

より

$$\begin{aligned}
i &= 0 &&: -AB_0 = b_0E_n \\
i &= 1, 2, \ldots, n-1 &&: B_{i-1} - AB_i = b_iE_n \\
i &= n &&: B_{n-1} = E_n
\end{aligned}$$

が得られる．この結果を A の固有多項式 (5.16) 式に対して (5.9) 式のように x を n 次正方行列 A と取り替えた $\Phi_A(A)$ に代入すると

$$\Phi_A(A) = A^n + b_{n-1}A^{n-1} + b_{n-2}A^{n-2} + \cdots + b_1 A + b_0 E_n$$

$$= A^n E_n + A^{n-1}(b_{n-1}E_n) + A^{n-2}(b_{n-2}E_n) + \cdots + A(b_1 E_n) + b_0 E_n$$

$$= A^n(B_{n-1}) + A^{n-1}(B_{n-2} - AB_{n-1}) + A^{n-2}(B_{n-3} - AB_{n-2})$$

$$+ \cdots + A(B_0 - AB_1) - AB_0$$

$$= O$$

という関係が得られる．すなわち

ステップ3：定理　**ハミルトン–ケーリーの定理**

n 次正方行列 A の固有多項式に対して $\Phi_A(A)$ は零行列であり，$p(A) = O$ となる多項式が存在しその 1 つの例が固有多項式である[8]．これをハミルトン–ケーリーの定理という．

ハミルトン–ケーリーの定理を利用すると行列のべき乗や行列の多項式が簡単に求まる場合がある．具体的な例でみてみよう．

例題 5.2

ハミルトン–ケーリーの定理を用いて行列 $A = \begin{pmatrix} -1 & -3 \\ 1 & 2 \end{pmatrix}$ について A^9 を計算せよ．

解答　固有多項式は

$$\Phi_A(x) = \begin{vmatrix} x+1 & 3 \\ -1 & x-2 \end{vmatrix} = (x+1)(x-2) + 3 = x^2 - x + 1$$

であるので，ハミルトン–ケーリーの定理により $A^2 - A + E_2 = O$ である．この式の両辺に $A + E_2$ を左からかけると $(A + E_2)(A^2 - A + E_2) = A^3 + E_2 = O$ より $A^3 = -E_2$ である．従って

$$A^9 = (A^3)^3 = (-E_2)^3 = -E_2. \qquad \square$$

✅ チェック問題 5.2　ハミルトン–ケーリーの定理を用いて行列 $A = \begin{pmatrix} -5 & -7 \\ 3 & 4 \end{pmatrix}$ について $2A^{13} + 2A^9 + A^8 + 2A^5 + A^4 + E_2$ を計算せよ．

---

[8]　ハミルトン–ケーリーの定理から固有多項式の次数は n である．また，$p(A) = O$ となる多項式 $p(x)$ のうち，次数が最も小さく，最高次係数が 1 である多項式を**最小多項式**という．詳細は参考文献 [3] を参照のこと．

5.2 線形変換の固有値，固有ベクトル
—線形変換の固有値，固有ベクトルの求め方を習得する

━━━ 線形変換の固有値，固有ベクトル ━━━

前節で学んだ行列の固有値，固有ベクトルをもとに本節では線形変換の固有値，固有ベクトルの求め方について学ぶ．線形変換の固有値，固有ベクトルについては，4章で説明した表現行列の固有値，固有ベクトルを計算することにより容易に求められる．この表現行列を用いて計算できる根拠は，異なる基底に関する各々の線形変換の同値な（相似な）表現行列の固有方程式が等しいことによる．このことに注意して，具体的な固有値，固有ベクトルの求め方を習得しよう．

　線形変換の固有値，固有ベクトルについて説明しよう．4章では主に R 上のベクトル空間 U の線形変換を考えてきたが，前節で示したように行列の固有値が虚数の場合もあり得る．従って本節以降は複素数体 C 上のベクトル空間も考える．そこでいずれの場合も考えることを考慮して K 上のベクトル空間と一般化して記述することにする．なお R もしくは C 上のベクトル空間のみを特定して考える場合にはそのように記述することとする．

ステップ4：キーポイント　線形変換の固有値，固有ベクトル

K 上のベクトル空間 U の線形変換

$$T : U \to U$$

に対して，零ベクトルでない $\boldsymbol{u} \in U$ とスカラー $\lambda \in K$ が存在して

$$T(\boldsymbol{u}) = \lambda \boldsymbol{u} \tag{5.17}$$

となるとき，λ を線形変換 T の**固有値**，$\boldsymbol{u}$ を固有値 λ に対する線形変換 T の**固有ベクトル**という．また固有値 λ に対する固有ベクトル全体に零ベクトルを加えたベクトル空間 W_λ を固有値 λ に対する**固有空間**という．

(5.17) 式から，T の固有ベクトル $\boldsymbol{u}$ は線形変換による像 $T(\boldsymbol{u})$ が $\boldsymbol{u}$ の λ 倍となるときであり，固有値はそのときの定数 λ である．

例 5.3　n 次正方行列 A によって定まる $\boldsymbol{K}^n$ の線形変換 T_A において (5.17) 式は

$$T_A(\boldsymbol{x}) = A\boldsymbol{x} = \lambda\boldsymbol{x}$$

とかけるので，線形変換 T_A の固有値，固有ベクトルは n 次正方行列 A の固有値，固有ベクトルである．またベクトル空間が $\boldsymbol{K}^n$ であるので固有値 $\lambda \in \boldsymbol{K}$ および固有ベクトル $\boldsymbol{x} \in \boldsymbol{K}^n$ となる．このように線形変換を考えているベクトル空間によって，行列 A の固有値，固有ベクトルがそのベクトル空間の中で与えられる．そのため，例題 5.1 を $T_A\colon \boldsymbol{R}^n \to \boldsymbol{R}^n$ としてみてみると，(1), (2) については A の固有値が実数であるので T_A の固有値が存在しているが，(3) については A の固有値は実数ではないので T_A の固有値は存在しない．ただし $T_A\colon \boldsymbol{C}^n \to \boldsymbol{C}^n$ と考えれば T_A の固有値は存在する．なお線形変換 T_A の固有多項式を $\Phi_A(x)$ とかくことにする．□

例題 5.3

行列 $A = \begin{pmatrix} 3 & 1 & 9 \\ -2 & -1 & -7 \\ 1 & 2 & 0 \end{pmatrix}$ によって定まるベクトル空間 U の線形変換 T_A について次の問に答えよ．

(1)　U が $\boldsymbol{R}^3$ のときの T_A の固有値を求めよ．

(2)　U が $\boldsymbol{C}^3$ のときの T_A の固有値を求めよ．

解答　行列 $A = \begin{pmatrix} 3 & 1 & 9 \\ -2 & -1 & -7 \\ 1 & 2 & 0 \end{pmatrix}$ の固有方程式は

$$
\begin{aligned}
\Phi_A(x) &= \begin{vmatrix} x-3 & -1 & -9 \\ 2 & x+1 & 7 \\ -1 & -2 & x \end{vmatrix} \\
&= \{x(x+1)(x-3) + 7 + 36\} - \{-14(x-3) - 2x + 9(x+1)\} \\
&= x^3 - 2x^2 + 4x - 8 \\
&= (x-2)(x-2i)(x+2i) \\
&= 0
\end{aligned}
$$

より行列 A の固有値は $\lambda_1 = 2$, $\lambda_2 = 2i$, $\lambda_3 = -2i$ である．

(1)　T_A の固有値は実数であるので固有値は $\lambda_1 = 2$ のみである．

(2)　$\lambda_1 = 2$ に加えて $\lambda_2 = 2i$, $\lambda_3 = -2i$ も固有値である．　　□

✅ チェック問題 5.3　$\boldsymbol{K}$ 上のベクトル空間 U の線形変換 T の固有値 λ に対する固有空間 W_λ は U の部分空間であることを示せ．

次に n 次元の一般の $\boldsymbol{K}$ 上のベクトル空間 U の線形変換 $T: U \to U$ の固有値と固有ベクトルを求める方法を説明する.

(5.17) 式の相異なる固有値 λ_i $(i = 1, 2, \ldots, s)$ に対する固有ベクトルを $\boldsymbol{u}_i$ とする. ここでベクトル空間 U の 1 組の基底 $\langle \boldsymbol{v}_1, \boldsymbol{v}_2, \ldots, \boldsymbol{v}_n \rangle$ を決めたときに定められる U から $\boldsymbol{K}^n$ への同型写像を φ とする. これによる $\boldsymbol{u}_i$ の座標ベクトルを

$$\boldsymbol{x}_i = \varphi(\boldsymbol{u}_i) = \begin{pmatrix} x_{1i} \\ x_{2i} \\ \vdots \\ x_{ni} \end{pmatrix}, \quad T(\boldsymbol{u}_i) \text{ の座標ベクトルを } \boldsymbol{y}_i = \varphi(T(\boldsymbol{u}_i)) \text{ および } T \text{ の基底}$$

$\langle \boldsymbol{v}_1, \boldsymbol{v}_2, \ldots, \boldsymbol{v}_n \rangle$ に関する表現行列 (n 次正方行列) を $A = \begin{pmatrix} a_{pq} \end{pmatrix}$ とすれば 4 章のステップ 10 から

$$\boldsymbol{y}_i = A\boldsymbol{x}_i$$

である. 従って (5.17) 式から

$$A\boldsymbol{x}_i = \lambda_i \boldsymbol{x}_i \tag{5.18}$$

が得られる. ここで T の固有ベクトル $\boldsymbol{u}_i \neq \boldsymbol{0}_U$ より $\boldsymbol{x}_i \neq \boldsymbol{0}$ であるから, T の固有値 λ_i は基底 $\langle \boldsymbol{v}_1, \boldsymbol{v}_2, \ldots, \boldsymbol{v}_n \rangle$ に関する表現行列 A の固有方程式

$$\Phi_A(x) = |xE_n - A| = 0$$

の特性根であり, A の固有ベクトル $\boldsymbol{x}_i$ は $\boldsymbol{u}_i$ の座標ベクトルである. 従って $\boldsymbol{u}_i$ は

$$\boldsymbol{u}_i = x_{1i}\boldsymbol{v}_1 + x_{2i}\boldsymbol{v}_2 + \cdots + x_{ni}\boldsymbol{v}_n$$

で与えられる.

逆に λ_i が行列 A の特性根であるとすると, 同次連立 1 次方程式 (5.18) は自明でない解 $\boldsymbol{x}_i$ をもつ. これを座標ベクトルとする U のベクトルを $\boldsymbol{u}_i$ とすれば $T(\boldsymbol{u}_i) = \lambda_i \boldsymbol{u}_i$ となることがわかる[9].

以上から λ_i が T 固有値である条件は, λ_i が表現行列 A の特性根となることである[10]. また行列の固有値, 固有ベクトルの場合と同じ手順で行えばよいので証明は省略するが, 線形写像 T の相異なる固有値に対する固有ベクトルは 1 次独立である.

次に U の別のもう 1 組の基底 $\langle \boldsymbol{v}_1', \boldsymbol{v}_2', \ldots, \boldsymbol{v}_n' \rangle$ に関する T の表現行列を B とするとき, A の固有多項式と B の固有多項式の関係について考えよう. 基底

---

[9] 各自確認せよ.

[10] 線形変換 T の固有多項式として Φ_T とかく場合もあるが, 本書では表現行列 A の固有多項式で表すことにする.

$\langle \boldsymbol{v}_1, \boldsymbol{v}_2, \ldots, \boldsymbol{v}_n \rangle$ から $\langle \boldsymbol{v}'_1, \boldsymbol{v}'_2, \ldots, \boldsymbol{v}'_n \rangle$ への基底の変換行列を P とするとき，(4.21) 式，例題 3.4 (1) および行列の積の行列式に関する性質 (3.8) 式を用いて

$$\Phi_B(x) = |xE_n - B| = |P^{-1}(xE_n)P - P^{-1}AP| = |P^{-1}(xE_n - A)P|$$
$$= |P^{-1}||xE_n - A||P| = |xE_n - A| = \Phi_A(x)$$

である[11]．従って A と B の固有方程式は同じであり，その特性根である固有値はともに線形写像 T の固有値である．

例題 5.4

線形変換 $T: \boldsymbol{R}[x]_2 \to \boldsymbol{R}[x]_2$,

$$T(f(x)) = f(x) + f''(0)(x - x^2) + f'(1)(1 - x^2) + f(0)(3 - 2x - x^2)$$

について次の問に答えよ．

(1) $\boldsymbol{R}[x]_2$ の基底 $\langle 1, x, x^2 \rangle$ に関する T の表現行列 A を求めよ．

(2) T の固有値と固有ベクトルを求めよ．

解答 (1)

$$T(1) = 1 + 0(x - x^2) + 0(1 - x^2) + 1(3 - 2x - x^2) = 4 - 2x - x^2,$$
$$T(x) = x + 0(x - x^2) + 1(1 - x^2) + 0(3 - 2x - x^2) = 1 + x - x^2,$$
$$T(x^2) = x^2 + 2(x - x^2) + 2(1 - x^2) + 0(3 - 2x - x^2) = 2 + 2x - 3x^2$$

より表現行列は $A = \begin{pmatrix} 4 & 1 & 2 \\ -2 & 1 & 2 \\ -1 & -1 & -3 \end{pmatrix}$ である．

(2) A の固有方程式は

$$\Phi_A(x) = \begin{vmatrix} x-4 & -1 & -2 \\ 2 & x-1 & -2 \\ 1 & 1 & x+3 \end{vmatrix}$$
$$= \{(x-4)(x-1)(x+3) + 2 - 4\} - \{-2(x-4) - 2(x+3) - 2(x-1)\}$$
$$= x^3 - 2x^2 - 5x + 6 = (x-1)(x+2)(x-3) = 0$$

より行列 A の固有値は $\lambda_1 = 3$, $\lambda_2 = 1$, $\lambda_3 = -2$ である．それぞれの固有値に対する A の固有ベクトルを求める．

---

[11] 一般に n 次正方行列 A に対して正則行列 P が存在して $B = P^{-1}AP$ という関係があるとき，A と B は**同値**である，あるいは**相似**であるという．本書では同値に統一する．(4.21) 式で表される基底の変換行列を P としたときの線形変換 T の 2 つの表現行列は同値である．

(i) 固有値 $\lambda_1 = 3$ に対する A の固有ベクトル

$$\boldsymbol{x}_1 = \begin{pmatrix} x_{11} \\ x_{21} \\ x_{31} \end{pmatrix}$$

について

$$(3E_3 - A)\boldsymbol{x}_1 = \begin{pmatrix} -1 & -1 & -2 \\ 2 & 2 & -2 \\ 1 & 1 & 6 \end{pmatrix} \begin{pmatrix} x_{11} \\ x_{21} \\ x_{31} \end{pmatrix} = \boldsymbol{0}$$

の係数行列 $\begin{pmatrix} -1 & -1 & -2 \\ 2 & 2 & -2 \\ 1 & 1 & 6 \end{pmatrix}$ の簡約化は $\begin{pmatrix} 1 & 1 & 0 \\ 0 & 0 & 1 \\ 0 & 0 & 0 \end{pmatrix}$ となるから簡約化が示す連立1次

方程式は $\begin{cases} x_{11} + x_{21} = 0 \\ x_{31} = 0 \end{cases}$ である. 主成分に対応しない未知数について $x_{21} = C$ と

おくと固有ベクトルは

$$\boldsymbol{x}_1 = \begin{pmatrix} -C \\ C \\ 0 \end{pmatrix} \quad (C \text{ は } 0 \text{ でない任意定数}).$$

この $\boldsymbol{x}_1$ が座標ベクトルであるので, T の固有値 $\lambda_1 = 3$ に対する固有ベクトルは

$$f_1(x) = -C + Cx$$
$$= C(-1 + x) \quad (C \text{ は } 0 \text{ でない任意定数}).$$

(ii) 固有値 $\lambda_2 = 1$ に対する A の固有ベクトル

$$\boldsymbol{x}_2 = \begin{pmatrix} x_{12} \\ x_{22} \\ x_{32} \end{pmatrix}$$

について

$$(1E_3 - A)\boldsymbol{x}_2 = \begin{pmatrix} -3 & -1 & -2 \\ 2 & 0 & -2 \\ 1 & 1 & 4 \end{pmatrix} \begin{pmatrix} x_{12} \\ x_{22} \\ x_{32} \end{pmatrix} = \boldsymbol{0}$$

の係数行列 $\begin{pmatrix} -3 & -1 & -2 \\ 2 & 0 & -2 \\ 1 & 1 & 4 \end{pmatrix}$ の簡約化は $\begin{pmatrix} 1 & 0 & -1 \\ 0 & 1 & 5 \\ 0 & 0 & 0 \end{pmatrix}$ となるから簡約化が示す連立1次

方程式は $\begin{cases} x_{12} - x_{32} = 0 \\ x_{22} + 5x_{32} = 0 \end{cases}$ である. 主成分に対応しない未知数について $x_{32} = C$

とおくと固有ベクトルは

$$\boldsymbol{x}_2 = \begin{pmatrix} C \\ -5C \\ C \end{pmatrix} \quad (C \text{ は } 0 \text{ でない任意定数}).$$

この $\boldsymbol{x}_2$ が座標ベクトルであるので, T の固有値 $\lambda_2 = 1$ に対する固有ベクトルは

$$f_2(x) = C - 5Cx + Cx^2$$
$$= C(1 - 5x + x^2) \quad (C \text{ は } 0 \text{ でない任意定数}).$$

(iii) 固有値 $\lambda_3 = -2$ に対する A の固有ベクトル

$$\boldsymbol{x}_3 = \begin{pmatrix} x_{13} \\ x_{23} \\ x_{33} \end{pmatrix}$$

について

$$(-2E_3 - A)\boldsymbol{x}_3 = \begin{pmatrix} -6 & -1 & -2 \\ 2 & -3 & -2 \\ 1 & 1 & 1 \end{pmatrix} \begin{pmatrix} x_{13} \\ x_{23} \\ x_{33} \end{pmatrix} = \boldsymbol{0}$$

の係数行列 $\begin{pmatrix} -6 & -1 & -2 \\ 2 & -3 & -2 \\ 1 & 1 & 1 \end{pmatrix}$ の簡約化は $\begin{pmatrix} 1 & 0 & \frac{1}{5} \\ 0 & 1 & \frac{4}{5} \\ 0 & 0 & 0 \end{pmatrix}$ となるから簡約化が示す連立 1 次

方程式は $\begin{cases} x_{13} + \frac{1}{5}x_{33} = 0 \\ x_{23} + \frac{4}{5}x_{33} = 0 \end{cases}$ である. 主成分に対応しない未知数について $x_{33} = C$

とおくと固有ベクトルは

$$\boldsymbol{x}_3 = \begin{pmatrix} -\frac{1}{5}C \\ -\frac{4}{5}C \\ C \end{pmatrix} \quad (C \text{ は } 0 \text{ でない任意定数}).$$

この $\boldsymbol{x}_3$ が座標ベクトルであるので, T の固有値 $\lambda_3 = -2$ に対する固有ベクトルは

$$f_3(x) = -\frac{1}{5}C - \frac{4}{5}Cx + Cx^2$$
$$= C\left(-\frac{1}{5} - \frac{4}{5}x + x^2\right) \quad (C \text{ は } 0 \text{ でない任意定数}). \qquad \square$$

✅ チェック問題 5.4 線形変換

$$T: \boldsymbol{R}[x]_2 \to \boldsymbol{R}[x]_2, \quad T(f(x)) = f(x+1) + xf'(x) - f''(x)x^2$$

について次の問に答えよ.

(1) $\boldsymbol{R}[x]_2$ の基底 $\langle 1, x, x^2 \rangle$ に関する T の表現行列 A を求めよ.

(2) T の固有値と固有ベクトルを求めよ.

5.3 行列の対角化
─行列の対角化ができる条件を理解し，具体的な対角化手法を習得する

━━━━━━━━━━━━━ **行列の対角化** ━━━━━━━━━━━━━

　本節では行列の対角化について学ぶ．すべての行列が対角化可能ではないが，対角化可能であれば固有ベクトルを基底にとることによって線形変換の像を簡便に表現することができ，その性質を理解することが容易になる．また対角化は行列のべき乗を計算する上でも効果的であり，線形連立微分方程式の解を構成する上での基礎となるものである．

(I)　行列の対角化

　行列の対角化を考える上でまず典型的な例を用いて説明しよう．

例 5.4　n 次正方行列 A の固有値 $\lambda_i \in \boldsymbol{K}$ $(i = 1, 2, \ldots, n)$ がすべて異なる場合を考える．それぞれの固有値に対する A の固有列ベクトル $\boldsymbol{x}_i$ を

$$P = \left(\begin{array}{cccc} \boldsymbol{x}_1 & \boldsymbol{x}_2 & \cdots & \boldsymbol{x}_n \end{array} \right)$$

のように並べて行列を分割表現したとき，

$$AP = \left(\begin{array}{cccc} A\boldsymbol{x}_1 & A\boldsymbol{x}_2 & \cdots & A\boldsymbol{x}_n \end{array} \right) = \left(\begin{array}{cccc} \lambda_1\boldsymbol{x}_1 & \lambda_2\boldsymbol{x}_2 & \cdots & \lambda_n\boldsymbol{x}_n \end{array} \right)$$

$$= \left(\begin{array}{cccc} \boldsymbol{x}_1 & \boldsymbol{x}_2 & \cdots & \boldsymbol{x}_n \end{array} \right) \begin{pmatrix} \lambda_1 & 0 & \cdots & 0 \\ 0 & \lambda_2 & \ddots & \vdots \\ \vdots & \ddots & \ddots & 0 \\ 0 & \cdots & 0 & \lambda_n \end{pmatrix} = PB \qquad (5.19)$$

が成り立つ．ここで相異なる固有値に対する固有ベクトルは1次独立であり P は正則行列であるので，(5.19) 式の両辺に左から P^{-1} をかけると

$$B = P^{-1}AP = \begin{pmatrix} \lambda_1 & 0 & \cdots & 0 \\ 0 & \lambda_2 & \ddots & \vdots \\ \vdots & \ddots & \ddots & 0 \\ 0 & \cdots & 0 & \lambda_n \end{pmatrix} \qquad (5.20)$$

と対角行列 B が得られる．　　　　　　　　　　　　　　　　　　　□

このように正方行列 A が与えられたとき，$\boldsymbol{K}$ 上で正則行列 P が存在して $B = P^{-1}AP$ が対角行列になるとき，A は $\boldsymbol{K}$ 上**対角化可能**であるといい，A は P によって対角化されるという．また行列 A に対して (5.20) 式の P と B を求めることを A を**対角化**するという．A はいつでも対角化できるとは限らない．

次に $\boldsymbol{K}$ 上の n 次元のベクトル空間 U の線形変換 $T: U \to U$ が上記の例 5.4 と同じ固有値（相異なる λ_i（$i = 1, 2, \ldots, n$））をもつ場合を考えよう．U の 1 つの基底 $\langle \boldsymbol{v}_1, \boldsymbol{v}_2, \ldots, \boldsymbol{v}_n \rangle$ に関する表現行列を $A = \left(a_{ij} \right)$ とする．一方相異なる n 個の固有値に対する n 個の固有ベクトルは 1 次独立であるので，もう 1 組の基底として固有ベクトル $\langle \boldsymbol{u}_1, \boldsymbol{u}_2, \ldots, \boldsymbol{u}_n \rangle$ を選んでこの基底に関する表現行列を B とする．$\langle \boldsymbol{v}_1, \boldsymbol{v}_2, \ldots, \boldsymbol{v}_n \rangle$ から $\langle \boldsymbol{u}_1, \boldsymbol{u}_2, \ldots, \boldsymbol{u}_n \rangle$ への基底の変換行列を P とすると A と B は同値なので，前節で説明したように A と B の固有値は等しい．固有値 λ_i に対する A の固有ベクトルを $\boldsymbol{x}_i = \begin{pmatrix} x_{1i} \\ x_{2i} \\ \vdots \\ x_{ni} \end{pmatrix}$ とすると，これは固有値 λ_i に対する線形変換 T の固有ベクトル $\boldsymbol{u}_i$ の基底 $\langle \boldsymbol{v}_1, \boldsymbol{v}_2, \ldots, \boldsymbol{v}_n \rangle$ に関する座標ベクトルであり

$$\boldsymbol{u}_i = x_{1i}\boldsymbol{v}_1 + x_{2i}\boldsymbol{v}_2 + \cdots + x_{ni}\boldsymbol{v}_n \quad (i = 1, 2, \ldots, n) \tag{5.21}$$

とかかれる．従って (5.21) 式は 2 つの基底の関係（1 次結合表現）を表しており，基底 $\langle \boldsymbol{v}_1, \boldsymbol{v}_2, \ldots, \boldsymbol{v}_n \rangle$ から $\langle \boldsymbol{u}_1, \boldsymbol{u}_2, \ldots, \boldsymbol{u}_n \rangle$ への基底の変換行列は

$$P = \left(\boldsymbol{x}_1 \ \ \boldsymbol{x}_2 \ \ \cdots \ \ \boldsymbol{x}_n \right)$$

である．この P によって表現行列 A は (5.20) 式のように対角化され，対角行列 B（基底を $\langle \boldsymbol{u}_1, \boldsymbol{u}_2, \ldots, \boldsymbol{u}_n \rangle$ とした場合の表現行列）が得られる[12]．

ここで 2 つの基底：$\langle \boldsymbol{v}_1, \boldsymbol{v}_2, \ldots, \boldsymbol{v}_n \rangle$ と $\langle \boldsymbol{u}_1, \boldsymbol{u}_2, \ldots, \boldsymbol{u}_n \rangle$ について，U の任意のベクトル

$$\boldsymbol{v} = \alpha_1\boldsymbol{v}_1 + \alpha_2\boldsymbol{v}_2 + \cdots + \alpha_n\boldsymbol{v}_n = \beta_1\boldsymbol{u}_1 + \beta_2\boldsymbol{u}_2 + \cdots + \beta_n\boldsymbol{u}_n$$

の変換 T による像を比べてみよう．基底 $\langle \boldsymbol{v}_1, \boldsymbol{v}_2, \ldots, \boldsymbol{v}_n \rangle$ の場合には

$$T(\boldsymbol{v}) = \alpha_1 T(\boldsymbol{v}_1) + \alpha_2 T(\boldsymbol{v}_2) + \cdots + \alpha_n T(\boldsymbol{v}_n)$$

$$= \left(\sum_{i=1}^{n} a_{1i}\alpha_i \right) \boldsymbol{v}_1 + \left(\sum_{i=1}^{n} a_{2i}\alpha_i \right) \boldsymbol{v}_2 + \cdots + \left(\sum_{i=1}^{n} a_{ni}\alpha_i \right) \boldsymbol{v}_n$$

---

[12] 表現行列 B の固有値 λ_i に対する固有ベクトルは標準基底の $\boldsymbol{e}_i$ である．

となるが，固有ベクトルの基底 $\langle \boldsymbol{u}_1, \boldsymbol{u}_2, \ldots, \boldsymbol{u}_n \rangle$ の場合には

$$
\begin{aligned}
T(\boldsymbol{v}) &= \beta_1 T(\boldsymbol{u}_1) + \beta_2 T(\boldsymbol{u}_2) + \cdots + \beta_n T(\boldsymbol{u}_n) \\
&= \beta_1 \lambda_1 \boldsymbol{u}_1 + \beta_2 \lambda_2 \boldsymbol{u}_2 + \cdots + \beta_n \lambda_n \boldsymbol{u}_n
\end{aligned}
\tag{5.22}
$$

とはるかに簡単であり，幾何的には固有ベクトルの方向が固有値のスカラー倍となることから変換による像の性質（変換の意味）がわかりやすくなる．つまり固有ベクトル $\boldsymbol{u}_i$ $(i = 1, 2, \ldots, n)$ に着目することにより，変換 T を行った後の状態も比較的簡単に把握できるということである．

前節の例題 5.4 について確認してみよう．

例題 5.5

例題 5.4 の線形変換 $T\colon \boldsymbol{R}[x]_2 \to \boldsymbol{R}[x]_2$ と $\boldsymbol{R}[x]_2$ の任意のベクトル $f(x) = \alpha_0 + \alpha_1 x + \alpha_2 x^2$ について次の問に答えよ．

(1) $\boldsymbol{R}[x]_2$ の基底 $\langle 1, x, x^2 \rangle$ で表現したとき T の像を求めよ．

(2) 基底を T の固有ベクトル $\langle f_1(x), f_2(x), f_3(x) \rangle$（$f_i(x)$ は T の固有値 λ_i に対する固有ベクトル）で表現したとき T の像を求めよ．

解答 (1) 表現行列 $A = \begin{pmatrix} 4 & 1 & 2 \\ -2 & 1 & 2 \\ -1 & -1 & -3 \end{pmatrix}$ であるから

$$
\begin{aligned}
T(f(x)) &= \alpha_0 T(1) + \alpha_1 T(x) + \alpha_2 T(x^2) \\
&= \alpha_0(4 - 2x - x^2) + \alpha_1(1 + x - x^2) + \alpha_2(2 + 2x - 3x^2) \\
&= (4\alpha_0 + \alpha_1 + 2\alpha_2) + (-2\alpha_0 + \alpha_1 + 2\alpha_2)x + (-\alpha_0 - \alpha_1 - 3\alpha_2)x^2.
\end{aligned}
$$

(2) 例えば

$$
\begin{aligned}
f_1(x) &= -1 + x & (C = 1 \text{ とした}), \\
f_2(x) &= 1 - 5x + x^2 & (C = 1 \text{ とした}), \\
f_3(x) &= -1 - 4x + 5x^2 & (C = 5 \text{ とした})
\end{aligned}
$$

となる基底を選べば変換行列は $P = \begin{pmatrix} -1 & 1 & -1 \\ 1 & -5 & -4 \\ 0 & 1 & 5 \end{pmatrix}$ であり，

$$
\begin{aligned}
T(f(x)) &= \beta_1 T(f_1(x)) + \beta_2 T(f_2(x)) + \beta_3 T(f_3(x)) \\
&= 3\beta_1 f_1(x) + \beta_2 f_2(x) - 2\beta_3 f_3(x) \\
&= 3\beta_1(-1 + x) + \beta_2(1 - 5x + x^2) - 2\beta_3(1 - 4x + 5x^2). \qquad \square
\end{aligned}
$$

(II) 対角化できる条件

n 次正方行列 A が $\boldsymbol{K}$ 上対角化できる条件を調べよう．本節の冒頭の説明で取り上げた例 5.4 のように正方行列 A の固有値がすべて $\boldsymbol{K}$ の元で異なる場合には，n 個の 1 次独立な $\boldsymbol{K}^n$ の固有列ベクトルが存在するので，それらを並べた正則行列 P によって A は対角化できる．以下に $\boldsymbol{K}$ の元の固有値が重複している場合も含めた対角化の条件について，特に対角化において各固有値に対する固有空間の満たすべき条件について次の (A)〜(C) の条件に沿って具体的に説明していこう．

(A) 相異なる固有値を $\lambda_1, \lambda_2, \ldots, \lambda_s$ $(s \le n)$ とする．このとき行列 A の n 個の 1 次独立な固有列ベクトル $\boldsymbol{y}_1, \boldsymbol{y}_2, \ldots, \boldsymbol{y}_n$，$A\boldsymbol{y}_i = \lambda_i \boldsymbol{y}_i$（$\lambda_i$ は $\lambda_1, \lambda_2, \ldots, \lambda_s$ のいずれか）が存在すれば，それらを並べた行列を P として (5.19) 式および (5.20) 式と同様にして A を対角化できる．

(B) n 次正方行列 A の相異なる固有値 λ_1（代数的重複度 k_1），λ_2（代数的重複度 k_2），$\ldots$，λ_s（代数的重複度 k_s）のそれぞれに対する固有空間を $W_{\lambda_1}, W_{\lambda_2}, \ldots, W_{\lambda_s}$ とし，それらの次元をそれぞれ $l_1, l_2, \ldots, l_s$ とする．これらの l_i を固有値 λ_i の**幾何的重複度**という．A の固有値各々について，幾何的重複度 l_i は代数的重複度 k_i を超えない（証明略）．

(C) すべての相異なる固有値に対する固有空間の基底をまとめたベクトルの 1 次関係

$$(c_{11}\boldsymbol{x}_{11} + c_{12}\boldsymbol{x}_{12} + \cdots + c_{1l_1}\boldsymbol{x}_{1l_1}) + (c_{21}\boldsymbol{x}_{21} + c_{22}\boldsymbol{x}_{22} + \cdots + c_{2l_2}\boldsymbol{x}_{2l_2})$$
$$+ \cdots + (c_{s1}\boldsymbol{x}_{s1} + c_{s2}\boldsymbol{x}_{s2} + \cdots + c_{sl_s}\boldsymbol{x}_{sl_s}) = \boldsymbol{0} \quad (c_{ij} \in \boldsymbol{K}) \tag{5.23}$$

を考える．簡単のため

$$\boldsymbol{x}_i = c_{i1}\boldsymbol{x}_{i1} + c_{i2}\boldsymbol{x}_{i2} + \cdots + c_{il_i}\boldsymbol{x}_{il_i}$$

のように各固有空間の基底の 1 次結合をまとめておくと，(5.23) 式は

$$\boldsymbol{x}_1 + \boldsymbol{x}_2 + \cdots + \boldsymbol{x}_s = \boldsymbol{0} \tag{5.24}$$

となる．ここで (5.24) 式に対して，5.1 節での「相異なる固有値に対する固有ベクトルは 1 次独立である」ことを示した手順（(5.10)〜(5.13) 式等参照）と同様に考えれば，

$$\boldsymbol{x}_i = \boldsymbol{0} \quad (i = 1, 2, \ldots, s)$$

が得られる．これから

$$\boldsymbol{x}_i = c_{i1}\boldsymbol{x}_{i1} + c_{i2}\boldsymbol{x}_{i2} + \cdots + c_{il_i}\boldsymbol{x}_{il_i} = \boldsymbol{0}$$

において $\langle \boldsymbol{x}_{i1}, \boldsymbol{x}_{i2}, \ldots, \boldsymbol{x}_{il_i} \rangle$ は固有空間 W_{λ_i} の基底であり 1 次独立であるから

$$c_{i1} = c_{i2} = \cdots = c_{il_i} = 0$$

である．よってすべての相異なる固有値に対する固有空間の基底をまとめたベクトルは 1 次独立である．

　以上から，すべての固有値の幾何的重複度と代数的重複度が等しい（$k_i = l_i$（$i = 1, 2, \ldots, s$））場合には

$$k_1 + k_2 + \cdots + k_s = l_1 + l_2 + \cdots + l_s = n \tag{5.25}$$

であり，(C) より n 個の固有ベクトルは 1 次独立である．従って対角化のための n 個の 1 次独立な固有列ベクトルが得られたことになり，A は対角化可能である．また逆に A が対角化可能である場合には，n 個の 1 次独立な固有列ベクトルを並べた正則行列 P が存在するが，(B), (C) からそれぞれの固有値の幾何的重複度と代数的重複度は等しく，すべての固有値の重複度を加えると n になる．以上まとめると

ステップ5：定理　正方行列が対角化可能である条件

n 次正方行列 A が $\boldsymbol{K}$ 上対角化可能である必要十分条件は，A が 1 次独立な n 個の $\boldsymbol{K}^n$ の固有ベクトルをもつこと，すなわち A のすべての固有値の代数的重複度と幾何的重複度が一致することである．このときすべての相異なる固有値に対する固有空間の基底をまとめた n 個の固有列ベクトルを並べて

$$P = \begin{pmatrix} \boldsymbol{x}_{11} & \cdots & \boldsymbol{x}_{1k_1} & \boldsymbol{x}_{21} & \cdots & \boldsymbol{x}_{2k_2} & \cdots & \boldsymbol{x}_{s1} & \cdots & \boldsymbol{x}_{sk_s} \end{pmatrix}$$

とすると A の対角化は

$$B = P^{-1}AP = \begin{pmatrix} \lambda_1 & & & & & & & & \\ & \ddots & & & & & \text{\Large 0} & & \\ & & \lambda_1 & & & & & & \\ & & & \lambda_2 & & & & & \\ & & & & \ddots & & & & \\ & & & & & \lambda_2 & & & \\ & & & & & & \ddots & & \\ & \text{\Large 0} & & & & & & \lambda_s & \\ & & & & & & & & \ddots \\ & & & & & & & & & \lambda_s \end{pmatrix} \tag{5.26}$$

（λ_1：k_1 個，λ_2：k_2 個，λ_s：k_s 個）

となる[13]. ここで (5.26) 式の右辺の対角行列において, λ_1 の対角成分の個数は k_1 個, λ_2 の対角成分の個数は k_2 個, $\cdots$, λ_s の対角成分の個数は k_s 個のように重複度の個数分だけ並ぶ.

──例題 5.6──

次の行列が $\boldsymbol{R}$ 上対角化できるかどうか調べ, 対角化可能である場合には $P^{-1}AP = B$ の正則行列 P と対角行列 B を求めよ.

(1) $A = \begin{pmatrix} 1 & -1 & -1 \\ 2 & 2 & 1 \\ -2 & 0 & 1 \end{pmatrix}$ (2) $A = \begin{pmatrix} -2 & -4 & -8 \\ 1 & 3 & 2 \\ 2 & 2 & 6 \end{pmatrix}$

解答 (1) 固有方程式は

$$\Phi_A(x) = \begin{vmatrix} x-1 & 1 & 1 \\ -2 & x-2 & -1 \\ 2 & 0 & x-1 \end{vmatrix}$$

$$= \{(x-1)^2(x-2) - 2\} - \{-2(x-1) + 2(x-2)\}$$

$$= (x-1)^2(x-2) = 0$$

より固有値 $\lambda_1 = 1$ (代数的重複度 2), $\lambda_2 = 2$ (代数的重複度 1) である.

(i) 固有値 $\lambda_1 = 1$ に対する固有ベクトル $\boldsymbol{y}_1 = \begin{pmatrix} y_{11} \\ y_{21} \\ y_{31} \end{pmatrix}$ について

$$(E_3 - A)\boldsymbol{y}_1 = \begin{pmatrix} 0 & 1 & 1 \\ -2 & -1 & -1 \\ 2 & 0 & 0 \end{pmatrix} \begin{pmatrix} y_{11} \\ y_{21} \\ y_{31} \end{pmatrix} = \boldsymbol{0}$$

の係数行列 $\begin{pmatrix} 0 & 1 & 1 \\ -2 & -1 & -1 \\ 2 & 0 & 0 \end{pmatrix}$ の簡約化は $\begin{pmatrix} 1 & 0 & 0 \\ 0 & 1 & 1 \\ 0 & 0 & 0 \end{pmatrix}$ となるから簡約化が示す連立 1 次方程式は $\begin{cases} y_{11} = 0 \\ y_{21} + y_{31} = 0 \end{cases}$ である. 主成分に対応しない未知数について $y_{31} = C$ とおくと固有ベクトルは

$$\boldsymbol{y}_1 = C \begin{pmatrix} 0 \\ -1 \\ 1 \end{pmatrix} \quad (C \text{ は } 0 \text{ でない任意定数}).$$

---

[13] 正則行列 P の固有ベクトルの並べ方によって対角行列の対角成分の順序が変わるので注意しよう.

よって固有値 $\lambda_1 = 1$ に対する固有空間は

$$W_{\lambda_1} = \left\{ C \begin{pmatrix} 0 \\ -1 \\ 1 \end{pmatrix} \,\middle|\, C \in \boldsymbol{R} \right\}$$

であるので，W_{λ_1} の次元（幾何的重複度）は 1 である．従って幾何的重複度が代数的重複度より小さいので対角化できない[14]．

(2)　固有方程式は

$$\Phi_A(x) = \begin{vmatrix} x+2 & 4 & 8 \\ -1 & x-3 & -2 \\ -2 & -2 & x-6 \end{vmatrix}$$

$$= \{(x+2)(x-3)(x-6)+16+16\} - \{4(x+2)-4(x-6)-16(x-3)\}$$

$$= x^3 - 7x^2 + 16x - 12 = (x-2)^2(x-3) = 0$$

より固有値 $\lambda_1 = 2$（代数的重複度 2），$\lambda_2 = 3$（代数的重複度 1）である．

(i)　固有値 $\lambda_1 = 2$ に対する固有ベクトル $\boldsymbol{y}_1 = \begin{pmatrix} y_{11} \\ y_{21} \\ y_{31} \end{pmatrix}$ について

$$(2E_3 - A)\boldsymbol{y}_1 = \begin{pmatrix} 4 & 4 & 8 \\ -1 & -1 & -2 \\ -2 & -2 & -4 \end{pmatrix} \begin{pmatrix} y_{11} \\ y_{21} \\ y_{31} \end{pmatrix} = \boldsymbol{0}$$

の係数行列 $\begin{pmatrix} 4 & 4 & 8 \\ -1 & -1 & -2 \\ -2 & -2 & -4 \end{pmatrix}$ の簡約化は $\begin{pmatrix} 1 & 1 & 2 \\ 0 & 0 & 0 \\ 0 & 0 & 0 \end{pmatrix}$ となるから簡約化が示す連立 1 次方程式は $y_{11} + y_{21} + 2y_{31} = 0$ である．主成分に対応しない未知数について $y_{21} = C_1$，$y_{31} = C_2$ とおくと固有ベクトルは

$$\boldsymbol{y}_1 = C_1 \begin{pmatrix} -1 \\ 1 \\ 0 \end{pmatrix} + C_2 \begin{pmatrix} -2 \\ 0 \\ 1 \end{pmatrix} \quad (C_1, C_2 \text{ は同時に } 0 \text{ でない任意定数}).$$

よって固有値 $\lambda_1 = 2$ に対する固有空間は

$$W_{\lambda_1} = \left\{ C_1 \begin{pmatrix} -1 \\ 1 \\ 0 \end{pmatrix} + C_2 \begin{pmatrix} -2 \\ 0 \\ 1 \end{pmatrix} \,\middle|\, C_1, C_2 \in \boldsymbol{R} \right\}$$

であるので，W_{λ_1} の次元（幾何的重複度）は 2 である．従って幾何的重複度と代数的重複度は等しい．W_{λ_1} の 1 組の基底を次のようにおく．

---

[14] 対角化可能かどうかの判断については，代数的重複度が 2 以上の固有値について先に固有ベクトルを求めて幾何的重複度を調べればよい．

$$\langle \boldsymbol{x}_{11}, \boldsymbol{x}_{12} \rangle = \left\langle \begin{pmatrix} -1 \\ 1 \\ 0 \end{pmatrix}, \begin{pmatrix} -2 \\ 0 \\ 1 \end{pmatrix} \right\rangle.$$

(ii) 固有値 $\lambda_2 = 3$ に対する固有ベクトル $\boldsymbol{y}_2 = \begin{pmatrix} y_{12} \\ y_{22} \\ y_{32} \end{pmatrix}$ について

$$(3E_3 - A)\boldsymbol{y}_2 = \begin{pmatrix} 5 & 4 & 8 \\ -1 & 0 & -2 \\ -2 & -2 & -3 \end{pmatrix} \begin{pmatrix} y_{12} \\ y_{22} \\ y_{32} \end{pmatrix} = \boldsymbol{0}$$

の係数行列 $\begin{pmatrix} 5 & 4 & 8 \\ -1 & 0 & -2 \\ -2 & -2 & -3 \end{pmatrix}$ の簡約化は $\begin{pmatrix} 1 & 0 & 2 \\ 0 & 1 & -\frac{1}{2} \\ 0 & 0 & 0 \end{pmatrix}$ となるから簡約化が示す連

立 1 次方程式は $\begin{cases} y_{12} + 2y_{32} = 0 \\ y_{22} - \frac{1}{2}y_{32} = 0 \end{cases}$ である．主成分に対応しない未知数について

$y_{32} = C$ とおくと固有ベクトルは

$$\boldsymbol{y}_2 = C \begin{pmatrix} -2 \\ \frac{1}{2} \\ 1 \end{pmatrix} \quad (C \text{ は } 0 \text{ でない任意定数}).$$

よって固有値 $\lambda_2 = 3$ に対する固有空間は

$$W_{\lambda_2} = \left\{ C \begin{pmatrix} -2 \\ \frac{1}{2} \\ 1 \end{pmatrix} \,\middle|\, C \in \boldsymbol{R} \right\}$$

であるので，W_{λ_2} の次元（幾何的重複度）は 1 である．従って幾何的重複度と代数
的重複度は等しい．W_{λ_2} の 1 組の基底を次のようにおく．

$$\langle \boldsymbol{x}_{21} \rangle = \left\langle \begin{pmatrix} -2 \\ \frac{1}{2} \\ 1 \end{pmatrix} \right\rangle.$$

(i), (ii) よりすべての固有値の幾何的重複度と代数的重複度が等しいので $\boldsymbol{R}$ 上対
角化可能である．正則行列 $P = \begin{pmatrix} \boldsymbol{x}_{11} & \boldsymbol{x}_{12} & \boldsymbol{x}_{21} \end{pmatrix} = \begin{pmatrix} -1 & -2 & -2 \\ 1 & 0 & \frac{1}{2} \\ 0 & 1 & 1 \end{pmatrix}$ とおくと

$$P^{-1}AP = B = \begin{pmatrix} 2 & 0 & 0 \\ 0 & 2 & 0 \\ 0 & 0 & 3 \end{pmatrix}. \qquad \Box$$

⚫ **チェック問題 5.5** 次の行列が $\boldsymbol{R}$ 上対角化できるかどうか調べ，対角化可能である場合には $P^{-1}AP = B$ の正則行列 P と対角行列 B を求めよ．

(1) $A = \begin{pmatrix} 4 & 4 & 3 \\ 2 & 11 & 6 \\ 0 & 0 & 3 \end{pmatrix}$ (2) $A = \begin{pmatrix} 4 & 0 & 5 \\ -1 & 3 & 0 \\ 1 & 1 & -1 \end{pmatrix}$

(III) 対角化を利用した行列のべき乗の計算

正方行列が対角化可能であるとき，対角行列のべき乗が簡単に得られるため，これを利用してもとの行列のべき乗が得られる．

ステップ6：キーポイント　行列のべき乗

n 次正方行列 A に対して，重複も含めた固有値 $\lambda_1, \lambda_2, \ldots, \lambda_n$ に対する 1 次独立な n 個の固有列ベクトルを並べた正則行列 P が存在して，$B = P^{-1}AP$ が (5.20) 式のように対角化できるとする．このとき例 1.10 より正の整数 p に対して

$$B^p = \begin{pmatrix} \lambda_1^p & 0 & \cdots & 0 \\ 0 & \lambda_2^p & \ddots & \vdots \\ \vdots & \ddots & \ddots & 0 \\ 0 & \cdots & 0 & \lambda_n^p \end{pmatrix}$$

$$= (P^{-1}AP)^p$$

$$= \overbrace{(P^{-1}AP)(P^{-1}AP)(P^{-1}AP)\cdots(P^{-1}AP)(P^{-1}AP)}^{p\text{個}}$$

$$= P^{-1}\overbrace{A(PP^{-1})A(PP^{-1})\cdots A(PP^{-1})A}^{A\text{が}p\text{個}}P$$

$$= P^{-1}A^pP$$

となるので，この式に左から P，右から P^{-1} をかけると次が得られる．

$$A^p = PB^pP^{-1}. \tag{5.27}$$

─**例題 5.7**─

行列 $A = \begin{pmatrix} -3 & -2 \\ 1 & 0 \end{pmatrix}$ が $\boldsymbol{R}$ 上対角化できるかどうか調べ，対角化可能である場合には $P^{-1}AP = B$ の正則行列 P と対角行列 B を求めよ．さらに正の整数 p に対して A^p を求めよ．

解答 固有方程式は

$$\Phi_A(x) = \begin{vmatrix} x+3 & 2 \\ -1 & x \end{vmatrix} = x(x+3) + 2 = (x+1)(x+2) = 0$$

より固有値 $\lambda_1 = -1$（代数的重複度 1），$\lambda_2 = -2$（代数的重複度 1）である．

(i) 固有値 $\lambda_1 = -1$ に対する固有ベクトル $\boldsymbol{y}_1 = \begin{pmatrix} y_{11} \\ y_{21} \end{pmatrix}$ について

$$(-E_2 - A)\boldsymbol{y}_1 = \begin{pmatrix} 2 & 2 \\ -1 & -1 \end{pmatrix} \begin{pmatrix} y_{11} \\ y_{21} \end{pmatrix} = \boldsymbol{0}$$

の係数行列 $\begin{pmatrix} 2 & 2 \\ -1 & -1 \end{pmatrix}$ の簡約化は $\begin{pmatrix} 1 & 1 \\ 0 & 0 \end{pmatrix}$ となるから簡約化が示す連立 1 次方程式は $y_{11} + y_{21} = 0$ である．主成分に対応しない未知数について $y_{21} = C$ とおくと固有ベクトルは

$$\boldsymbol{y}_1 = C \begin{pmatrix} -1 \\ 1 \end{pmatrix} \quad (C \text{ は } 0 \text{ でない任意定数}).$$

よって固有値 $\lambda_1 = -1$ に対する固有空間は

$$W_{\lambda_1} = \left\{ C \begin{pmatrix} -1 \\ 1 \end{pmatrix} \,\middle|\, C \in \boldsymbol{R} \right\}$$

であるので，W_{λ_1} の次元（幾何的重複度）は 1 である．従って幾何的重複度と代数的重複度は等しい．W_{λ_1} の 1 組の基底を

$$\langle \boldsymbol{x}_{11} \rangle = \left\langle \begin{pmatrix} -1 \\ 1 \end{pmatrix} \right\rangle$$

とおく．

(ii) 固有値 $\lambda_2 = -2$ に対する固有ベクトル $\boldsymbol{y}_2 = \begin{pmatrix} y_{12} \\ y_{22} \end{pmatrix}$ について

$$(-2E_2 - A)\boldsymbol{y}_2 = \begin{pmatrix} 1 & 2 \\ -1 & -2 \end{pmatrix} \begin{pmatrix} y_{12} \\ y_{22} \end{pmatrix} = \boldsymbol{0}$$

の係数行列 $\begin{pmatrix} 1 & 2 \\ -1 & -2 \end{pmatrix}$ の簡約化は $\begin{pmatrix} 1 & 2 \\ 0 & 0 \end{pmatrix}$ となるから簡約化が示す連立 1 次方程式

は $y_{12} + 2y_{22} = 0$ である．主成分に対応しない未知数について $y_{22} = C$ とおくと
固有ベクトルは

$$\boldsymbol{y}_2 = C \begin{pmatrix} -2 \\ 1 \end{pmatrix} \quad (C \text{ は } 0 \text{ でない任意定数}).$$

よって固有値 $\lambda_2 = -2$ に対する固有空間は

$$W_{\lambda_2} = \left\{ C \begin{pmatrix} -2 \\ 1 \end{pmatrix} \,\middle|\, C \in \boldsymbol{R} \right\}$$

であるので，W_{λ_2} の次元（幾何的重複度）は 1 である．従って幾何的重複度と代数
的重複度は等しい．W_{λ_2} の 1 組の基底を

$$\langle \boldsymbol{x}_{21} \rangle = \left\langle \begin{pmatrix} -2 \\ 1 \end{pmatrix} \right\rangle$$

とおく．

　(i), (ii) よりすべての固有値の幾何的重複度と代数的重複度が等しいので対角化
可能である．正則行列 $P = \begin{pmatrix} \boldsymbol{x}_{11} & \boldsymbol{x}_{21} \end{pmatrix} = \begin{pmatrix} -1 & -2 \\ 1 & 1 \end{pmatrix}$ とおくと

$$P^{-1}AP = \begin{pmatrix} -1 & 0 \\ 0 & -2 \end{pmatrix}$$

となる．

　一方 $P^{-1} = \begin{pmatrix} 1 & 2 \\ -1 & -1 \end{pmatrix}$ より (5.27) 式から

$$A^p = \begin{pmatrix} -(-1)^p + 2 \times (-2)^p & -2 \times (-1)^p + 2 \times (-2)^p \\ (-1)^p - (-2)^p & 2 \times (-1)^p - (-2)^p \end{pmatrix}. \qquad \square$$

● **チェック問題 5.6**　行列 $A = \begin{pmatrix} 4 & -2 \\ 1 & 1 \end{pmatrix}$ が $\boldsymbol{R}$ 上対角化できるかどうか調べ，対角化可
能である場合には $P^{-1}AP = B$ の正則行列 P と対角行列 B を求め，正の整数 p に対して
A^p を求めよ．

5 章の演習問題

□**1**　行列

$$A = \begin{pmatrix} -a & 0 & -3 \\ a & 2 & 1 \\ -3 & 0 & -1 \end{pmatrix}$$

が固有値 -4 をもつとき定数 a の値を求め，すべての固有値に対する固有ベクトルを求めよ．

□**2**　ハミルトン–ケーリーの定理を用いて行列

$$A = \begin{pmatrix} 0 & 1 & 0 & 0 \\ 0 & 0 & 1 & 0 \\ 0 & 0 & 0 & 1 \\ -1 & -1 & -1 & -1 \end{pmatrix}$$

について A^{16} を計算せよ．

□**3**　n 次正方行列 A, B が正則行列 P によってともに対角化可能ならば $AB = BA$ であることを示せ．

□**4**　行列

$$A = \begin{pmatrix} 5 & -4 & -12 \\ -3 & 4 & 9 \\ 2 & -2 & -5 \end{pmatrix}$$

が $\boldsymbol{R}$ 上対角化できるかどうか調べ，対角化可能である場合には $P^{-1}AP = B$ の正則行列 P と対角行列 B を求めよ．さらに正の整数 p に対して A^p を求めよ．

□**5**　2 次正方行列 A が相異なる実固有値 λ_1, λ_2 をもつとし，これらの固有値を用いて次の 2 つの正方行列

$$Q_1 = \frac{A - \lambda_2 E_2}{\lambda_1 - \lambda_2}, \quad Q_2 = \frac{A - \lambda_1 E_2}{\lambda_2 - \lambda_1} \tag{5.28}$$

を定義する[15]．次の問に答えよ．

(1)　$Q_1 + Q_2 = E_2$ であることを示せ．また固有値 λ_1 に対する固有ベクトルを $\boldsymbol{x}_1$，固有値 λ_2 に対する固有ベクトルを $\boldsymbol{x}_2$ とするとき，$\boldsymbol{R}^2$ の任意のベクトル

$$\boldsymbol{x} = c_1 \boldsymbol{x}_1 + c_2 \boldsymbol{x}_2 \quad (c_1, c_2 \in \boldsymbol{R})^{[16]}$$

に対して $Q_1 \boldsymbol{x}$ および $Q_2 \boldsymbol{x}$ を計算せよ．

---

[15] 行列 Q の下付番号と右辺の分子の固有値の番号が異なること，およびそれぞれの分母の固有値の順序に注意しよう．

[16] $\boldsymbol{x}_1$ と $\boldsymbol{x}_2$ は 1 次独立であり，$\boldsymbol{R}^2$ の 1 組の基底である．

(2)　$Q_1^2 = Q_1, Q_2^2 = Q_2$ および $Q_1 Q_2 = Q_2 Q_1 = O$ を示せ[17].

(3)

$$A = \lambda_1 Q_1 + \lambda_2 Q_2 \tag{5.29}$$

であることを示せ[18]. また p を正の整数とするとき, (2) を利用して

$$A^p = \lambda_1^p Q_1 + \lambda_2^p Q_2$$

となることを示せ.

(4)　例題 5.7 の行列 $A = \begin{pmatrix} -3 & -2 \\ 1 & 0 \end{pmatrix}$ について（射影行列）Q_1, Q_2 を求めよ. また

(3) を利用して A^p を求め, 例題 5.7 の結果と同じになることを確認せよ.

（**注意**）　この問題では 2 次正方行列が相異なる実固有値をもつ場合を取り上げたが, スペクトル分解はより一般的な場合に拡張できる[19].

---

[17] n 次正方行列 P が $P^2 = P$ を満たすとき, P は**射影**であるという. P が射影行列であるとき, $E_2 - P$ も射影行列であり, (5.28) 式の行列 Q_1, Q_2 は射影行列である.

[18] (5.29) 式を A の**スペクトル分解**という.

[19] 詳細については文献 [3] 等を参照されたい.

第6章

内積空間と正規行列

　本章ではベクトル空間に内積を取り入れた内積空間について学ぶ．内積を導入する意味として重要な概念はベクトルの直交性とノルムであり，これらは高校で学んだ幾何的な意味にとどまらず，フーリエ解析等の直交関数系への基礎となるものである．またベクトル空間の基底について正規直交基底を導入することは，デカルト座標系の基本ベクトルの例ですでに知られているように，空間内のベクトルや内積を表現する上での簡便さや直観的理解の助けとなる．その意味でシュミットの正規直交化法は非常に有効な手段であり，本章ではその方法を習得する．次に本章では内積を保存する線形変換である直交変換とそれを具体的に表現する行列としての直交行列について学ぶ．直交行列を用いて実正方行列が上三角化されること，および実対称行列が対角化されることを紹介するが，これは正規行列を学ぶ上でも重要である．本章の最後に複素行列の正規行列とその性質について説明する．これらは量子力学等の分野で非常に重要なものであり，固有値や対角化について十分理解しておくことが望まれる．

6.1 内積空間と正規直交基底
—内積の性質を理解し，内積空間の正規直交基底の求め方を習得する

━━━━━ 内積空間と正規直交基底 ━━━━━

　本節ではベクトル空間に定量的な概念である内積を導入した内積空間について説明する．内積は高校数学ですでに学んでおり，ベクトルの直交性や長さ等の幾何的な意味については慣れているものと思われるが，ここではまず $\boldsymbol{R}$ 上の一般的なベクトル空間におけるベクトルの内積を定義する．これにより数ベクトルの場合だけでなく，関数がベクトルとなる場合にも直交性や長さ等を拡張することができる．この一般の内積におけるベクトルの直交性やノルムという概念は幾何的に表現するのが難しい抽象的な表現となることに注意する必要がある．一方一般の内積空間（内積をもつベクトル空間）における正規直交基底が導入されるが，これによりフーリエ解析等の分野へと応用領域が拡がる．さらに正規直交系の構成法であるシュミットの正規直交化法についても説明する．なお本節の最後に $\boldsymbol{C}$ 上の内積空間（複素内積空間）について説明する．

(I)　実内積空間

　$\boldsymbol{R}$ 上のベクトル空間 V の任意の2つのベクトル $\boldsymbol{u}$, $\boldsymbol{v}$ に対して実数 $(\boldsymbol{u}, \boldsymbol{v})$ が対応して，次の (IP1)～(IP4) の条件を満たすとき，$(\boldsymbol{u}, \boldsymbol{v})$ をベクトル空間 V の**内積**という[1]．

　任意の $\boldsymbol{u}, \boldsymbol{v}, \boldsymbol{w} \in V, k \in \boldsymbol{R}$ に対して

(IP1)　$(\boldsymbol{u} + \boldsymbol{v}, \boldsymbol{w}) = (\boldsymbol{u}, \boldsymbol{w}) + (\boldsymbol{v}, \boldsymbol{w})$,
　　　　$(\boldsymbol{u}, \boldsymbol{v} + \boldsymbol{w}) = (\boldsymbol{u}, \boldsymbol{v}) + (\boldsymbol{u}, \boldsymbol{w})$

(IP2)　$(k\boldsymbol{u}, \boldsymbol{v}) = (\boldsymbol{u}, k\boldsymbol{v}) = k(\boldsymbol{u}, \boldsymbol{v})$

(IP3)　$(\boldsymbol{u}, \boldsymbol{v}) = (\boldsymbol{v}, \boldsymbol{u})$

(IP4)　$(\boldsymbol{u}, \boldsymbol{u}) \geq 0$（等号は $\boldsymbol{u} = \boldsymbol{0}$ のときのみ）[2]

　これらの内積の性質をベクトル空間 V がもっているとき**実内積空間**という．4章で紹介したいくつかのベクトル空間における内積を導入しよう．

---

[1] 内積を $\boldsymbol{u} \cdot \boldsymbol{v}$ とかくこともあるが，本書では $(\boldsymbol{u}, \boldsymbol{v})$ の表記に統一する．
[2] 零ベクトル $\boldsymbol{0}$ に対して $(\boldsymbol{u}, \boldsymbol{0}) = (\boldsymbol{0}, \boldsymbol{v}) = 0$ である．

例 6.1 $\boldsymbol{R}^n$ のベクトル $\boldsymbol{a} = \begin{pmatrix} a_1 \\ a_2 \\ \vdots \\ a_n \end{pmatrix}$, $\boldsymbol{b} = \begin{pmatrix} b_1 \\ b_2 \\ \vdots \\ b_n \end{pmatrix}$ に対して, 内積を

$$(\boldsymbol{a}, \boldsymbol{b}) = {}^t\boldsymbol{a}\boldsymbol{b} = a_1 b_1 + a_2 b_2 + \cdots + a_n b_n \tag{6.1}$$

と定義すれば, これは (IP1)〜(IP4) の条件を満たす. これを $\boldsymbol{R}^n$ の**標準的な内積**という[3]. また (6.1) 式に対して, $\boldsymbol{x} \in \boldsymbol{R}^n$, $\boldsymbol{y} \in \boldsymbol{R}^m$ および $m \times n$ 型実行列を A とすると, $(A\boldsymbol{x}, \boldsymbol{y})$ を $\boldsymbol{R}^m$ の標準的な内積, $(\boldsymbol{x}, {}^tA\boldsymbol{y})$ を $\boldsymbol{R}^n$ の標準的な内積として次が成り立つ.

$$(A\boldsymbol{x}, \boldsymbol{y}) = {}^t(A\boldsymbol{x})\boldsymbol{y} = {}^t\boldsymbol{x}({}^tA\boldsymbol{y}) = (\boldsymbol{x}, {}^tA\boldsymbol{y}). \qquad \square$$

例 6.2 高々 n 次の多項式全体のベクトル空間 $\boldsymbol{R}[x]_n$ について, 2 つの多項式 $f(x), g(x) \in \boldsymbol{R}[x]_n$ の内積を

$$(f, g) = \int_{-1}^{1} f(x)g(x)\, dx \tag{6.2}$$

と定義すれば, これは (IP1)〜(IP4) の条件を満たす. $\qquad \square$

（注意） 定積分の範囲が -1 から 1 までであるので, $f(x)g(x)$ の x^p の項について p が奇数の項の積分は 0 になることに注意しよう. また p が偶数の項については, 0 から 1 までの定積分を計算して 2 倍してもよい.

（注意） 実内積空間 V の任意の部分空間 W は V と同じ内積を定義することによって実内積空間となる.

(II) ベクトルの直交

実内積空間 V の 2 つのベクトル $\boldsymbol{u}, \boldsymbol{v}$ の内積について $(\boldsymbol{u}, \boldsymbol{v}) = 0$ であるとき, $\boldsymbol{u}$ と $\boldsymbol{v}$ は**直交する**という.

例 6.3 $\boldsymbol{R}[x]_3$ の 2 つの多項式 $f(x) = 1 + x^2$, $g(x) = x + x^3$ の内積は

$$(f, g) = \int_{-1}^{1} (1 + x^2)(x + x^3)\, dx = \int_{-1}^{1} (x + 2x^3 + x^5)\, dx$$

となるがすべて x の奇数次の項であるので, 定積分は 0 である. 従って $f(x) = 1 + x^2$ と $g(x) = x + x^3$ は直交する. $\qquad \square$

---

[3] 各自 (IP1)〜(IP4) の条件を満たすことを確認せよ.

(III)　ノルムと正規直交基底

実内積空間 V のベクトル $\boldsymbol{u}$ に対して，$(\boldsymbol{u}, \boldsymbol{u})$ の平方根を

$$\sqrt{(\boldsymbol{u}, \boldsymbol{u})} = \|\boldsymbol{u}\|$$

とかき，ベクトル $\boldsymbol{u}$ の**ノルム**もしくは**長さ**という[4]．ノルムが 0 になるのは零ベクトルの場合に限られる．

例題 6.1

実内積空間 V のノルムについて以下の式が成り立つことを示せ．ただし $\boldsymbol{u}, \boldsymbol{v} \in V, k \in \boldsymbol{R}$ とする．

(1) $\|k\boldsymbol{u}\| = |k|\|\boldsymbol{u}\|$

(2) シュヴァルツの不等式：$|(\boldsymbol{u}, \boldsymbol{v})| \le \|\boldsymbol{u}\|\|\boldsymbol{v}\|$

(3) 三角不等式：$\|\boldsymbol{u} + \boldsymbol{v}\| \le \|\boldsymbol{u}\| + \|\boldsymbol{v}\|$

(4) 標準的な内積が定義されている実内積空間 $\boldsymbol{R}^3$ の 2 つのベクトル $\boldsymbol{a} = \begin{pmatrix} 1 \\ 2 \\ -2 \end{pmatrix}, \boldsymbol{b} = \begin{pmatrix} -4 \\ 3 \\ 0 \end{pmatrix}$ について，(2) と (3) が成立することを内積とノルムを具体的に計算して確認せよ．

解答　(1)

$$\|k\boldsymbol{u}\| = \sqrt{(k\boldsymbol{u}, k\boldsymbol{u})} = \sqrt{k^2(\boldsymbol{u}, \boldsymbol{u})} = |k|\sqrt{(\boldsymbol{u}, \boldsymbol{u})} = |k|\|\boldsymbol{u}\|.$$

(2)　$\boldsymbol{u}$ もしくは $\boldsymbol{v}$ が零ベクトルの場合には等号が成り立つ．$\boldsymbol{u} \ne \boldsymbol{0}$ の場合を考える．実変数 t についての 2 次関数 $f(t) = \|t\boldsymbol{u} + \boldsymbol{v}\|^2$ を考えるとすべての t に対して $f(t) \ge 0$ である．ここで

$$f(t) = \|\boldsymbol{u}\|^2 t^2 + 2(\boldsymbol{u}, \boldsymbol{v})t + \|\boldsymbol{v}\|^2$$

において $\|\boldsymbol{u}\|^2 > 0$ であるから $f(t)$ は下に凸の放物線であり，$f(t) \ge 0$ となるためには，判別式が 0 以下であることより $(\boldsymbol{u}, \boldsymbol{v})^2 - \|\boldsymbol{u}\|^2\|\boldsymbol{v}\|^2 \le 0$ である．この式について $\|\boldsymbol{u}\|^2\|\boldsymbol{v}\|^2$ を右辺へ移項して両辺の平方根をとると $|(\boldsymbol{u}, \boldsymbol{v})| \le \|\boldsymbol{u}\|\|\boldsymbol{v}\|$ となる[5]．

(3)　両辺はともに 0 以上であり，これらの 2 乗の差について (2) を利用すると

---

[4] 本書ではノルムに統一する．

[5] 高校で学んだ 3 次元空間における 2 つのベクトルの幾何的な関係から，2 つのベクトルのなす角を θ とすれば $(\boldsymbol{u}, \boldsymbol{v}) = \|\boldsymbol{u}\|\|\boldsymbol{v}\|\cos\theta$ であることからもわかる．

$$\left(\|\boldsymbol{u}\| + \|\boldsymbol{v}\|\right)^2 - \|\boldsymbol{u} + \boldsymbol{v}\|^2$$

$$= \left(\|\boldsymbol{u}\|^2 + 2\|\boldsymbol{u}\|\|\boldsymbol{v}\| + \|\boldsymbol{v}\|^2\right) - \left(\|\boldsymbol{u}\|^2 + 2(\boldsymbol{u},\,\boldsymbol{v}) + \|\boldsymbol{v}\|^2\right)$$

$$= 2\{\|\boldsymbol{u}\|\|\boldsymbol{v}\| - (\boldsymbol{u},\,\boldsymbol{v})\} \geq 0$$

より $\left(\|\boldsymbol{u}\| + \|\boldsymbol{v}\|\right)^2 \geq \|\boldsymbol{u} + \boldsymbol{v}\|^2$ の両辺の平方根をとれば成立する.

(4)

$$(\boldsymbol{a},\,\boldsymbol{b}) = 1 \times (-4) + 2 \times 3 + (-2) \times 0 = 2,$$

$$\|\boldsymbol{a}\| = \sqrt{(\boldsymbol{a},\,\boldsymbol{a})} = \sqrt{1^2 + 2^2 + (-2)^2} = 3,$$

$$\|\boldsymbol{b}\| = \sqrt{(\boldsymbol{b},\,\boldsymbol{b})} = \sqrt{(-4)^2 + 3^2 + 0^2} = 5,$$

$$\|\boldsymbol{a} + \boldsymbol{b}\| = \sqrt{(-3)^2 + 5^2 + (-2)^2} = \sqrt{38}$$

より

$$(2): \|\boldsymbol{a}\|\|\boldsymbol{b}\| - |(\boldsymbol{a},\,\boldsymbol{b})| = 3 \times 5 - 2 = 13 > 0,$$

$$(3): \|\boldsymbol{a}\| + \|\boldsymbol{b}\| - \|\boldsymbol{a} + \boldsymbol{b}\| = 3 + 5 - \sqrt{38} = 8 - \sqrt{38} > 0$$

であるから成立する. □

✅ **チェック問題 6.1** 例 6.2 の内積が定義されている実内積空間 $\boldsymbol{R}[x]_2$ の 2 つのベクトル $f(x) = 1 - x + x^2$, $g(x) = 2x - x^2$ について,例題 6.1 の (2) と (3) が成立することを内積とノルムを具体的に計算して確認せよ.

実内積空間 V のノルムが 1 である r 個のベクトル $\boldsymbol{v}_1, \boldsymbol{v}_2, \ldots, \boldsymbol{v}_r$ が互いに直交するとき**正規直交系**という.このとき,1 次関係

$$c_1\boldsymbol{v}_1 + c_2\boldsymbol{v}_2 + \cdots + c_r\boldsymbol{v}_r = \boldsymbol{0}$$

に対して,$\boldsymbol{v}_i$ $(i = 1, 2, \ldots, r)$ との内積をとれば

$$(c_1\boldsymbol{v}_1 + c_2\boldsymbol{v}_2 + \cdots + c_r\boldsymbol{v}_r,\, \boldsymbol{v}_i)$$

$$= c_1(\boldsymbol{v}_1,\, \boldsymbol{v}_i) + c_2(\boldsymbol{v}_2,\, \boldsymbol{v}_i) + \cdots + c_i(\boldsymbol{v}_i,\, \boldsymbol{v}_i) + \cdots + c_r(\boldsymbol{v}_r,\, \boldsymbol{v}_i)$$

$$= c_i(\boldsymbol{v}_i,\, \boldsymbol{v}_i) = c_i = 0$$

より<u>正規直交系 $\boldsymbol{v}_1, \boldsymbol{v}_2, \ldots, \boldsymbol{v}_r$ は 1 次独立である</u>.このことから,

---

ステップ 1：キーポイント **正規直交基底**

次元が n である実内積空間 V の正規直交系 $\boldsymbol{v}_1, \boldsymbol{v}_2, \ldots, \boldsymbol{v}_n$ は 1 次独立であり,これを**正規直交基底**という.このときクロネッカーのデルタ δ_{ij} によって

$$(\boldsymbol{v}_i,\, \boldsymbol{v}_j) = \delta_{ij} \quad (i, j = 1, 2, \ldots, n) \tag{6.3}$$

であるので, V の任意のベクトルを $\boldsymbol{u} = c_1\boldsymbol{v}_1 + c_2\boldsymbol{v}_2 + \cdots + c_n\boldsymbol{v}_n$ と表せば, $\boldsymbol{v}_i$ $(i = 1, 2, \ldots, n)$ との内積をとることにより次のようになる.

$$c_i = (\boldsymbol{u}, \boldsymbol{v}_i) \quad (i = 1, 2, \ldots, n). \tag{6.4}$$

例 6.4　$\boldsymbol{R}^n$ の標準基底 $\langle \boldsymbol{e}_1, \boldsymbol{e}_2, \ldots, \boldsymbol{e}_n \rangle$ は正規直交基底であるので, $\boldsymbol{a} = \begin{pmatrix} a_1 \\ a_2 \\ \vdots \\ a_n \end{pmatrix}$

の各成分は $a_i = (\boldsymbol{a}, \boldsymbol{e}_i)$ $(i = 1, 2, \ldots, n)$ と表される. □

─例題 6.2─

例 4.12 の $\boldsymbol{R}^2$ の 1 組の基底 $\left\langle \boldsymbol{u}_1 = \begin{pmatrix} \cos\theta \\ \sin\theta \end{pmatrix}, \boldsymbol{u}_2 = \begin{pmatrix} -\sin\theta \\ \cos\theta \end{pmatrix} \right\rangle$ が正規直交基底であることを確認せよ.

解答

$$(\boldsymbol{u}_1, \boldsymbol{u}_2) = \cos\theta \times (-\sin\theta) + \sin\theta \times \cos\theta = 0,$$
$$(\boldsymbol{u}_1, \boldsymbol{u}_1) = \cos\theta \times \cos\theta + \sin\theta \times \sin\theta = 1,$$
$$(\boldsymbol{u}_2, \boldsymbol{u}_2) = (-\sin\theta) \times (-\sin\theta) + \cos\theta \times \cos\theta = 1$$

より正規直交基底である. □

チェック問題 6.2　例 6.2 の内積が定義されている実内積空間 $\boldsymbol{R}[x]_2$ のベクトルの組 $\phi_0(x) = \frac{\sqrt{2}}{2}$, $\phi_1(x) = \frac{\sqrt{6}\,x}{2}$, $\phi_2(x) = -\frac{\sqrt{10}}{4} + \frac{3\sqrt{10}\,x^2}{4}$ が正規直交基底であることを確認せよ[6].

実内積空間 V のベクトル $\boldsymbol{u}, \boldsymbol{v}$ をそれぞれ 1 組の正規直交基底 $\langle \boldsymbol{v}_1, \boldsymbol{v}_2, \ldots, \boldsymbol{v}_n \rangle$ の 1 次結合で

$$\boldsymbol{u} = \alpha_1\boldsymbol{v}_1 + \alpha_2\boldsymbol{v}_2 + \cdots + \alpha_n\boldsymbol{v}_n,$$
$$\boldsymbol{v} = \beta_1\boldsymbol{v}_1 + \beta_2\boldsymbol{v}_2 + \cdots + \beta_n\boldsymbol{v}_n$$

と表したとき, $\boldsymbol{u}$ と $\boldsymbol{v}$ の内積は (6.3) 式により次のように表される.

$$(\boldsymbol{u}, \boldsymbol{v}) = \sum_{j=1}^{n}\sum_{i=1}^{n} \alpha_i\beta_j(\boldsymbol{v}_i, \boldsymbol{v}_j) = \alpha_1\beta_1 + \alpha_2\beta_2 + \cdots + \alpha_n\beta_n. \tag{6.5}$$

---

[6] これらの正規直交基底の具体的な求め方については後程説明する.

(IV) シュミットの正規直交化法

(6.5) 式のように一般的な実内積空間の内積が，正規直交基底を利用することにより同型写像による 2 つのそれぞれの座標ベクトルの標準的な内積で表されることから，内積の取扱い（計算）が簡単になり，またベクトルの性質についても直観的に理解しやすくなることが考えられる．ここでは 1 組の基底から正規直交基底を構成する方法について説明しよう．

実内積空間 V の 1 組の基底を $\langle \boldsymbol{w}_1, \boldsymbol{w}_2, \ldots, \boldsymbol{w}_n \rangle$ とする．これをもとに V の正規直交基底 $\langle \boldsymbol{v}_1, \boldsymbol{v}_2, \ldots, \boldsymbol{v}_n \rangle$ を以下の手順で（$\boldsymbol{w}_1, \boldsymbol{w}_2, \ldots$ の順に $\boldsymbol{v}_1, \boldsymbol{v}_2, \ldots$ と）構成していく．

ステップ 2：キーポイント **シュミットの正規直交化法**

（$\boldsymbol{v}_1$ の導出）

$$\boldsymbol{u}_1 = \boldsymbol{w}_1, \quad \boldsymbol{v}_1 = \frac{\boldsymbol{w}_1}{\|\boldsymbol{w}_1\|}$$

とすると $\|\boldsymbol{v}_1\| = 1$ である．

（$\boldsymbol{v}_2$ の導出）

$$\boldsymbol{u}_2 = \boldsymbol{w}_2 - (\boldsymbol{w}_2, \boldsymbol{v}_1)\boldsymbol{v}_1, \quad \boldsymbol{v}_2 = \frac{\boldsymbol{u}_2}{\|\boldsymbol{u}_2\|}$$

とすると $(\boldsymbol{v}_1, \boldsymbol{v}_2) = (\boldsymbol{u}_1, \boldsymbol{u}_2) = 0, \|\boldsymbol{v}_2\| = 1$ である．

$\cdots\cdots$（$\boldsymbol{v}_{r-1}$（$3 \leq r \leq n-1$）まで求まっているとする）

（$\boldsymbol{v}_r$ の導出）

$$\boldsymbol{u}_r = \boldsymbol{w}_r - \sum_{i=1}^{r-1} (\boldsymbol{w}_r, \boldsymbol{v}_i)\boldsymbol{v}_i,$$

$$\boldsymbol{v}_r = \frac{\boldsymbol{u}_r}{\|\boldsymbol{u}_r\|} \tag{6.6}$$

とすると $(\boldsymbol{v}_r, \boldsymbol{v}_i) = (\boldsymbol{u}_r, \boldsymbol{u}_i) = 0$ $(i = 1, 2, \ldots, r-1), \|\boldsymbol{v}_r\| = 1$ である．

$\cdots\cdots$（$\boldsymbol{v}_{n-1}$ まで求まっているとする）

（$\boldsymbol{v}_n$ の導出）

$$\boldsymbol{u}_n = \boldsymbol{w}_n - \sum_{i=1}^{n-1} (\boldsymbol{w}_n, \boldsymbol{v}_i)\boldsymbol{v}_i, \quad \boldsymbol{v}_n = \frac{\boldsymbol{u}_n}{\|\boldsymbol{u}_n\|}$$

とすると $(\boldsymbol{v}_n, \boldsymbol{v}_i) = (\boldsymbol{u}_n, \boldsymbol{u}_i) = 0$ $(i = 1, 2, \ldots, n-1)$, $\|\boldsymbol{v}_n\| = 1$ である.

　このようにして正規直交基底（正規直交系）を求める方法をシュミットの正規直交化法という[7].

例題 6.3

ステップ 2 の (6.6) 式の $\boldsymbol{v}_r$ が $(\boldsymbol{v}_r, \boldsymbol{v}_j) = 0$ $(j = 1, 2, \ldots, r-1)$ を満たすことを示せ.

解答　(6.6) 式の両辺について $\boldsymbol{v}_j$ $(j = 1, 2, \ldots, r-1)$ との内積をとると, (6.3) 式から

$$(\boldsymbol{v}_r, \boldsymbol{v}_j) = \frac{(\boldsymbol{u}_r, \boldsymbol{v}_j)}{\|\boldsymbol{u}_r\|} = \frac{(\boldsymbol{w}_r, \boldsymbol{v}_j) - \displaystyle\sum_{i=1}^{n-1} (\boldsymbol{w}_r, \boldsymbol{v}_i)(\boldsymbol{v}_i, \boldsymbol{v}_j)}{\|\boldsymbol{u}_r\|}$$

$$= \frac{(\boldsymbol{w}_r, \boldsymbol{v}_j) - \displaystyle\sum_{i=1}^{n-1} (\boldsymbol{w}_r, \boldsymbol{v}_i)\delta_{ij}}{\|\boldsymbol{u}_r\|}$$

$$= \frac{(\boldsymbol{w}_r, \boldsymbol{v}_j) - (\boldsymbol{w}_r, \boldsymbol{v}_j)}{\|\boldsymbol{u}_r\|} = 0. \qquad \square$$

例題 6.4

シュミットの正規直交化法により $\boldsymbol{R}^3$ の基底

$$\left\langle \boldsymbol{w}_1 = \begin{pmatrix} 1 \\ 0 \\ -1 \end{pmatrix}, \boldsymbol{w}_2 = \begin{pmatrix} 2 \\ 1 \\ 0 \end{pmatrix}, \boldsymbol{w}_3 = \begin{pmatrix} 0 \\ 0 \\ 1 \end{pmatrix} \right\rangle$$

から正規直交基底を作れ.

解答　（$\boldsymbol{v}_1$ の導出）

$$\boldsymbol{v}_1 = \frac{1}{\sqrt{1^2 + 0^2 + (-1)^2}} \begin{pmatrix} 1 \\ 0 \\ -1 \end{pmatrix} = \frac{1}{\sqrt{2}} \begin{pmatrix} 1 \\ 0 \\ -1 \end{pmatrix}.$$

---

[7] $L\{\boldsymbol{v}_1, \boldsymbol{v}_2, \ldots, \boldsymbol{v}_r\} = L\{\boldsymbol{w}_1, \boldsymbol{w}_2, \ldots, \boldsymbol{w}_r\}$ $(r = 1, 2, \ldots, n)$ である. また, 得られた $\langle \boldsymbol{u}_1, \boldsymbol{u}_2, \ldots, \boldsymbol{u}_n \rangle$ は必ずしもノルムは 1 ではないが, 互いに直交しており, これを**直交基底**という.

（$\boldsymbol{v}_2$ の導出）

$$\boldsymbol{u}_2 = \begin{pmatrix} 2 \\ 1 \\ 0 \end{pmatrix} - \frac{1}{2} \{2 \times 1 + 1 \times 0 + 0 \times (-1)\} \begin{pmatrix} 1 \\ 0 \\ -1 \end{pmatrix} = \begin{pmatrix} 1 \\ 1 \\ 1 \end{pmatrix}$$

より

$$\boldsymbol{v}_2 = \frac{1}{\sqrt{1^2 + 1^2 + 1^2}} \begin{pmatrix} 1 \\ 1 \\ 1 \end{pmatrix} = \frac{1}{\sqrt{3}} \begin{pmatrix} 1 \\ 1 \\ 1 \end{pmatrix}.$$

（$\boldsymbol{v}_3$ の導出）

$$\boldsymbol{u}_3 = \begin{pmatrix} 0 \\ 0 \\ 1 \end{pmatrix} - \frac{1}{2} \{0 \times 1 + 0 \times 0 + 1 \times (-1)\} \begin{pmatrix} 1 \\ 0 \\ -1 \end{pmatrix}$$

$$- \frac{1}{3}(0 \times 1 + 0 \times 1 + 1 \times 1) \begin{pmatrix} 1 \\ 1 \\ 1 \end{pmatrix}$$

$$= \frac{1}{6} \begin{pmatrix} 1 \\ -2 \\ 1 \end{pmatrix}$$

より

$$\boldsymbol{v}_3 = \frac{1}{\sqrt{1^2 + (-2)^2 + 1^2}} \begin{pmatrix} 1 \\ -2 \\ 1 \end{pmatrix} = \frac{1}{\sqrt{6}} \begin{pmatrix} 1 \\ -2 \\ 1 \end{pmatrix}.$$

以上から正規直交基底は

$$\left\langle \boldsymbol{v}_1 = \frac{1}{\sqrt{2}} \begin{pmatrix} 1 \\ 0 \\ -1 \end{pmatrix}, \boldsymbol{v}_2 = \frac{1}{\sqrt{3}} \begin{pmatrix} 1 \\ 1 \\ 1 \end{pmatrix}, \boldsymbol{v}_3 = \frac{1}{\sqrt{6}} \begin{pmatrix} 1 \\ -2 \\ 1 \end{pmatrix} \right\rangle. \qquad \square$$

● **チェック問題 6.3** シュミットの正規直交化法により次の実内積空間（(1) $\boldsymbol{R}^3$,
(2) $\boldsymbol{R}[x]_2$）のそれぞれの基底から正規直交基底を作れ.

(1) $\left\langle \boldsymbol{w}_1 = \begin{pmatrix} -2 \\ 2 \\ 1 \end{pmatrix}, \boldsymbol{w}_2 = \begin{pmatrix} 0 \\ 1 \\ 1 \end{pmatrix}, \boldsymbol{w}_3 = \begin{pmatrix} 1 \\ 0 \\ -1 \end{pmatrix} \right\rangle$

(2) $\langle f_0 = 1, f_1 = x, f_2 = x^2 \rangle$

(V)　複素内積空間

　C 上のベクトル空間 V の任意の 2 つのベクトル $\boldsymbol{u}, \boldsymbol{v}$ に対して複素数 $(\boldsymbol{u}, \boldsymbol{v})$ が対応して，次の (IP1′)〜(IP4′) の条件を満たすとき，$(\boldsymbol{u}, \boldsymbol{v})$ を複素ベクトル空間 V の内積もしくはエルミート内積という[8]．

　任意の $\boldsymbol{u}, \boldsymbol{v}, \boldsymbol{w} \in V, k, l \in C$ に対して

(IP1′)　$(\boldsymbol{u} + \boldsymbol{v}, \boldsymbol{w}) = (\boldsymbol{u}, \boldsymbol{w}) + (\boldsymbol{v}, \boldsymbol{w})$,
　　　　$(\boldsymbol{u}, \boldsymbol{v} + \boldsymbol{w}) = (\boldsymbol{u}, \boldsymbol{v}) + (\boldsymbol{u}, \boldsymbol{w})$

(IP2′)　$(k\boldsymbol{u}, \boldsymbol{v}) = k(\boldsymbol{u}, \boldsymbol{v})$,
　　　　$(\boldsymbol{u}, k\boldsymbol{v}) = \overline{k}(\boldsymbol{u}, \boldsymbol{v})$

(IP3′)　$(\boldsymbol{u}, \boldsymbol{v}) = \overline{(\boldsymbol{v}, \boldsymbol{u})}$

(IP4′)　$(\boldsymbol{u}, \boldsymbol{u})$ は実数で $(\boldsymbol{u}, \boldsymbol{u}) \geq 0$（等号は $\boldsymbol{u} = \boldsymbol{0}$ のときのみ）

　特に (IP2′) と (IP3′) について複素共役となっていることに注意しよう．これらのエルミート内積の性質を複素ベクトル空間 V がもっているとき，**複素内積空間**もしくは**ユニタリ空間**という[9]．

　$\boxed{\textbf{例 6.5}}$　C^n のベクトル $\boldsymbol{a} = \begin{pmatrix} a_1 \\ a_2 \\ \vdots \\ a_n \end{pmatrix}, \boldsymbol{b} = \begin{pmatrix} b_1 \\ b_2 \\ \vdots \\ b_n \end{pmatrix}$ に対して，エルミート内積を

$$(\boldsymbol{a}, \boldsymbol{b}) = {}^t\boldsymbol{a}\overline{\boldsymbol{b}}$$
$$= a_1\overline{b_1} + a_2\overline{b_2} + \cdots + a_n\overline{b_n} \tag{6.7}$$

と定義する[10]．$\boldsymbol{a}, \boldsymbol{b}, \boldsymbol{c} = \begin{pmatrix} c_1 \\ c_2 \\ \vdots \\ c_n \end{pmatrix} \in C^n, k \in C$ として (IP1′)〜(IP4′) が成り立つ

ことを確認しよう．

---

[8] 本書では実数の内積と区別するためエルミート内積に統一する．

[9] 本書では複素内積空間に統一する．

[10] ただし $\overline{\boldsymbol{b}} = \begin{pmatrix} \overline{b_1} \\ \overline{b_2} \\ \vdots \\ \overline{b_n} \end{pmatrix}$（$\overline{b_i}$ は b_i の共役複素数 $(i = 1, 2, \ldots, n)$）をベクトル $\boldsymbol{b}$ の**複素共役ベ**

クトルという．

(IP1′)

$$(\boldsymbol{a} + \boldsymbol{b},\, \boldsymbol{c}) = (a_1 + b_1)\overline{c_1} + (a_2 + b_2)\overline{c_2} + \cdots + (a_n + b_n)\overline{c_n}$$
$$= (a_1\overline{c_1} + a_2\overline{c_2} + \cdots + a_n\overline{c_n}) + (b_1\overline{c_1} + b_2\overline{c_2} + \cdots + b_n\overline{c_n})$$
$$= (\boldsymbol{a},\, \boldsymbol{c}) + (\boldsymbol{b},\, \boldsymbol{c}),$$
$$(\boldsymbol{a},\, \boldsymbol{b} + \boldsymbol{c}) = a_1(\overline{b_1 + c_1}) + a_2(\overline{b_2 + c_2}) + \cdots + a_n(\overline{b_n + c_n})$$
$$= (a_1\overline{b_1} + a_2\overline{b_2} + \cdots + a_n\overline{b_n}) + (a_1\overline{c_1} + a_2\overline{c_2} + \cdots + a_n\overline{c_n})$$
$$= (\boldsymbol{a},\, \boldsymbol{b}) + (\boldsymbol{a},\, \boldsymbol{c}).$$

(IP2′)

$$(k\boldsymbol{a},\, \boldsymbol{b}) = (ka_1)\overline{b_1} + (ka_2)\overline{b_2} + \cdots + (ka_n)\overline{b_n}$$
$$= k(a_1\overline{b_1} + a_2\overline{b_2} + \cdots + a_n\overline{b_n})$$
$$= k(\boldsymbol{a},\, \boldsymbol{b}),$$
$$(\boldsymbol{a},\, k\boldsymbol{b}) = a_1(\overline{kb_1}) + a_2(\overline{kb_2}) + \cdots + a_n(\overline{kb_n})$$
$$= \overline{k}(a_1\overline{b_1} + a_2\overline{b_2} + \cdots + a_n\overline{b_n})$$
$$= \overline{k}(\boldsymbol{a},\, \boldsymbol{b}).$$

(IP3′)

$$(\boldsymbol{a},\, \boldsymbol{b}) = a_1\overline{b_1} + a_2\overline{b_2} + \cdots + a_n\overline{b_n}$$
$$= \overline{b_1}\,\overline{\overline{a_1}} + \overline{b_2}\,\overline{\overline{a_2}} + \cdots + \overline{b_n}\,\overline{\overline{a_n}}$$
$$= \overline{\overline{b_1}\overline{a_1} + \overline{b_2}\overline{a_2} + \cdots + \overline{b_n}\overline{a_n}}$$
$$= \overline{(\boldsymbol{b},\, \boldsymbol{a})}.$$

(IP4′) $\boldsymbol{a} \neq \boldsymbol{0}$ ならば，a_i $(i = 1, 2, \ldots, n)$ の中に 0 でないものがあるので，

$$(\boldsymbol{a},\, \boldsymbol{a}) = a_1\overline{a_1} + a_2\overline{a_2} + \cdots + a_n\overline{a_n}$$
$$= |a_1|^2 + |a_2|^2 + \cdots + |a_n|^2 > 0. \qquad \Box$$

2 つのベクトル $\boldsymbol{u}$, $\boldsymbol{v}$ の内積について $(\boldsymbol{u},\, \boldsymbol{v}) = 0$ であるとき，$\boldsymbol{u}$ と $\boldsymbol{v}$ は**直交す る**という．またベクトル $\boldsymbol{u}$ に対して，ノルム

$$\|\boldsymbol{u}\| = \sqrt{(\boldsymbol{u},\, \boldsymbol{u})}$$

が定義される．これらから複素内積空間 V においても正規直交基底（直交基底）を 定義することができる．さらに実内積空間における方法と全く同様にしてシュミッ トの正規直交化法が与えられる．

6.2　直交変換と対称行列
—直交変換，直交行列と対称行列の性質を理解する

━━━━━━━━ **直交変換と対称行列** ━━━━━━━━

　本節ではまず実内積空間の直交変換について説明する．線形変換が直交変換である条件は正規直交基底の各々のベクトルの像が正規直交基底であることである．また実正方行列によって定まる線形変換が直交変換となる条件から直交行列を定義する．次に実対称行列の性質として，固有値がすべて実数であること，および適当な直交行列によって対角化されることを学ぶ．具体的には各固有値の（必要に応じてシュミットの正規直交化法を用いて）固有ベクトルから正規直交系を求めることにより対称行列を対角化する方法を習得する．さらに 2 次形式について，対称行列で表現することによりその標準形を求める方法を紹介するが，応用例として 2 次曲線の分類について説明する．

(I)　直交変換

　実内積空間 V の線形変換 $T: V \to V$ を取り上げる．V の任意のベクトル $\boldsymbol{u}, \boldsymbol{v}$ の内積 $(\boldsymbol{u}, \boldsymbol{v})$ とそれぞれのベクトルの像 $T(\boldsymbol{u}), T(\boldsymbol{v})$ の内積 $(T(\boldsymbol{u}), T(\boldsymbol{v}))$ が等しいとき，すなわち

$$(T(\boldsymbol{u}), T(\boldsymbol{v})) = (\boldsymbol{u}, \boldsymbol{v})$$

であるとき，T を**直交変換**という．直交変換 T によって内積が不変であるので，ベクトルのノルムも不変である．

　例 6.6　行列 $A = \begin{pmatrix} \cos\theta & -\sin\theta \\ \sin\theta & \cos\theta \end{pmatrix}$ によって定まる実内積空間 $\boldsymbol{R}^2$ の線形変換 T_A について考える．ベクトル $\boldsymbol{a} = \begin{pmatrix} a_1 \\ a_2 \end{pmatrix}, \boldsymbol{b} = \begin{pmatrix} b_1 \\ b_2 \end{pmatrix}$ の内積は $(\boldsymbol{a}, \boldsymbol{b}) = a_1 b_1 + a_2 b_2$ である．一方

$$T_A(\boldsymbol{a}) = \begin{pmatrix} a_1 \cos\theta - a_2 \sin\theta \\ a_1 \sin\theta + a_2 \cos\theta \end{pmatrix}, \quad T_A(\boldsymbol{b}) = \begin{pmatrix} b_1 \cos\theta - b_2 \sin\theta \\ b_1 \sin\theta + b_2 \cos\theta \end{pmatrix}$$

であるから

$$\begin{aligned}
(T_A(\boldsymbol{a}), T_A(\boldsymbol{b})) &= (a_1 \cos\theta - a_2 \sin\theta)(b_1 \cos\theta - b_2 \sin\theta) \\
&\quad + (a_1 \sin\theta + a_2 \cos\theta)(b_1 \sin\theta + b_2 \cos\theta) \\
&= a_1 b_1 (\cos^2\theta + \sin^2\theta) + a_2 b_2 (\cos^2\theta + \sin^2\theta)
\end{aligned}$$

$$= a_1 b_1 + a_2 b_2 = (\boldsymbol{a}, \boldsymbol{b})$$

となる．従って T_A は直交変換である． □

　次に実内積空間 V の正規直交基底 $\langle \boldsymbol{v}_1, \boldsymbol{v}_2, \ldots, \boldsymbol{v}_n \rangle$ の各々のベクトルの線形変換 T による像の内積と T との関係について考える．

(i)　T が直交変換であるなら

$$(T(\boldsymbol{v}_i), T(\boldsymbol{v}_j)) = (\boldsymbol{v}_i, \boldsymbol{v}_j) = \delta_{ij}$$

であるので，$T(\boldsymbol{v}_1), T(\boldsymbol{v}_2), \ldots, T(\boldsymbol{v}_n)$ も V の正規直交基底である．

(ii)　$T(\boldsymbol{v}_1), T(\boldsymbol{v}_2), \ldots, T(\boldsymbol{v}_n)$ が V の正規直交基底であるとすると，V の任意のベクトル

$$\boldsymbol{u} = \alpha_1 \boldsymbol{v}_1 + \alpha_2 \boldsymbol{v}_2 + \cdots + \alpha_n \boldsymbol{v}_n, \quad \boldsymbol{v} = \beta_1 \boldsymbol{v}_1 + \beta_2 \boldsymbol{v}_2 + \cdots + \beta_n \boldsymbol{v}_n$$

に対して，(6.5) 式から

$$(\boldsymbol{u}, \boldsymbol{v}) = \alpha_1 \beta_1 + \alpha_2 \beta_2 + \cdots + \alpha_n \beta_n$$

である．一方

$$T(\boldsymbol{u}) = \alpha_1 T(\boldsymbol{v}_1) + \alpha_2 T(\boldsymbol{v}_2) + \cdots + \alpha_n T(\boldsymbol{v}_n),$$
$$T(\boldsymbol{v}) = \beta_1 T(\boldsymbol{v}_1) + \beta_2 T(\boldsymbol{v}_2) + \cdots + \beta_n T(\boldsymbol{v}_n)$$

であるので，同様に (6.5) 式から

$$(T(\boldsymbol{u}), T(\boldsymbol{v})) = \alpha_1 \beta_1 + \alpha_2 \beta_2 + \cdots + \alpha_n \beta_n$$

だから，$(\boldsymbol{u}, \boldsymbol{v}) = (T(\boldsymbol{u}), T(\boldsymbol{v}))$ であるので T は直交変換である．

　以上まとめると

ステップ3：キーポイント　　**直交変換**

内積空間 V の線形変換 T が直交変換である必要十分条件は，V の正規直交基底 $\langle \boldsymbol{v}_1, \boldsymbol{v}_2, \ldots, \boldsymbol{v}_n \rangle$ の各々のベクトルの像が V の正規直交基底

$$\langle T(\boldsymbol{v}_1), T(\boldsymbol{v}_2), \ldots, T(\boldsymbol{v}_n) \rangle$$

であることである．

(II)　直交行列

　n 次実正方行列 A によって定まる実内積空間 $\boldsymbol{R}^n$ の線形変換 T_A が直交変換であるときに行列 A の満たす条件について考える．$A = \begin{pmatrix} \boldsymbol{a}_1 & \boldsymbol{a}_2 & \cdots & \boldsymbol{a}_n \end{pmatrix}$ に対して $\boldsymbol{R}^n$ の標準基底（正規直交基底）$\langle \boldsymbol{e}_1, \boldsymbol{e}_2, \ldots, \boldsymbol{e}_n \rangle$ の各々のベクトルの T_A による像は

$$T_A(\boldsymbol{e}_i) = A\boldsymbol{e}_i = \begin{pmatrix} \boldsymbol{a}_1 & \boldsymbol{a}_2 & \cdots & \boldsymbol{a}_n \end{pmatrix} \boldsymbol{e}_i = \boldsymbol{a}_i \quad (i = 1, 2, \ldots, n)$$

であるから，T_A が直交変換であるとき

$$(T_A(\boldsymbol{e}_i), T_A(\boldsymbol{e}_j)) = (\boldsymbol{a}_i, \boldsymbol{a}_j) = \delta_{ij} \tag{6.8}$$

である．従って $\boldsymbol{a}_1, \boldsymbol{a}_2, \ldots, \boldsymbol{a}_n$ が $\boldsymbol{R}^n$ の正規直交基底である．(6.8) 式について $\boldsymbol{R}^n$ の標準的な内積から

$$(\boldsymbol{a}_i, \boldsymbol{a}_j) = {}^t\!\boldsymbol{a}_i \boldsymbol{a}_j = \delta_{ij} \quad (i, j = 1, 2, \ldots, n)$$

である．この式から行列 A に対して ${}^t\!A = \begin{pmatrix} {}^t\!\boldsymbol{a}_1 \\ {}^t\!\boldsymbol{a}_2 \\ \vdots \\ {}^t\!\boldsymbol{a}_n \end{pmatrix}$ との積を考えると

ステップ 4：キーポイント　直交行列

$$
{}^t\!AA = \begin{pmatrix} {}^t\!\boldsymbol{a}_1 \\ {}^t\!\boldsymbol{a}_2 \\ \vdots \\ {}^t\!\boldsymbol{a}_n \end{pmatrix} \begin{pmatrix} \boldsymbol{a}_1 & \boldsymbol{a}_2 & \cdots & \boldsymbol{a}_n \end{pmatrix}
$$

$$
= \begin{pmatrix} {}^t\!\boldsymbol{a}_1\boldsymbol{a}_1 & {}^t\!\boldsymbol{a}_1\boldsymbol{a}_2 & \cdots & {}^t\!\boldsymbol{a}_1\boldsymbol{a}_n \\ {}^t\!\boldsymbol{a}_2\boldsymbol{a}_1 & {}^t\!\boldsymbol{a}_2\boldsymbol{a}_2 & \cdots & {}^t\!\boldsymbol{a}_2\boldsymbol{a}_n \\ \vdots & \vdots & & \vdots \\ {}^t\!\boldsymbol{a}_n\boldsymbol{a}_1 & {}^t\!\boldsymbol{a}_n\boldsymbol{a}_2 & \cdots & {}^t\!\boldsymbol{a}_n\boldsymbol{a}_n \end{pmatrix} = E_n \tag{6.9}
$$

である．(6.9) 式 $({}^t\!AA = E_n)$ を満たす行列 A を**直交行列**という．また線形変換 T_A が直交変換である必要十分条件は A が直交行列であることである．

直交行列 A の性質の主なものについて以下に説明する．

(a) (6.9) 式より，A は正則行列であり ${}^t\!A = A^{-1}$ である．また例 1.3 より ${}^t({}^t\!A) = A$ であるから $A = (A^{-1})^{-1} = ({}^t\!A)^{-1}$ より $A\,{}^t\!A = ({}^t\!A)^{-1}\,{}^t\!A = E_n$ が成り立つので ${}^t\!A$ も直交行列である．

(b) $|{}^t\!A| = |A|$ より (6.9) 式の両辺の行列式から

$$|{}^t\!AA| = |{}^t\!A||A| = |A|^2 = |E_n| = 1$$

より $|A| = \pm 1$ である．

(c) $A = \begin{pmatrix} \boldsymbol{a}_1 & \boldsymbol{a}_2 & \cdots & \boldsymbol{a}_n \end{pmatrix}$ が直交行列である必要十分条件は,

$$\langle \boldsymbol{a}_1,\, \boldsymbol{a}_2, \ldots, \boldsymbol{a}_n \rangle$$

が $\boldsymbol{R}^n$ の正規直交基底であることである.

━━例題 6.5━━

実正方行列 $A,\, B$ が直交行列であるとき AB も直交行列であることを示せ.

解答 ${}^t\!AA = {}^t\!BB = E_n$ であるので

$${}^t(AB)AB = ({}^t\!B\,{}^t\!A)AB = {}^t\!B({}^t\!AA)B = {}^t\!BB = E_n$$

より AB は直交行列である. □

(III) 対称行列の固有値と対角化

${}^t\!A = A$ である実対称行列の固有値について, 虚数である場合も考慮して複素内積空間で考える. A の固有値 λ に対する固有ベクトルを $\boldsymbol{x}$ とすると, (6.7) 式のエルミート内積から次が得られる.

$$\begin{aligned}
\lambda(\boldsymbol{x},\, \boldsymbol{x}) &= (\lambda\boldsymbol{x},\, \boldsymbol{x}) = (A\boldsymbol{x},\, \boldsymbol{x}) \\
&= {}^t(A\boldsymbol{x})\overline{\boldsymbol{x}} = ({}^t\boldsymbol{x}\,{}^t\!A)\overline{\boldsymbol{x}} = {}^t\boldsymbol{x}(A\overline{\boldsymbol{x}}) = {}^t\boldsymbol{x}(\overline{A\boldsymbol{x}}) = {}^t\boldsymbol{x}(\overline{\lambda\boldsymbol{x}}) = (\boldsymbol{x},\, \lambda\boldsymbol{x}) \\
&= \overline{\lambda}(\boldsymbol{x},\, \boldsymbol{x}). \tag{6.10}
\end{aligned}$$

ここで実対称行列 A が $\overline{A} = A$ であることを用いた. $(\boldsymbol{x},\, \boldsymbol{x}) \neq 0$ であるから (6.10) 式より $\lambda = \overline{\lambda}$ であり, λ は実数である.

次に実対称行列 A の固有ベクトルについて調べよう. A の相異なる固有値 λ_i $(i = 1, 2, \ldots, s)$ 各々に対する固有ベクトルを $\boldsymbol{x}_i$ とする. このとき固有値 λ_i は実数なので $\boldsymbol{x}_i$ を実ベクトルとして実内積空間 $\boldsymbol{R}^n$ の標準的な内積について

$$\begin{aligned}
\lambda_i(\boldsymbol{x}_i,\, \boldsymbol{x}_j) &= (\lambda_i\boldsymbol{x}_i,\, \boldsymbol{x}_j) = (A\boldsymbol{x}_i,\, \boldsymbol{x}_j) \\
&= {}^t(A\boldsymbol{x}_i)\boldsymbol{x}_j = ({}^t\boldsymbol{x}_i\,{}^t\!A)\boldsymbol{x}_j = {}^t\boldsymbol{x}_i(A\boldsymbol{x}_j) = (\boldsymbol{x},\, A\boldsymbol{x}_j) = (\boldsymbol{x},\, \lambda_j\boldsymbol{x}_j) \\
&= \lambda_j(\boldsymbol{x}_i,\, \boldsymbol{x}_j)
\end{aligned}$$

より

$$(\lambda_i - \lambda_j)(\boldsymbol{x}_i,\, \boldsymbol{x}_j) = 0$$

が得られる. これから $\lambda_i \neq \lambda_j$ より

$$(\boldsymbol{x}_i,\, \boldsymbol{x}_j) = 0$$

となる.

以上まとめると

　実対称行列の固有値

実対称行列の固有値はすべて実数であり，相異なる固有値に対する固有ベクトルは互いに直交する．

次に実対称行列の対角化について以下の定理が成り立つことを証明しよう．

　実対称行列の対角化

n 次実対称行列 A は n 次直交行列 P を適当に選んで

$$P^{-1}AP = {}^tPAP = \begin{pmatrix} \lambda_1 & 0 & \cdots & 0 \\ 0 & \lambda_2 & \ddots & \vdots \\ \vdots & \ddots & \ddots & 0 \\ 0 & \cdots & 0 & \lambda_n \end{pmatrix} \tag{6.11}$$

と対角化される．ここで $\lambda_1, \lambda_2, \ldots, \lambda_n$ は（重複も含んだ）A の固有値でありすべて実数である．

まず準備として固有値がすべて実数である n 次実正方行列 A に対して，直交行列 P によって

$$P^{-1}AP = \begin{pmatrix} \lambda_1 & & & \\ & \lambda_2 & & * \\ & & \ddots & \\ 0 & & & \ddots \\ & & & & \lambda_n \end{pmatrix} \tag{6.12}$$

とできること[11]）を数学的帰納法で示す．

(i)　$n=1$ のときは明らかに成立する．

(ii)　$n-1$ $(n \geq 2)$ までは直交行列 P' を適当に選んで上三角化できると仮定する．ここで n 次正方行列 A の固有値 λ_1 に対するノルムが 1 の固有ベクトル $\boldsymbol{x}_1$ に $n-1$ 個のベクトルを加えて（例えばシュミットの直交化法等を用いて）構成した $\boldsymbol{R}^n$ の正規直交基底を $\langle \boldsymbol{x}_1, \boldsymbol{a}_1, \boldsymbol{a}_2, \ldots, \boldsymbol{a}_{n-1} \rangle$ とする．これらの列ベクトルを並べた正則行列（直交行列）を

---

[11]）これを上三角化という．

$$Q = \begin{pmatrix} \boldsymbol{x}_1 & \boldsymbol{a}_1 & \boldsymbol{a}_2 & \cdots & \boldsymbol{a}_{n-1} \end{pmatrix}$$

とすると,

$$\begin{aligned}
AQ &= \begin{pmatrix} A\boldsymbol{x}_1 & A\boldsymbol{a}_1 & A\boldsymbol{a}_2 & \cdots & A\boldsymbol{a}_{n-1} \end{pmatrix} \\
&= \begin{pmatrix} \lambda_1\boldsymbol{x}_1 & A\boldsymbol{a}_1 & A\boldsymbol{a}_2 & \cdots & A\boldsymbol{a}_{n-1} \end{pmatrix} \\
&= Q \begin{pmatrix} \lambda_1 & & * & \\ 0 & & & \\ \vdots & & B & \\ 0 & & & \end{pmatrix} \\
&= QS_n
\end{aligned}$$

となるので,

$$Q^{-1}AQ = S_n$$

となる. ここで B は $n-1$ 次正方行列である. A と S_n は同値であり, 固有多項式 $\Phi_{S_n}(x) = |xE_n - S_n|$ については第1列に関する余因子展開から

$$\Phi_A(x) = (x - \lambda_1)(x - \lambda_2)\cdots(x - \lambda_n) = \Phi_{S_n}(x) = (x - \lambda_1)\Phi_B(x)$$

であるから, B の固有値はすべて実数の $\lambda_2, \lambda_3, \ldots, \lambda_n$ である. 従って帰納法の仮定によって, $n-1$ 次の適当な直交行列 R によって

$$R^{-1}BR = \begin{pmatrix} \lambda_2 & & & & \\ & \lambda_3 & & * & \\ & & \ddots & & \\ & 0 & & \ddots & \\ & & & & \lambda_n \end{pmatrix}$$

とできる. 次に Q と R から (6.12) 式の直交行列 P を構成しよう. 行列を分割してブロックの積を考慮して,

$$P = Q \begin{pmatrix} 1 & 0 & \cdots & 0 \\ 0 & & & \\ \vdots & & R & \\ 0 & & & \end{pmatrix} = QQ'$$

とおくと，例 1.17 の $s = 2$ で $n_1 = 1$, $n_2 = n - 1$ の場合を考えれば

$$P^{-1} = (QQ')^{-1} = Q'^{-1}Q^{-1}$$

$$= \begin{pmatrix} 1 & 0 & \cdots & 0 \\ 0 & & & \\ \vdots & & R^{-1} & \\ 0 & & & \end{pmatrix} Q^{-1} = \begin{pmatrix} 1 & 0 & \cdots & 0 \\ 0 & & & \\ \vdots & & {}^tR & \\ 0 & & & \end{pmatrix} {}^tQ$$

$$= {}^tQ'{}^tQ = {}^t(QQ') = {}^tP$$

となるので P は直交行列である．（Q' も直交行列である．）この P により

$$P^{-1}AP = Q'^{-1}Q^{-1}AQQ' = Q'^{-1}S_nQ'$$

$$= \begin{pmatrix} 1 & 0 & \cdots & 0 \\ 0 & & & \\ \vdots & & R^{-1} & \\ 0 & & & \end{pmatrix} \begin{pmatrix} \lambda_1 & & * & \\ 0 & & & \\ \vdots & & B & \\ 0 & & & \end{pmatrix} \begin{pmatrix} 1 & 0 & \cdots & 0 \\ 0 & & & \\ \vdots & & R & \\ 0 & & & \end{pmatrix}$$

$$= \begin{pmatrix} \lambda_1 & & * & \\ 0 & & & \\ \vdots & & R^{-1}BR & \\ 0 & & & \end{pmatrix} = \begin{pmatrix} \lambda_1 & & & & * \\ 0 & \lambda_2 & & & \\ \vdots & & \lambda_3 & & * \\ \vdots & & & \ddots & \\ \vdots & & 0 & & \ddots \\ 0 & & & & \lambda_n \end{pmatrix}$$

と直交行列 P により n 次の場合にも (6.12) 式の上三角行列が得られる．

　(i), (ii) より数学的帰納法によりすべての固有値が実数である正方行列については，直交行列 P により (6.12) 式のように上三角行列が得られる．

　上記の準備をもとに実対称行列が対角化可能であること（(6.11) 式が成り立つこと）を示そう．実対称行列の固有値はすべて実数であるので，適当な直交行列によって (6.12) 式が与えられる．左辺の転置を考えると

$${}^t(P^{-1}AP) = {}^tP\,{}^tA\,{}^tP^{-1} = P^{-1}AP$$

であるから，$P^{-1}AP$ は対称行列であり，(6.12) 式の右辺の行列がその転置行列と等しいので (6.11) 式が成り立つ．

―例題 **6.6**―

実対称行列 $A = \begin{pmatrix} 3 & 1 & 1 \\ 1 & 3 & 1 \\ 1 & 1 & 3 \end{pmatrix}$ について, 適当な直交行列を用いて対角化せよ.

解答 固有方程式は

$$\Phi_A(x) = \begin{vmatrix} x-3 & -1 & -1 \\ -1 & x-3 & -1 \\ -1 & -1 & x-3 \end{vmatrix}$$

$$= \left\{(x-3)^3 - 1 - 1\right\} - \left\{(x-3) + (x-3) + (x-3)\right\}$$

$$= x^3 - 9x^2 + 24x - 20$$

$$= (x-2)^2(x-5) = 0$$

より固有値 $\lambda_1 = 2$ (代数的重複度 2), $\lambda_2 = 5$ (代数的重複度 1) である.

(i) 固有値 $\lambda_1 = 2$ に対する固有ベクトルは

$$\boldsymbol{y}_1 = C_1 \begin{pmatrix} -1 \\ 1 \\ 0 \end{pmatrix} + C_2 \begin{pmatrix} -1 \\ 0 \\ 1 \end{pmatrix} \quad (C_1, C_2 \text{ は同時に 0 でない任意定数}).$$

よって固有値 $\lambda_1 = 2$ に対する固有空間 W_{λ_1} の 1 組の基底を

$$\langle \boldsymbol{x}_{11}, \boldsymbol{x}_{12} \rangle = \left\langle \begin{pmatrix} -1 \\ 1 \\ 0 \end{pmatrix}, \begin{pmatrix} -1 \\ 0 \\ 1 \end{pmatrix} \right\rangle$$

とおく. $\boldsymbol{x}_{11}, \boldsymbol{x}_{12}$ は正規直交基底ではないので, シュミットの正規直交化法を用いて正規直交基底 $\boldsymbol{v}_{11}, \boldsymbol{v}_{12}$ を求めると,

$$\boldsymbol{v}_{11} = \frac{1}{\sqrt{2}} \begin{pmatrix} -1 \\ 1 \\ 0 \end{pmatrix}, \quad \boldsymbol{v}_{12} = \frac{1}{\sqrt{6}} \begin{pmatrix} -1 \\ -1 \\ 2 \end{pmatrix}.$$

(ii) 固有値 $\lambda_2 = 5$ に対する固有ベクトルは

$$\boldsymbol{y}_2 = C \begin{pmatrix} 1 \\ 1 \\ 1 \end{pmatrix} \quad (C \text{ は 0 でない任意定数}).$$

よって固有値 $\lambda_2 = 5$ に対する固有空間 W_{λ_2} の 1 組の基底を

$$\langle \boldsymbol{x}_{21} \rangle = \left\langle \begin{pmatrix} 1 \\ 1 \\ 1 \end{pmatrix} \right\rangle$$

とおく. $\boldsymbol{x}_{21}$ はノルムが 1 ではないのでノルムが 1 の $\boldsymbol{v}_{21}$ を求めると,

$$\boldsymbol{v}_{21} = \frac{1}{\sqrt{3}} \begin{pmatrix} 1 \\ 1 \\ 1 \end{pmatrix}.$$

以上から $\langle \boldsymbol{v}_{11},\, \boldsymbol{v}_{12},\, \boldsymbol{v}_{21} \rangle$ は $\boldsymbol{R}^3$ の正規直交基底であるので, 例えば直交行列

$$P = \begin{pmatrix} \boldsymbol{v}_{11} & \boldsymbol{v}_{12} & \boldsymbol{v}_{21} \end{pmatrix} = \begin{pmatrix} -\frac{1}{\sqrt{2}} & -\frac{1}{\sqrt{6}} & \frac{1}{\sqrt{3}} \\ \frac{1}{\sqrt{2}} & -\frac{1}{\sqrt{6}} & \frac{1}{\sqrt{3}} \\ 0 & \frac{2}{\sqrt{6}} & \frac{1}{\sqrt{3}} \end{pmatrix}$$

によって

$$P^{-1}AP = \begin{pmatrix} 2 & 0 & 0 \\ 0 & 2 & 0 \\ 0 & 0 & 5 \end{pmatrix}$$

と対角化される. □

⊘ **チェック問題 6.4** 実対称行列 $A = \begin{pmatrix} -1 & 2 & 2 \\ 2 & 2 & -1 \\ 2 & -1 & 2 \end{pmatrix}$ について, 適当な直交行列を用いて対角化せよ.

(IV) 2 次形式の標準形

n 個の実変数 $x_1,\, x_2,\, \ldots,\, x_n$ に関する実定数係数の斉 2 次式

$$F(x_1,\, x_2,\, \ldots,\, x_n) = \sum_{i=1}^{n} \sum_{j=1}^{n} a_{ij} x_i x_j \tag{6.13}$$

を (実) **2 次形式**という. ここで係数 a_{ij} は $a_{ij} = a_{ji}$ を満たすとする. この 2 次形式に対して,

$$\boldsymbol{x} = \begin{pmatrix} x_1 \\ x_2 \\ \vdots \\ x_n \end{pmatrix}, \quad A = \begin{pmatrix} a_{11} & a_{12} & \cdots & a_{1n} \\ a_{21} & a_{22} & \cdots & a_{2n} \\ \vdots & \vdots & & \vdots \\ a_{n1} & a_{n2} & \cdots & a_{nn} \end{pmatrix}$$

とおくと, (6.13) 式は

$$F(x_1,\, x_2,\, \ldots,\, x_n) = {}^t\boldsymbol{x}A\boldsymbol{x} = (\boldsymbol{x},\, A\boldsymbol{x}) \tag{6.14}$$

と表される. ここで A は実対称行列であるので適当な直交行列 P によって対角化され (6.11) 式が得られる. そこでもう 1 つのベクトル

ステップ7：キーポイント　2次形式の標準形

$\boldsymbol{y} = \begin{pmatrix} y_1 \\ y_2 \\ \vdots \\ y_n \end{pmatrix}$ として，$\boldsymbol{x} = P\boldsymbol{y}$ を満たすものを考えると（P は直交行列であるの

で，$\boldsymbol{y} = P^{-1}\boldsymbol{x} = {}^tP\boldsymbol{x}$ として与えられる），これにより (6.14) 式は (6.11) 式を利用すると A の固有値を $\lambda_1, \lambda_2, \ldots, \lambda_n$ として

$$F(x_1, x_2, \ldots, x_n) = {}^t(P\boldsymbol{y})A(P\boldsymbol{y}) = {}^t\boldsymbol{y}({}^tPAP)\boldsymbol{y}$$

$$= {}^t\boldsymbol{y} \begin{pmatrix} \lambda_1 & 0 & \cdots & 0 \\ 0 & \lambda_2 & \ddots & \vdots \\ \vdots & \ddots & \ddots & 0 \\ 0 & \cdots & 0 & \lambda_n \end{pmatrix} \boldsymbol{y}$$

$$= \lambda_1 y_1^2 + \lambda_2 y_2^2 + \cdots + \lambda_n y_n^2$$

$$= G(y_1, y_2, \ldots, y_n) \tag{6.15}$$

となる．(6.15) 式の $G(y_1, y_2, \ldots, y_n)$ を 2 次形式 $F(x_1, x_2, \ldots, x_n)$ の**標準形**という．

---

xy 平面上の 2 次曲線の方程式は 2 次形式を用いて

$$ax^2 + 2bxy + cy^2 + \alpha x + \beta y + k = 0 \quad (a, b, c, \alpha, \beta, k \text{ は定数}) \tag{6.16}$$

と表される．従って $\boldsymbol{x} = \begin{pmatrix} x \\ y \end{pmatrix}$, $A = \begin{pmatrix} a & b \\ b & c \end{pmatrix}$ とおいた ${}^t\boldsymbol{x}A\boldsymbol{x} + \begin{pmatrix} \alpha & \beta \end{pmatrix}\boldsymbol{x} + k = 0$ として適当な直交行列 P によって 2 次形式の標準形を求めることにより 2 次曲線の標準形を求めることができる．すなわち A の固有値 λ_1, λ_2 それぞれに対するノルムが 1 の固有ベクトル $\boldsymbol{v}_1 = \begin{pmatrix} p_{11} \\ p_{21} \end{pmatrix}$, $\boldsymbol{v}_2 = \begin{pmatrix} p_{12} \\ p_{22} \end{pmatrix}$（正規直交基底を構成するベクトル）によって

$$P = \begin{pmatrix} \boldsymbol{v}_1 & \boldsymbol{v}_2 \end{pmatrix} = \begin{pmatrix} p_{11} & p_{12} \\ p_{21} & p_{22} \end{pmatrix}$$

とする．これから $\begin{pmatrix} x \\ y \end{pmatrix} = P\begin{pmatrix} X \\ Y \end{pmatrix}$ とおくと 2 次曲線の方程式は

$$\begin{pmatrix} X & Y \end{pmatrix} P^{-1}AP \begin{pmatrix} X \\ Y \end{pmatrix} + \begin{pmatrix} \alpha & \beta \end{pmatrix} P \begin{pmatrix} X \\ Y \end{pmatrix} + k$$

$$= \begin{pmatrix} X & Y \end{pmatrix} \begin{pmatrix} \lambda_1 & 0 \\ 0 & \lambda_2 \end{pmatrix} \begin{pmatrix} X \\ Y \end{pmatrix} + (\alpha p_{11} + \beta p_{21})X + (\alpha p_{12} + \beta p_{22})Y + k$$

$$= \lambda_1 X^2 + \lambda_2 Y^2 + (\alpha p_{11} + \beta p_{21})X + (\alpha p_{12} + \beta p_{22})Y + k = 0 \qquad (6.17)$$

と変換される$^{12)}$．以下に代表的な 2 次曲線の例について説明する．

---**例題 6.7**---

次の 2 次曲線について (6.17) 式のように変形された標準形を求めよ．また各々
2 次曲線の種類を答えよ．

(1)　$3x^2 + 4xy + 6y^2 - 98 = 0$　　　　(2)　$2x^2 + 4xy - y^2 - 12 = 0$

(3)　$4x^2 - 4xy + y^2 - \sqrt{5}\,y + 1 = 0$

解答　(1)　$A = \begin{pmatrix} 3 & 2 \\ 2 & 6 \end{pmatrix}$ の固有値は $\lambda_1 = 7$（代数的重複度 1），$\lambda_2 = 2$（代数的重複度 1）である．

(i)　固有値 $\lambda_1 = 7$ に対する固有ベクトルは

$$\boldsymbol{y}_1 = C \begin{pmatrix} \frac{1}{2} \\ 1 \end{pmatrix} \quad (C \text{ は } 0 \text{ でない任意定数}).$$

$\boldsymbol{y}_1$ はノルムが 1 ではないのでノルムが 1 の $\boldsymbol{v}_1$ を求めると，

$$\boldsymbol{v}_1 = \frac{1}{\sqrt{5}} \begin{pmatrix} 1 \\ 2 \end{pmatrix}.$$

(ii)　固有値 $\lambda_2 = 2$ に対する固有ベクトルは

$$\boldsymbol{y}_2 = C \begin{pmatrix} -2 \\ 1 \end{pmatrix} \quad (C \text{ は } 0 \text{ でない任意定数}).$$

$\boldsymbol{y}_2$ はノルムが 1 ではないのでノルムが 1 の $\boldsymbol{v}_2$ を求めると，

$$\boldsymbol{v}_2 = \frac{1}{\sqrt{5}} \begin{pmatrix} -2 \\ 1 \end{pmatrix}.$$

以上から $\langle \boldsymbol{v}_1, \boldsymbol{v}_2 \rangle$ は $\boldsymbol{R}^2$ の正規直交基底であるので，例えば直交行列

$$P = \begin{pmatrix} \boldsymbol{v}_1 & \boldsymbol{v}_2 \end{pmatrix} = \begin{pmatrix} \frac{1}{\sqrt{5}} & -\frac{2}{\sqrt{5}} \\ \frac{2}{\sqrt{5}} & \frac{1}{\sqrt{5}} \end{pmatrix}$$

$^{12)}$ 最後の式の 1 次の項については，固有値が 0 でなければ平方完成すればよい．

を用いて $\begin{pmatrix} x \\ y \end{pmatrix} = P \begin{pmatrix} X \\ Y \end{pmatrix}$ とおくと

$$\begin{pmatrix} X & Y \end{pmatrix} P^{-1}AP \begin{pmatrix} X \\ Y \end{pmatrix} - 98 = 7X^2 + 2Y^2 - 98 = 0$$

となる．これを変形すると，$\frac{X^2}{14} + \frac{Y^2}{49} = 1$ であるので楕円である[13]．

(2)　$A = \begin{pmatrix} 2 & 2 \\ 2 & -1 \end{pmatrix}$ の固有値は $\lambda_1 = 3$（代数的重複度 1），$\lambda_2 = -2$（代数的重複度 1）である．

(i)　固有値 $\lambda_1 = 3$ に対する固有ベクトルは

$$\boldsymbol{y}_1 = C \begin{pmatrix} 2 \\ 1 \end{pmatrix} \quad (C は 0 でない任意定数)．$$

$\boldsymbol{y}_1$ はノルムが 1 ではないのでノルムが 1 の $\boldsymbol{v}_1$ を求めると，

$$\boldsymbol{v}_1 = \frac{1}{\sqrt{5}} \begin{pmatrix} 2 \\ 1 \end{pmatrix}．$$

(ii)　固有値 $\lambda_2 = -2$ に対する固有ベクトルは

$$\boldsymbol{y}_2 = C \begin{pmatrix} -\frac{1}{2} \\ 1 \end{pmatrix} \quad (C は 0 でない任意定数)．$$

$\boldsymbol{y}_2$ はノルムが 1 ではないのでノルムが 1 の $\boldsymbol{v}_2$ を求めると，

$$\boldsymbol{v}_2 = \frac{1}{\sqrt{5}} \begin{pmatrix} -1 \\ 2 \end{pmatrix}．$$

以上から $\langle \boldsymbol{v}_1, \boldsymbol{v}_2 \rangle$ は $\boldsymbol{R}^2$ の正規直交基底であるので，例えば直交行列

$$P = \begin{pmatrix} \boldsymbol{v}_1 & \boldsymbol{v}_2 \end{pmatrix} = \begin{pmatrix} \frac{2}{\sqrt{5}} & -\frac{1}{\sqrt{5}} \\ \frac{1}{\sqrt{5}} & \frac{2}{\sqrt{5}} \end{pmatrix}$$

を用いて $\begin{pmatrix} x \\ y \end{pmatrix} = P \begin{pmatrix} X \\ Y \end{pmatrix}$ とおくと

$$\begin{pmatrix} X & Y \end{pmatrix} P^{-1}AP \begin{pmatrix} X \\ Y \end{pmatrix} - 12 = 3X^2 - 2Y^2 - 12 = 0$$

となる．これを変形すると，$\frac{X^2}{4} - \frac{Y^2}{6} = 1$ であるので双曲線である[14]．

---

[13]　固有値について $\lambda_1 \lambda_2 > 0$ のときは楕円となる．（ただし 1 点，もしくは空集合の場合も含む．）
[14]　固有値について $\lambda_1 \lambda_2 < 0$ のときは双曲線もしくは交わる 2 直線となる．

第6章 内積空間と正規行列

(3) $A = \begin{pmatrix} 4 & -2 \\ -2 & 1 \end{pmatrix}$ の固有値は $\lambda_1 = 5$（代数的重複度 1），$\lambda_2 = 0$（代数的重複度 1）である.

(i) 固有値 $\lambda_1 = 5$ に対する固有ベクトルは

$$\boldsymbol{y}_1 = C \begin{pmatrix} -2 \\ 1 \end{pmatrix} \quad (C は 0 でない任意定数).$$

$\boldsymbol{y}_1$ はノルムが 1 ではないのでノルムが 1 の $\boldsymbol{v}_1$ を求めると，

$$\boldsymbol{v}_1 = \frac{1}{\sqrt{5}} \begin{pmatrix} -2 \\ 1 \end{pmatrix}.$$

(ii) 固有値 $\lambda_2 = 0$ に対する固有ベクトルは

$$\boldsymbol{y}_2 = C \begin{pmatrix} \frac{1}{2} \\ 1 \end{pmatrix} \quad (C は 0 でない任意定数).$$

$\boldsymbol{y}_2$ はノルムが 1 ではないのでノルムが 1 の $\boldsymbol{v}_2$ を求めると，

$$\boldsymbol{v}_2 = \frac{1}{\sqrt{5}} \begin{pmatrix} 1 \\ 2 \end{pmatrix}.$$

以上から $\langle \boldsymbol{v}_1, \boldsymbol{v}_2 \rangle$ は $\boldsymbol{R}^2$ の正規直交基底であるので，例えば直交行列

$$P = \begin{pmatrix} \boldsymbol{v}_1 & \boldsymbol{v}_2 \end{pmatrix} = \begin{pmatrix} -\frac{2}{\sqrt{5}} & \frac{1}{\sqrt{5}} \\ \frac{1}{\sqrt{5}} & \frac{2}{\sqrt{5}} \end{pmatrix}$$

を用いて $\begin{pmatrix} x \\ y \end{pmatrix} = P \begin{pmatrix} X \\ Y \end{pmatrix}$ とおくと

$$\begin{pmatrix} X & Y \end{pmatrix} P^{-1} A P \begin{pmatrix} X \\ Y \end{pmatrix} + \begin{pmatrix} 0 & -\sqrt{5} \end{pmatrix} P \begin{pmatrix} X \\ Y \end{pmatrix} = 5X^2 - X - 2Y + 1 = 0$$

となる. これを変形すると，$Y = \frac{5}{2}X^2 - \frac{1}{2}X + \frac{1}{2}$ であるので放物線である[15]. □

✅ チェック問題 6.5　2次曲線 $3x^2 - 4xy + 3y^2 + \sqrt{2}\,x + \sqrt{2}\,y - 3 = 0$ について (6.17) 式のように変形された標準形を求めよ. また 2 次曲線の種類を答えよ.

3個の変数の 2 次形式を用いて表される 2 次曲面については本書では触れないが，2 次曲線と同様に 2 次形式の標準化により分類できる[16].

---

[15] 固有値について $\lambda_1 \lambda_2 = 0$ のときは放物線，平行 2 直線となる.（ただし 1 直線もしくは空集合の場合も含む.）

[16] 詳細は参考文献 [3] 等を参照のこと.

6.3 正規行列
―正規行列の性質とその固有値や対角化について理解する

━━━━━━━━ 正規行列 ━━━━━━━━

　本節では複素内積空間に対象を拡げ，複素行列の中で重要な意味をもつ正規行列について説明する．まず複素行列の転置行列の複素共役行列である随伴行列を用いて定義されるエルミート行列とユニタリ行列（および歪エルミート行列）について説明する．エルミート行列とユニタリ行列は量子力学等の分野で重要な役割を担うものである．正規行列の重要な性質は個々の正規行列の固有値の特性と対角化可能であることである．特にエルミート行列の固有値がすべて実数であることは非常に重要である．また前節では実対称行列の直交行列による対角化について説明したが，正規行列についても同様に対角化可能であることがわかる．具体的な計算においては，実数の場合と同様に簡約化により固有ベクトルを求めたり，シュミットの正規直交化法を利用したりすることとなるが，その際に必要となる複素数の計算に慣れることが肝要である．

(I)　複素共役行列と随伴行列

　本節では複素行列を中心にその固有値問題や対角化について考察していくが，まず準備として複素行列について簡単に説明する．複素行列 A のすべての成分を共役複素数にした

$$\overline{A} = \left(\overline{a_{ij}} \right)$$

を A の**複素共役行列**という．複素共役行列については A, B を複素行列，$k \in \boldsymbol{C}$ として

$$\begin{cases} \overline{A \pm B} = \overline{A} \pm \overline{B}, \\ \overline{(kA)} = \overline{k}\,\overline{A}, \\ \overline{AB} = \overline{A}\,\overline{B}, \\ \overline{\overline{A}} = A \end{cases}$$

が成り立つ[17]．また $A = \left(a_{ij} \right)$ の転置行列の複素共役行列，すなわち

$$A^* = \left(\overline{a_{ji}} \right)$$

を A の**随伴行列**といい，$A^* = {}^t\overline{A} = {}^t\overline{A}$ とかく．随伴行列については

────────────────────

[17] 証明は行列の成分について複素数の演算を行えばできるので各自確認せよ．

$$\begin{cases} (A \pm B)^* = A^* \pm B^*, \\ (kA)^* = \overline{k}A^*, \\ (AB)^* = B^*A^*, \\ (A^*)^* = A \end{cases}$$

が成り立つ.

例 6.7   実対称行列 A は ${}^tA = {}^t\overline{A} = A^*$, ${}^tA = A$ より $A^* = A$ である.また直交行列 B は ${}^tBB = {}^t\overline{B}B = B^*B = E_n$ より $B^* = B^{-1}$ である.   □

例 6.8 $\boldsymbol{z} \in \boldsymbol{C}^n$, $\boldsymbol{w} \in \boldsymbol{C}^m$ および $m \times n$ 型複素行列を A, $n \times m$ 型複素行列を B とすると,(6.7) 式のエルミート内積において次が成り立つ.

$$\left.\begin{aligned} (A\boldsymbol{z},\,\boldsymbol{w}) &= {}^t(A\boldsymbol{z})\overline{\boldsymbol{w}} = {}^t\boldsymbol{z}({}^tA\overline{\boldsymbol{w}}) = {}^t\boldsymbol{z}(\overline{\overline{{}^tA}}\,\overline{\boldsymbol{w}}) \\ &= {}^t\boldsymbol{z}(\overline{A^*}\,\overline{\boldsymbol{w}}) = {}^t\boldsymbol{z}(\overline{A^*\boldsymbol{w}}) = (\boldsymbol{z},\,A^*\boldsymbol{w}), \\ (\boldsymbol{z},\,B\boldsymbol{w}) &= {}^t\boldsymbol{z}(\overline{B}\,\overline{\boldsymbol{w}}) = \{{}^t\boldsymbol{z}\,{}^t({}^t\overline{B})\}\overline{\boldsymbol{w}} = {}^t(B^*\boldsymbol{z})\overline{\boldsymbol{w}} = (B^*\boldsymbol{z},\,\boldsymbol{w}). \end{aligned}\right\} \quad (6.18)$$

□

(II)   正規行列とその固有値,固有ベクトル

ここでは複素正方行列の正規行列についてのみ説明し,一般の複素内積空間の正規変換にはふれない[18].

n 次複素正方行列 A が

$$A^*A = AA^* \tag{6.19}$$

を満たすとき,A を**正規行列**という.正規行列については (6.18) 式より

$$(A\boldsymbol{z},\,A\boldsymbol{w}) = (A^*A\boldsymbol{z},\,\boldsymbol{w}) = (AA^*\boldsymbol{z},\,\boldsymbol{w}) = (A^*\boldsymbol{z},\,A^*\boldsymbol{w}) \tag{6.20}$$

が成り立つ.

まず正規行列の固有値と固有ベクトルについて調べよう.A の 1 つの固有値を λ,固有値 λ に対する固有ベクトルを $\boldsymbol{z}$ とすると,$(\lambda E_n - A)\boldsymbol{z} = \boldsymbol{0}$ である.このとき

$$\begin{aligned} (\lambda E_n - A)(\lambda E_n - A)^* &= (\lambda E_n - A)(\overline{\lambda} E_n - A^*) \\ &= \lambda\overline{\lambda} E_n - \lambda E_n A^* - \overline{\lambda} A E_n + AA^* \\ &= \overline{\lambda}\lambda E_n - \overline{\lambda} A - \lambda A^* + A^*A \\ &= (\overline{\lambda} E_n - A^*)(\lambda E_n - A) = (\lambda E_n - A)^*(\lambda E_n - A) \end{aligned}$$

となるので,$\lambda E_n - A$ は正規行列である.従って (6.20) 式から

---

[18] 正規変換については参考文献 [3] を参照のこと.

$$((\lambda E_n - A)\boldsymbol{z}, (\lambda E_n - A)\boldsymbol{z}) = ((\lambda E_n - A)^*\boldsymbol{z}, (\lambda E_n - A)^*\boldsymbol{z}) = 0$$

となるので，$(\lambda E_n - A)^*\boldsymbol{z} = (\overline{\lambda} E_n - A^*)\boldsymbol{z} = \boldsymbol{0}$ であるから，正規行列 A の随伴行列 A^* の固有値は $\overline{\lambda}$ であり，固有値 $\overline{\lambda}$ に対する固有ベクトルは $\boldsymbol{z}$ である．一方相異なる固有値 λ_i $(i = 1, 2, \ldots, s)$ 各々に対する固有ベクトルを $\boldsymbol{z}_i$ とすると

$$\lambda_i(\boldsymbol{z}_i, \boldsymbol{z}_j) = (\lambda_i \boldsymbol{z}_i, \boldsymbol{z}_j) = (A\boldsymbol{z}_i, \boldsymbol{z}_j)$$
$$= (\boldsymbol{z}_i, A^*\boldsymbol{z}_j) = (\boldsymbol{z}_i, \overline{\lambda_j}\boldsymbol{z}_j) = \lambda_j(\boldsymbol{z}_i, \boldsymbol{z}_j)$$

より

$$(\lambda_i - \lambda_j)(\boldsymbol{z}_i, \boldsymbol{z}_j) = 0$$

である．これから $\lambda_i \neq \lambda_j$ より $(\boldsymbol{z}_i, \boldsymbol{z}_j) = 0$ である．従って

ステップ 8：キーポイント　　**正規行列の固有ベクトル**

正規行列 A の相異なる固有値に対する固有ベクトルは互いに直交する．

次に重要な 3 種類の正規行列を以下に定義しよう．

◆ **エルミート行列**　n 次複素正方行列 A が

$$A^* = A \tag{6.21}$$

を満たすとき，A を**エルミート行列**という[19]．実対称行列はエルミート行列であり，(6.21) 式の性質からエルミート行列は正規行列である．

例 6.9　$A = \begin{pmatrix} 1 & i \\ -i & 1 \end{pmatrix}$ は $A^* = A$ であるのでエルミート行列である．　　□

◆ **歪エルミート行列**　n 次複素正方行列 A が

$$A^* = -A \tag{6.22}$$

を満たすとき，A を**歪エルミート行列**という[20]．実交代行列は歪エルミート行列であり，(6.22) 式の性質から歪エルミート行列は正規行列である．

例 6.10　$A = \begin{pmatrix} i & 1+i \\ -1+i & 2i \end{pmatrix}$ は $A^* = -A$ であるので歪エルミート行列である．

　　□

---

[19] エルミート行列の対角成分はすべて実数である．

[20] 歪エルミート行列の対角成分は純虚数か 0 である．

◆ **ユニタリ行列** n 次複素正方行列 A が

$$A^*A = AA^* = E_n \tag{6.23}$$

を満たすとき，A を**ユニタリ行列**という[21]．直交行列はユニタリ行列であり，(6.23) 式の性質からユニタリ行列は正規行列である．また $A^* = A^{-1}$ である．

例 6.11 $A = \begin{pmatrix} \frac{i}{\sqrt{5}} & -\frac{2i}{\sqrt{5}} \\ \frac{2}{\sqrt{5}} & \frac{1}{\sqrt{5}} \end{pmatrix}$ は

$$A^*A = \begin{pmatrix} -\frac{i}{\sqrt{5}} & \frac{2}{\sqrt{5}} \\ \frac{2i}{\sqrt{5}} & \frac{1}{\sqrt{5}} \end{pmatrix} \begin{pmatrix} \frac{i}{\sqrt{5}} & -\frac{2i}{\sqrt{5}} \\ \frac{2}{\sqrt{5}} & \frac{1}{\sqrt{5}} \end{pmatrix} = E_n$$

であるのでユニタリ行列である． □

上記の 3 種類の正規行列の固有値については以下の通りである[22]．

- エルミート行列の固有値はすべて実数である．
- 歪エルミート行列の固有値はすべて純虚数か 0 である．
- ユニタリ行列の固有値はすべて絶対値が 1 の複素数である．

(III) 正規行列の対角化

正規行列 A の対角化について説明しよう．

証明は省略するが，n 次複素正方行列 A も実正方行列の場合と同様に適当なユニタリ行列 U によって上三角化可能であり，

$$U^*AU = \begin{pmatrix} \lambda_1 & \mu_{12} & \mu_{13} & \cdots & \mu_{1n} \\ 0 & \lambda_2 & \mu_{23} & \cdots & \mu_{2n} \\ \vdots & 0 & \lambda_3 & \cdots & \mu_{3n} \\ \vdots & \vdots & \ddots & \ddots & \vdots \\ 0 & 0 & \cdots & 0 & \lambda_n \end{pmatrix} = M \quad (\lambda_1, \lambda_2, \ldots, \lambda_n \text{ は } A \text{ の固有値})$$

となったとする．このとき $A = UMU^*$ であり，これから A の随伴行列 A^* は，

$$A^* = (UMU^*)^* = (U^*)^*M^*U^* = U \begin{pmatrix} \overline{\lambda_1} & 0 & 0 & \cdots & 0 \\ \overline{\mu_{12}} & \overline{\lambda_2} & 0 & \cdots & 0 \\ \overline{\mu_{13}} & \overline{\mu_{23}} & \overline{\lambda_3} & \ddots & \vdots \\ \vdots & \vdots & \vdots & \ddots & 0 \\ \overline{\mu_{1n}} & \overline{\mu_{2n}} & \overline{\mu_{3n}} & \cdots & \overline{\lambda_n} \end{pmatrix} U^*$$

---

[21] $A = (\,\boldsymbol{a}_1 \;\; \boldsymbol{a}_2 \;\; \cdots \;\; \boldsymbol{a}_n\,)$ とおくと，$\langle \boldsymbol{a}_1, \boldsymbol{a}_2, \ldots, \boldsymbol{a}_n \rangle$ は $\boldsymbol{C}^n$ の正規直交基底である．

[22] 証明は章末の演習問題 4 とする．

である.

A が正規行列ならば, $AA^* = A^*A$ より

$$AA^* = (UMU^*)(UM^*U^*) = U(MM^*)U^*$$
$$= A^*A = (UM^*U^*)(UMU^*) = U(M^*M)U^*$$

であるから, $U(MM^*)U^* = U(M^*M)U^*$ の両辺に左から U^*, 右から U をかけると

$$MM^* = M^*M$$

となる. 従って, 両辺の対角成分 ((i, i) 成分 ($i = 1, 2, \ldots, n$)) を $i = 1$ から順に比較すると,

$i = 1 : |\lambda_1|^2 + |\mu_{12}|^2 + |\mu_{13}|^2 + \cdots + |\mu_{1n}|^2 = |\lambda_1|^2$ より

$\quad \mu_{12} = \mu_{13} = \cdots = \mu_{1n} = 0,$

$i = 2 : |\lambda_2|^2 + |\mu_{23}|^2 + |\mu_{24}|^2 + \cdots + |\mu_{2n}|^2 = |\mu_{12}|^2 + |\lambda_2|^2 = |\lambda_2|^2$ より

$\quad \mu_{23} = \mu_{24} = \cdots = \mu_{2n} = 0,$

$\quad \cdots$ (以降同様).

以上から

$$\mu_{i\,i+1} = \mu_{i\,i+2} = \cdots = \mu_{in} = 0 \quad (i = 1, 2, \ldots, n - 1)$$

が得られる. 従って M は対角成分が λ_i の対角行列である.

逆に n 次複素正方行列 A が適当なユニタリ行列で

$$U^*AU = \begin{pmatrix} \lambda_1 & 0 & \cdots & 0 \\ 0 & \lambda_2 & \ddots & \vdots \\ \vdots & \ddots & \ddots & 0 \\ 0 & \cdots & 0 & \lambda_n \end{pmatrix} = D$$

と対角化されたとする. このとき $A = UDU^*$ から

$$AA^* = (UDU^*)(UDU^*)^* = UDU^*(U^*)^*D^*U^* = UDD^*U^*,$$
$$A^*A = (UDU^*)^*(UDU^*) = (U^*)^*D^*U^*UDU^* = UD^*DU^*$$

であるが, $DD^* = D^*D = \begin{pmatrix} |\lambda_1|^2 & 0 & \cdots & 0 \\ 0 & |\lambda_2|^2 & \ddots & \vdots \\ \vdots & \ddots & \ddots & 0 \\ 0 & \cdots & 0 & |\lambda_n|^2 \end{pmatrix}$ であり, $AA^* = A^*A$ が満た

されるので, A は正規行列である. すなわち

ステップ9：キーポイント　**正規行列の対角化**

n 次複素正方行列 A が適当なユニタリ行列によって対角化される必要十分条件
は，A が正規行列であることである.

──例題 6.8──

例 6.9 のエルミート行列 $\begin{pmatrix} 1 & i \\ -i & 1 \end{pmatrix}$ を適当なユニタリ行列を用いて対角化せよ.

解答　(1)　固有方程式は

$$\Phi_A(x) = \begin{vmatrix} x-1 & -i \\ i & x-1 \end{vmatrix} = (x-1)^2 - 1 = x^2 - 2x = x(x-2) = 0$$

より固有値 $\lambda_1 = 2$, $\lambda_2 = 0$ である.

　(i)　固有値 $\lambda_1 = 2$ に対する固有ベクトルは

$$\boldsymbol{y}_1 = C \begin{pmatrix} i \\ 1 \end{pmatrix} \quad (C \text{ は 0 でない任意定数（複素数）}).$$

$\boldsymbol{y}_1$ はノルムが 1 ではないのでノルムが 1 の $\boldsymbol{v}_1$ を求めると，

$$\boldsymbol{v}_1 = \frac{1}{\sqrt{2}} \begin{pmatrix} i \\ 1 \end{pmatrix}.$$

　(ii)　固有値 $\lambda_2 = 0$ に対する固有ベクトルは

$$\boldsymbol{y}_2 = C \begin{pmatrix} -i \\ 1 \end{pmatrix} \quad (C \text{ は 0 でない任意定数（複素数）}).$$

$\boldsymbol{y}_2$ はノルムが 1 ではないのでノルムが 1 の $\boldsymbol{v}_2$ を求めると，

$$\boldsymbol{v}_2 = \frac{1}{\sqrt{2}} \begin{pmatrix} -i \\ 1 \end{pmatrix}.$$

以上から $\langle \boldsymbol{v}_1, \boldsymbol{v}_2 \rangle$ は $\boldsymbol{C}^2$ の正規直交基底であるので，例えばユニタリ行列

$$U = \begin{pmatrix} \boldsymbol{v}_1 & \boldsymbol{v}_2 \end{pmatrix} = \begin{pmatrix} \frac{i}{\sqrt{2}} & -\frac{i}{\sqrt{2}} \\ \frac{1}{\sqrt{2}} & \frac{1}{\sqrt{2}} \end{pmatrix}$$

によって次のように対角化される[23].

$$U^* A U = \begin{pmatrix} 2 & 0 \\ 0 & 0 \end{pmatrix}. \qquad \square$$

─────────────────────

[23] エルミート行列 A の固有値がすべて実数であり，ユニタリ行列によって対角化される.

✅ **チェック問題 6.6**　例 6.10 の歪エルミート行列 $A = \begin{pmatrix} i & 1+i \\ -1+i & 2i \end{pmatrix}$ を適当なユニタリ行列を用いて対角化せよ.

6 章の演習問題

□ **1**　実内積空間 $\boldsymbol{R}^n$ の零ベクトルでない 1 つのベクトル $\boldsymbol{a}$ をとる. 任意の $\boldsymbol{R}^n$ のベクトル $\boldsymbol{x}$ に対し, $\boldsymbol{a}$ のスカラー倍のベクトル $\boldsymbol{y} = k\boldsymbol{a}$ について $\boldsymbol{x} - \boldsymbol{y}$ と $\boldsymbol{a}$ が直交するとき, $\boldsymbol{x}$ に $\boldsymbol{y}$ を対応させる変換を T とする.（この変換 T を $\boldsymbol{x}$ から $\boldsymbol{a}$ への**正射影**という.）次の問に答えよ.

(1)　変換 T は $T(\boldsymbol{x}) = \frac{(\boldsymbol{a}, \boldsymbol{x})}{(\boldsymbol{a}, \boldsymbol{a})} \boldsymbol{a}$ とかけることを示せ.

(2)　変換 T は線形変換であることを示せ.

(3)　変換 T は $(T \circ T)(\boldsymbol{x}) = T(\boldsymbol{x})$ を満たすことを示せ.

(4)　$\boldsymbol{R}^3$ の 1 つのベクトルを $\boldsymbol{a} = \begin{pmatrix} 2 \\ -1 \\ -2 \end{pmatrix}$ とするとき, $\boldsymbol{x} = \begin{pmatrix} 1 \\ -1 \\ 0 \end{pmatrix}$ の T による像 $\boldsymbol{y}$ を求めよ.

(5)　(4) のベクトル $\boldsymbol{a}$ によって定まる変換 T の $\boldsymbol{R}^3$ の標準基底に関する表現行列 A を求めよ. また $A^2 = A$ であることを確認せよ[24].

□ **2**　実正方行列 A が直交行列によって対角化されるとき, A は実対称行列であることを示せ[25].

□ **3**　零行列ではない実対称行列 A はべき零行列ではないことを示せ.

□ **4**　次の問に答えよ.

(1)　エルミート行列のすべての固有値は実数であることを示せ.

(2)　歪エルミート行列のすべての固有値は純虚数か 0 であることを示せ.

(3)　ユニタリ行列の固有値はすべて絶対値が 1 の複素数であることを示せ.

□ **5**　次の問に答えよ.

(1)　エルミート行列でありかつユニタリ行列である, 実行列でも対角行列でもない 3 次行列 A の例を 1 つ挙げ, 適当なユニタリ行列を用いて対角化せよ.

(2)　歪エルミート行列でありかつユニタリ行列である, 実行列でも対角行列でもない 3 次行列 B の例を 1 つ挙げ, 適当なユニタリ行列を用いて対角化せよ.

---

[24]　行列 A は 5 章の演習問題 5 で示した射影行列である.

[25]　実正方行列 A が適当な直交行列によって対角化される必要十分条件は, A が実対称行列であることである.

問題の略解

(詳解は，https://www.saiensu.co.jp の本書のサポートページを参照)

■■■ 第1章 ■■■

チェック問題 **1.1** (1) $x = 2, y = w = 1, z = -1$

(2) $\displaystyle {}^tA = \begin{pmatrix} 0 & x+y-1 & -1 & 1 \\ 0 & 0 & x+y+z-1 & 0 \\ y-w & 0 & 0 & x \\ x+z-1 & z+w & -y+1 & 0 \end{pmatrix}$

(3) $x = z = w = 0, y = 1$

チェック問題 **1.2** (1) $\displaystyle \begin{pmatrix} 0 & 0 & -1 \\ 1 & -4 & 3 \\ 1 & -1 & -1 \end{pmatrix}$ (2) $\displaystyle \begin{pmatrix} 1 & 7 & 0 \\ 4 & -5 & 4 \\ 5 & 2 & 3 \end{pmatrix}$ (3) $\displaystyle \begin{pmatrix} 1 & 2 & -1 \\ 0 & 6 & -3 \\ -4 & 1 & -3 \end{pmatrix}$

チェック問題 **1.3** $\displaystyle BA = \begin{pmatrix} 0 & 10 \\ -3 & 2 \\ 2 & 3 \\ -7 & 2 \end{pmatrix}, BD = \begin{pmatrix} 1 \\ 3 \\ 1 \\ 6 \end{pmatrix}, DC = \begin{pmatrix} 1 & 2 \\ 3 & 6 \\ 0 & 0 \end{pmatrix}$

チェック問題 **1.5** (1) $A^k = \begin{cases} E_3 & (k = 3p \text{ のとき}) \\ \begin{pmatrix} 0 & -1 & 0 \\ 0 & 0 & -1 \\ 1 & 0 & 0 \end{pmatrix} & (k = 3p - 2 \text{ のとき}) \\ \begin{pmatrix} 0 & 0 & 1 \\ -1 & 0 & 0 \\ 0 & -1 & 0 \end{pmatrix} & (k = 3p - 1 \text{ のとき}) \end{cases}$

(2) $\displaystyle B^k = \begin{pmatrix} 2^k & k2^{k-1} & \frac{k(k-1)}{2}2^{k-2} \\ 0 & 2^k & k2^{k-1} \\ 0 & 0 & 2^k \end{pmatrix}$

チェック問題 **1.6** $\displaystyle A^p = \begin{pmatrix} E_n & O_{n,n} \\ pB & E_n \end{pmatrix}$

◆ 演習問題

1 (2)　$X = \dfrac{1}{2}(S + A)$

(3)　$X = \dfrac{1}{2}S + \dfrac{1}{2}A = \begin{pmatrix} 0 & 2 & -2 \\ 2 & 2 & 1 \\ -2 & 1 & 2 \end{pmatrix} + \begin{pmatrix} 0 & 1 & 1 \\ -1 & 0 & 3 \\ -1 & -3 & 0 \end{pmatrix}$

2　$B = \begin{pmatrix} -a-1 & -a-b & a-c-1 \\ -2a+2b & b & -b+2 \\ 3a-2b+1 & a & -a+b+c-1 \end{pmatrix}$,

$a = \dfrac{3}{2},\, b = \dfrac{1}{2},\, c = -4$

4　$X^k = \begin{pmatrix} A^k & \left(\displaystyle\sum_{i=0}^{k-1} a^{k-1-i}b^i\right)C \\ O_{n,m} & B^k \end{pmatrix}$

■■ **第 2 章** ■■■■■■■■■■■■■■■■■■■■■■■■■■■■

チェック問題 **2.1**　$\begin{pmatrix} x_1 \\ x_2 \\ x_3 \end{pmatrix} = \begin{pmatrix} C+1 \\ 0 \\ C \end{pmatrix}$　（C は任意定数）

チェック問題 **2.3**　$x = 2,\, y = -7$

チェック問題 **2.4**　(1)　$\begin{pmatrix} x_1 \\ x_2 \\ x_3 \\ x_4 \end{pmatrix} = \begin{pmatrix} -1 \\ 0 \\ 0 \\ 1 \end{pmatrix}$

(2)　$\begin{pmatrix} x_1 \\ x_2 \\ x_3 \\ x_4 \end{pmatrix} = \begin{pmatrix} -5C+4 \\ -6C+4 \\ -C+1 \\ C \end{pmatrix}$　（C は任意定数）

チェック問題 **2.5**　(1)　正則，$A^{-1} = \begin{pmatrix} -1 & 1 & -2 \\ -1 & 1 & -1 \\ -2 & 3 & -1 \end{pmatrix}$

(2)　正則ではない

チェック問題 **2.6**　$\begin{pmatrix} x_1 \\ x_2 \\ x_3 \\ x_4 \\ x_5 \end{pmatrix} = \begin{pmatrix} -10C \\ 2C \\ 6C \\ 5C \\ C \end{pmatrix}$　（C は任意定数）

チェック問題 **2.7**　(1)　1 次従属

(2)　1 次独立

チェック問題 2.8　1 次従属．1 次独立な列ベクトルの最大数は 3．$\boldsymbol{a}_1$, $\boldsymbol{a}_2$, $\boldsymbol{a}_4$ が 1 次独立最大の 1 組で $\boldsymbol{a}_3 = 2\boldsymbol{a}_1 - 3\boldsymbol{a}_2$ および $\boldsymbol{a}_5 = 2\boldsymbol{a}_1 + \boldsymbol{a}_2 - \boldsymbol{a}_4$ と表される．

◆ 演習問題

1 (1) $\begin{pmatrix} x_1 \\ x_2 \\ x_3 \\ x_4 \end{pmatrix} = \begin{pmatrix} -2C_1 - C_2 \\ -C_1 + 2C_2 - 2 \\ C_1 \\ C_2 \end{pmatrix}$　（C_1, C_2 は任意定数）

(2) $\begin{pmatrix} x_1 \\ x_2 \\ x_3 \\ x_4 \\ x_5 \end{pmatrix} = \begin{pmatrix} C_1 + C_2 - 7C_3 - 3 \\ C_1 \\ -2C_2 + 9C_3 + 5 \\ C_2 \\ C_3 \end{pmatrix}$　（C_1, C_2, C_3 は任意定数）

(3) $\begin{pmatrix} x_1 \\ x_2 \\ x_3 \\ x_4 \\ x_5 \end{pmatrix} = \begin{pmatrix} C_2 + 1 \\ C_1 - 6C_2 \\ C_1 - 3C_2 \\ C_1 \\ C_2 \end{pmatrix}$　（C_1, C_2 は任意定数）

(4) $\begin{pmatrix} x_1 \\ x_2 \\ x_3 \\ x_4 \end{pmatrix} = \begin{pmatrix} 2C \\ 0 \\ -C \\ C \end{pmatrix}$　（C は任意定数）

2 $a = 8$ かつ $b \neq 1$

3 正則となる条件は $a \neq 2$．

$$A^{-1} = \begin{pmatrix} \frac{a}{2(a-2)} & \frac{1}{a-2} & \frac{a^2+2}{2(2-a)} \\ \frac{1}{2} & 0 & -\frac{a}{2} \\ \frac{a}{2(2-a)} & \frac{1}{2-a} & \frac{-a^2-2a+2}{2(2-a)} \end{pmatrix}.$$

4 1 次従属である条件は $a = -1$．1 次独立な列ベクトルの最大数は 3．$\boldsymbol{a}_1$, $\boldsymbol{a}_2$, $\boldsymbol{a}_3$ が 1 次独立最大の 1 組であり，$\boldsymbol{a}_4 = \boldsymbol{a}_1 + \frac{2}{3}\boldsymbol{a}_2 + \frac{2}{3}\boldsymbol{a}_3$ と表される．

■ 第 3 章 ■

チェック問題 3.1　$\sigma\tau = \tau\sigma = \begin{pmatrix} 1 & 2 & 3 & 4 & 5 \\ 1 & 2 & 3 & 4 & 5 \end{pmatrix} = \varepsilon_5$

チェック問題 3.3　$|A| = (d-c)(d-b)(d-a)(c-b)(c-a)(b-a)$

チェック問題 3.4　$|A| = -8(a-b)^2(a+b+1)$

チェック問題 3.5　$|A| = -3bc + a^3c - 2bc^2 - ab^2c + ac^2 + 6ac - b^4 - 3b^2 + a^2b^2$

チェック問題 **3.6**　(1)　$|A| = a^3 + a^2 - a + 2$. $|A| = 0$ を満たす実数は $a = -2$.

(2)　$A^{-1} = \dfrac{1}{a^3 + a^2 - a + 2} \begin{pmatrix} a^2+1 & -a^2+a+1 & a^2-3a \\ -1 & a^2+a-1 & -a^2+2 \\ -a & -2 & a^2+a+2 \end{pmatrix}$

チェック問題 **3.7**　(2)　$x_1 = \dfrac{-12a^2+27a+19}{-12a^2+18a-13}$, $x_2 = \dfrac{3a^2+5a+28}{-12a^2+18a-13}$

(3)　$a = 2$, $x_3 = 1$

◆ 演習問題

1　(1)　1040　　(2)　524　　(3)　5　　(4)　0　　(5)　32768

2　(2)　-30

3　(2)　203

5　(1)　$|A| = (-1)^{(n-1)+(n-2)+\cdots+2+1} x_1 x_2 \cdots x_n = (-1)^{\frac{n(n-1)}{2}} x_1 x_2 \cdots x_n$

(2)　$y_1 = (-1)^{\frac{n(n-1)}{2}} x_2 x_3 \cdots x_n$, $y_n = (-1)^{\frac{n(n-1)}{2}} x_1 x_2 \cdots x_{n-1}$ および

$y_i = (-1)^{\frac{n(n-1)}{2}} x_1 x_2 \cdots x_{i-1} x_{i+1} \cdots x_n$　$(i = 2, 3, \ldots, n-1)$

として A の余因子行列は $\widetilde{A} = \begin{pmatrix} & & & y_n \\ & 0 & & \reflectbox{$\ddots$} \\ & & \reflectbox{$\ddots$} & \\ & y_2 & & 0 \\ y_1 & & & \end{pmatrix}$.

(3)　$A^{-1} = \begin{pmatrix} & & & \frac{1}{x_n} \\ & 0 & & \reflectbox{$\ddots$} \\ & & \reflectbox{$\ddots$} & \\ & \frac{1}{x_2} & & 0 \\ \frac{1}{x_1} & & & \end{pmatrix}$

■ **第 4 章**

チェック問題 **4.1**　(1)　部分空間　　(2)　部分空間ではない　　(3)　部分空間

チェック問題 **4.2**　1 次独立

チェック問題 **4.4**　(1)　$\dim W = 2$ で 1 組の基底は $\left\langle \begin{pmatrix} -1 \\ 1 \\ 0 \\ 0 \\ 0 \end{pmatrix}, \begin{pmatrix} 1 \\ 0 \\ 2 \\ -1 \\ 1 \end{pmatrix} \right\rangle$.

(2)　$\dim W = 2$ で 1 組の基底は $\left\langle 1 - x - x^2 + x^3,\ 1 - 2x^2 + x^4 \right\rangle$.

チェック問題 4.5　線形写像ではない

チェック問題 4.6　(1)　$\operatorname{Ker} T_A$ の次元は 3 で 1 組の基底は

$$\left\langle \begin{pmatrix} 3 \\ 1 \\ 0 \\ 0 \\ 0 \end{pmatrix}, \begin{pmatrix} -2 \\ 0 \\ 1 \\ 0 \\ 0 \end{pmatrix}, \begin{pmatrix} -4 \\ 0 \\ 0 \\ 1 \\ 1 \end{pmatrix} \right\rangle.$$

(2)　$T_A(\mathbf{R}^5)$ の次元は 2 で 1 組の基底は

$$\left\langle \begin{pmatrix} 1 \\ -2 \end{pmatrix}, \begin{pmatrix} 5 \\ -5 \end{pmatrix} \right\rangle.$$

チェック問題 4.7　(1)　$P = \begin{pmatrix} 1 & 3 & 1 \\ 0 & 1 & 1 \\ 1 & 1 & 0 \end{pmatrix}, Q = \begin{pmatrix} 4 & 0 & 1 \\ -2 & 1 & 0 \\ 1 & 1 & 1 \end{pmatrix}$

(2)　$\boldsymbol{x}$ の基底 $\langle \boldsymbol{a}_1, \boldsymbol{a}_2, \boldsymbol{a}_3 \rangle$ に関する座標ベクトルは $\begin{pmatrix} 0 \\ -2 \\ 5 \end{pmatrix}$，基底 $\langle \boldsymbol{b}_1, \boldsymbol{b}_2, \boldsymbol{b}_3 \rangle$ に関する座標ベクトルは $\begin{pmatrix} 4 \\ 11 \\ -17 \end{pmatrix}$.

チェック問題 4.8　(1)　$A = \begin{pmatrix} 1 & 0 & -1 \\ -2 & -2 & 1 \\ 0 & 1 & 2 \end{pmatrix}$　(2)　$B = \begin{pmatrix} -4 & -3 & -9 \\ -2 & -1 & -4 \\ 3 & 0 & 6 \end{pmatrix}$

◆ **演習問題**

2　(1)　1 次従属　　(2)　1 次独立　　(3)　1 次従属

3　(1)　$a = 15$

　(2)　$a = 17$

4　(1)　1 次従属. 1 次独立なベクトルの最大数は 3. $\boldsymbol{a}_1, \boldsymbol{a}_2, \boldsymbol{a}_3$ が 1 次独立最大の 1 組であり，$\boldsymbol{a}_4 = -\frac{4}{3}\boldsymbol{a}_1 - \frac{8}{3}\boldsymbol{a}_2 - \frac{2}{3}\boldsymbol{a}_3$ と表される.

　(2)　1 次従属. 1 次独立な列ベクトルの最大数は 2. $f_1(x), f_2(x)$ が 1 次独立最大の 1 組であり，$f_3(x) = \frac{4}{9}f_1(x) - \frac{11}{9}f_2(x)$, $f_4(x) = \frac{1}{3}f_1(x) + \frac{1}{3}f_2(x)$ と表される.

5　(1)　$\dim W_1 = 3$ で 1 組の基底は $\left\langle \begin{pmatrix} 2 \\ 1 \\ 0 \\ 0 \end{pmatrix}, \begin{pmatrix} 1 \\ 0 \\ 1 \\ 0 \end{pmatrix}, \begin{pmatrix} 3 \\ 0 \\ 2 \\ 1 \end{pmatrix} \right\rangle.$

　　$\dim W_2 = 2$ で 1 組の基底は $\left\langle \begin{pmatrix} -1 \\ -1 \\ 0 \\ 1 \\ 0 \end{pmatrix}, \begin{pmatrix} -1 \\ -2 \\ 1 \\ 0 \\ 1 \end{pmatrix} \right\rangle.$

(2)　$\dim(W_1 \cap W_2) = 1$ で 1 組の基底は $\left\langle \begin{pmatrix} 0 \\ -1 \\ 1 \\ -1 \\ 1 \end{pmatrix} \right\rangle$.

6　(2)　$\operatorname{Ker} T$ の次元は 1 で 1 組の基底は $\left\langle -1 - 3x + x^2 \right\rangle$.

(3)　$A = \begin{pmatrix} -1 & 1 & 2 \\ 0 & 0 & 0 \\ 1 & 0 & 1 \end{pmatrix}$, $B = \begin{pmatrix} -6 & -2 & 7 \\ 1 & -1 & -2 \\ -6 & -2 & 7 \end{pmatrix}$

第 5 章

チェック問題 5.1　(1)　固有値は $2, -1, -3$.

(i)　固有値 $\lambda_1 = 2$ に対する固有ベクトルは $C\begin{pmatrix} \frac{4}{3} \\ \frac{1}{3} \\ 1 \end{pmatrix}$ （C は 0 でない任意定数）. 固有空間は $W_{\lambda_1} = \left\{ C\begin{pmatrix} \frac{4}{3} \\ \frac{1}{3} \\ 1 \end{pmatrix} \,\middle|\, C \in \boldsymbol{R} \right\}$.

(ii)　固有値 $\lambda_2 = -1$ に対する固有ベクトルは $C\begin{pmatrix} 1 \\ \frac{1}{2} \\ 1 \end{pmatrix}$ （C は 0 でない任意定数）. 固有空間は $W_{\lambda_2} = \left\{ C\begin{pmatrix} 1 \\ \frac{1}{2} \\ 1 \end{pmatrix} \,\middle|\, C \in \boldsymbol{R} \right\}$.

(iii)　固有値 $\lambda_3 = -3$ に対する固有ベクトルは $C\begin{pmatrix} 1 \\ 1 \\ 1 \end{pmatrix}$ （C は 0 でない任意定数）. 固有空間は $W_{\lambda_3} = \left\{ C\begin{pmatrix} 1 \\ 1 \\ 1 \end{pmatrix} \,\middle|\, C \in \boldsymbol{R} \right\}$.

(2)　固有値は 1 （代数的重複度 3）. 固有値 $\lambda_1 = 1$ に対する固有ベクトルは $C\begin{pmatrix} -1 \\ 0 \\ 1 \end{pmatrix}$ （C は 0 でない任意定数）. 固有空間は $W_{\lambda_1} = \left\{ C\begin{pmatrix} -1 \\ 0 \\ 1 \end{pmatrix} \,\middle|\, C \in \boldsymbol{R} \right\}$.

チェック問題 5.2　O

チェック問題 5.4　(1)　$A = \begin{pmatrix} 1 & 1 & 1 \\ 0 & 2 & 2 \\ 0 & 0 & 1 \end{pmatrix}$

(2)　固有値は $2, 1$ （代数的重複度 2）.

(i)　固有値 2 に対する固有ベクトルは $C + Cx = C(1 + x)$ （C は 0 でない任意定数）.

(ii)　固有値 1 に対する固有ベクトルは C （C は 0 でない任意定数）.

チェック問題 **5.5** (1) 対角化可能. $P = \begin{pmatrix} -4 & -3 & \frac{1}{2} \\ 1 & 0 & 1 \\ 0 & 1 & 0 \end{pmatrix}$ とおくと $B = \begin{pmatrix} 3 & 0 & 0 \\ 0 & 3 & 0 \\ 0 & 0 & 12 \end{pmatrix}$.

(2) 対角化できない

チェック問題 **5.6** 対角化可能. $P = \begin{pmatrix} 2 & 1 \\ 1 & 1 \end{pmatrix}$ とおくと $B = \begin{pmatrix} 3 & 0 \\ 0 & 2 \end{pmatrix}$.

$$A^p = \begin{pmatrix} -2^p + 2 \times 3^p & 2 \times 2^p - 2 \times 3^p \\ -2^p + 3^p & 2 \times 2^p - 3^p \end{pmatrix}.$$

◆ 演習問題

1 $a = 1$. 固有値は 2（代数的重複度 2）, -4.

(i) 固有値 2 に対する固有ベクトルは $C_1 \begin{pmatrix} 0 \\ 1 \\ 0 \end{pmatrix} + C_2 \begin{pmatrix} -1 \\ 0 \\ 1 \end{pmatrix}$ （C_1, C_2 は同時に 0 でない

任意定数）.

(ii) 固有値 -4 に対する固有ベクトルは $C \begin{pmatrix} 1 \\ -\frac{1}{3} \\ 1 \end{pmatrix}$ （C は 0 でない任意定数）.

2 $\begin{pmatrix} 0 & 1 & 0 & 0 \\ 0 & 0 & 1 & 0 \\ 0 & 0 & 0 & 1 \\ -1 & -1 & -1 & -1 \end{pmatrix}$

4 対角化可能. $P = \begin{pmatrix} 1 & 3 & 4 \\ 1 & 0 & -3 \\ 0 & 1 & 2 \end{pmatrix}$ とおくと $B = \begin{pmatrix} 1 & 0 & 0 \\ 0 & 1 & 0 \\ 0 & 0 & 2 \end{pmatrix}$.

$A^p = \begin{pmatrix} -3 + 4 \times 2^p & 4 - 4 \times 2^p & 12 - 12 \times 2^p \\ 3 - 3 \times 2^p & -2 + 3 \times 2^p & -9 + 9 \times 2^p \\ -2 + 2 \times 2^p & 2 - 2 \times 2^p & 7 - 6 \times 2^p \end{pmatrix}$.

5 (1) $Q_1 \boldsymbol{x} = c_1 \boldsymbol{x}_1$, $Q_2 \boldsymbol{x} = c_2 \boldsymbol{x}_2$

■ 第 6 章 ■

チェック問題 **6.1** $(f, g) = -\frac{12}{5}$, $\|f\| = \sqrt{\frac{22}{5}}$, $\|g\| = \sqrt{\frac{46}{15}}$, $\|f + g\| = \sqrt{\frac{8}{3}}$

チェック問題 **6.3** (1) $\left\langle \frac{1}{3} \begin{pmatrix} -2 \\ 2 \\ 1 \end{pmatrix}, \frac{1}{3} \begin{pmatrix} 2 \\ 1 \\ 2 \end{pmatrix}, \frac{1}{3} \begin{pmatrix} 1 \\ 2 \\ -2 \end{pmatrix} \right\rangle$

(2) $\left\langle \frac{\sqrt{2}}{2}, \frac{\sqrt{6}\,x}{2}, -\frac{\sqrt{10}}{4} + \frac{3\sqrt{10}\,x^2}{4} \right\rangle$

チェック問題 **6.4** 例えば直交行列 $P = \begin{pmatrix} \frac{1}{\sqrt{5}} & \frac{2}{\sqrt{30}} & -\frac{2}{\sqrt{6}} \\ \frac{2}{\sqrt{5}} & -\frac{1}{\sqrt{30}} & \frac{1}{\sqrt{6}} \\ 0 & \frac{5}{\sqrt{30}} & \frac{1}{\sqrt{6}} \end{pmatrix}$ によって，実対称行列 A は

$P^{-1}AP = \begin{pmatrix} 3 & 0 & 0 \\ 0 & 3 & 0 \\ 0 & 0 & -3 \end{pmatrix}$ と対角化される.

チェック問題 6.5　例えば直交行列 $P = \begin{pmatrix} -\frac{1}{\sqrt{2}} & \frac{1}{\sqrt{2}} \\ \frac{1}{\sqrt{2}} & \frac{1}{\sqrt{2}} \end{pmatrix}$ を用いて $\begin{pmatrix} x \\ y \end{pmatrix} = P\begin{pmatrix} X \\ Y \end{pmatrix}$ とおくと，$5X^2 + Y^2 + 2Y - 3 = 0$ となる．これを変形すると，$\frac{5}{4}X^2 + \frac{1}{4}(Y+1)^2 = 1$ であるので楕円である．

チェック問題 6.6　例えばユニタリ行列 $U = \begin{pmatrix} \frac{1-i}{\sqrt{6}} & \frac{-1+i}{\sqrt{3}} \\ \frac{2}{\sqrt{6}} & \frac{1}{\sqrt{3}} \end{pmatrix}$ によって $U^*AU = \begin{pmatrix} 3i & 0 \\ 0 & 0 \end{pmatrix}$ と対角化される．

◆ 演習問題

1　(4)　$\boldsymbol{y} = \frac{1}{3}\begin{pmatrix} 2 \\ -1 \\ -2 \end{pmatrix}$

(5)　$A = \begin{pmatrix} \frac{4}{9} & -\frac{2}{9} & -\frac{4}{9} \\ -\frac{2}{9} & \frac{1}{9} & \frac{2}{9} \\ -\frac{4}{9} & \frac{2}{9} & \frac{4}{9} \end{pmatrix}$

5　(1)　例として $A = \begin{pmatrix} 0 & 0 & i \\ 0 & 1 & 0 \\ -i & 0 & 0 \end{pmatrix}$ を考える．例えばユニタリ行列 $U = \begin{pmatrix} \frac{i}{\sqrt{2}} & 0 & -\frac{i}{\sqrt{2}} \\ 0 & 1 & 0 \\ \frac{1}{\sqrt{2}} & 0 & \frac{1}{\sqrt{2}} \end{pmatrix}$ によって $U^*AU = \begin{pmatrix} 1 & 0 & 0 \\ 0 & 1 & 0 \\ 0 & 0 & -1 \end{pmatrix}$ と対角化される．

(2)　例として $B = \begin{pmatrix} 0 & 0 & i \\ 0 & i & 0 \\ i & 0 & 0 \end{pmatrix}$ を考える．例えばユニタリ行列 $U = \begin{pmatrix} \frac{1}{\sqrt{2}} & 0 & -\frac{1}{\sqrt{2}} \\ 0 & 1 & 0 \\ \frac{1}{\sqrt{2}} & 0 & \frac{1}{\sqrt{2}} \end{pmatrix}$ によって $U^*BU = \begin{pmatrix} i & 0 & 0 \\ 0 & i & 0 \\ 0 & 0 & -i \end{pmatrix}$ と対角化される．

参 考 文 献

　本書を執筆するにあたって参考にさせて頂いた本を以下に列挙するが，「線形代数」関係の書籍は膨大な数にのぼるので，ここで紹介するものはごく少数にとどめることにする．紹介するのは，学生時代から筆者がそばに置いていた教科書，実際の講義の教科書として利用し，あるいはその際に参考にしたものであり，比較的古いものが多い．従って最近出版されたものは少ないし，これら以外にもよい本は多数ある．それらを挙げていないのは情報として不十分であるが，長い時間が経過してもよい本は残っており，その意味では1つの参考にはなると思う．読者諸氏が求めている教科書は，内容のレベルや興味によって千差万別であるので，それぞれの目的に従って参考にして頂きたい．

[1] K.マイベルク，P.ファヘンアウア（薩摩順吉訳），工科系の数学3 線形代数，サイエンス社，2000．

[2] E.クライツィグ（堀素夫訳），線形代数とベクトル解析（原書第8版），培風館，2003．

　[1], [2] は海外で出版されたもので，古典として有名なものであり現在でも教科書として多くの講義で使用されているものである．

[3] 齋藤正彦，線形代数入門，東京大学出版会，1966．

[4] 矢野健太郎，石原繁，線形代数要論，裳華房，1976．

[5] 三宅敏恒，入門線形代数，培風館，1991．

[6] 石井俊全，1冊でマスター 大学の線形代数，技術評論社，2014．

　これらは初学者から中級者向けの教科書・参考書としてすぐれたものである．[3] は出版されて時間が経っているが，平面，空間のベクトルからジョルダンの標準形までも含む良書であり，筆者がずっとそばに置いて参考にさせていただいてきたものである．[5] は筆者が長く講義の教科書として採用させていただいていたものでありよい教科書である．

[7] 佐藤シヅ子，金川秀也他，東京都市大学数学シリーズ (2) 線形代数演習，学術図書出版，2007．

　演習書も数が多いので，筆者が講義で使用したもののみを挙げておく．

索　引

著者略歴

畑上 到 (はた うえ いたる)

1984 年　京都大学大学院工学研究科修士課程修了
1984 年　旭化成工業株式会社，計算流体力学研究所を経て
1987 年　東京大学工学部助手
1990 年　京都大学大学院工学研究科助手
1992 年　熊本大学工学部講師，助教授を経て
2003 年　金沢大学工学部教授
2018 年　東京都市大学共通教育部教授
現　在　東京都市大学共通教育部客員教授　工学博士

主要著書

数値流体力学（分担執筆，東京大学出版会，1991）
応用数学ハンドブック（分担執筆，丸善，2005）
工学基礎 フーリエ解析とその応用［新訂版］
　（数理工学社，2014）
ステップ＆チェック 微分方程式（数理工学社，2021）
ステップ＆チェック 複素解析（数理工学社，2022）
ステップ＆チェック ベクトル解析（数理工学社，2023）

新・数理/工学ライブラリ ［理工基礎数学］＝1

ステップ＆チェック 線形代数

2023 年 11 月 10 日 ⓒ　　　　　　初 版 発 行

著 者　畑 上　　到　　　　発行者　矢 沢 和 俊
　　　　　　　　　　　　　印刷者　大 道 成 則

【発行】　株式会社　数 理 工 学 社

〒151-0051　東京都渋谷区千駄ヶ谷 1 丁目 3 番 25 号
編集　☎ (03)5474-8661（代）　　サイエンスビル

【発売】　株式会社　サ イ エ ン ス 社

〒151-0051　東京都渋谷区千駄ヶ谷 1 丁目 3 番 25 号
営業　☎ (03)5474-8500（代）　振替 00170-7-2387
FAX　☎ (03)5474-8900

印刷・製本　（株）太洋社

《検印省略》

サイエンス社・数理工学社の
ホームページのご案内
https://www.saiensu.co.jp
ご意見・ご要望は
suuri@saiensu.co.jp　まで.

ISBN978-4-86481-105-7
PRINTED IN JAPAN